INDUSTRIAL
DESIGN DATA BOOK

工业设计资料集 ③
厨房用品·日常用品

分册主编　彭　韧
总　主　编　刘观庆

中国建筑工业出版社

《工业设计资料集》总编辑委员会

顾　　问　朱　焘　王珮云　（以下按姓氏笔画顺序）
　　　　　　王明旨　尹定邦　许喜华　何人可　吴静芳　林衍堂　柳冠中

主　　任　刘观庆　江南大学设计学院教授
　　　　　　　　　　苏州大学应用技术学院教授、艺术系主任
　　　　　　张惠珍　中国建筑工业出版社编审、副总编

副 主 任　（按姓氏笔画顺序）
　　　　　　于　帆　江南大学设计学院副教授、工业设计系副主任
　　　　　　叶　苹　江南大学设计学院副教授、副院长
　　　　　　江建民　江南大学设计学院教授
　　　　　　李东禧　中国建筑工业出版社第四图书中心主任
　　　　　　何晓佑　南京艺术学院设计学院教授、院长
　　　　　　吴　翔　东华大学服装·艺术设计学院副教授、工业设计系主任
　　　　　　汤重熹　广州大学艺术设计学院教授、院长
　　　　　　张　同　上海交通大学媒体与艺术学院教授
　　　　　　　　　　复旦大学上海视觉艺术学院教授、空间与工业设计学院院长
　　　　　　张　锡　南京理工大学机械工程学院教授、设计艺术系副主任
　　　　　　杨向东　广东工业大学艺术设计学院教授、院长
　　　　　　周晓江　中国计量学院工业设计系主任
　　　　　　彭　韧　浙江大学计算机学院副教授、数字媒体系副主任
　　　　　　雷　达　中国美术学院教授、工业设计系副主任

委　　员　（按姓氏笔画顺序）
　　　　　　于　帆　王文明　王自强　卢艺舟　叶　苹　朱　曦　刘观庆　刘　星
　　　　　　江建民　严增新　李东禧　李亮之　李　娟　肖金花　何晓佑　沈　杰
　　　　　　吴　翔　吴作光　汤重熹　张　同　张　锡　张立群　张　煜　杨向东
　　　　　　陈丹青　陈杭悦　陈海燕　陈　嬿　周晓江　周美玉　周　波　俞　英
　　　　　　夏颖翀　高　筠　曹瑞忻　彭　韧　蒋　雯　雷　达　潘　荣　戴时超

总 主 编　刘观庆

《工业设计资料集》3
厨房用品·日常用品
编辑委员会

主　　编	彭　韧					
副 主 编	戴时超	高　筠	卢艺舟	陈杭悦	李　娟	夏颖翀
编　　委	吴作光	肖金花	蒙中华	怀　伟	凌　林	姜　葳
	雷　达	周晓江				

参编单位和参编人员

浙 江 大 学	裘小红	满锦帆	马琦媛	陈志梁	冯平耀
	朱鹏程	傅业焘	任琼瑶	胡　方	骆佳维
	羊文军	黄奕佳	张　一	俞存奎	刘文敏
	徐莹丹	石美莲	许晓峰	许越琦	梁　婷
中国计量学院	许冬雪	寿水木	高立群	王　卫	徐精益
	陈海亮	应丽青	屠小英	陈　英	陈仙鹅
	洪文明	沈利娟	徐　婧	李安艳	韩彦杰
浙江工业大学	吕新伟	楼刚锋	汤斯维	李　锐	金　然
	蒋卓男	施子兆	王家晔	陈烈峰	黄建华
杭州电子科技大学	叶向斌	彭朝辉	袁　笑	沈姝荟	周明江
	陈燕虹	蔡青青	张玉冰	戴　正	俞胤杰
	鲁建生	吕亚伟	陈纪强		
浙江科技学院	赵伟锋	陈巧娜	闫岩岩	孙晶晶	郭　冲
	谭　征				
温 州 大 学	黄彩俊	蔡姜丽			
"追 求" 杂 志	郑玉珊				

总　序

　　造物，是人类得以形成与发展的一项最基本的活动。自从200万年前早期猿人敲打出第一块砍砸器作为工具开始，创造性的造物活动就没有停止过。从旧石器到新石器，从陶瓷器到漆器，从青铜器到铁器，……材料不断更新，技艺不断长进，形形色色的工具、器具、用具、家具、舟楫、车辆以及服装、房屋等等产生出来了。在将自然物改变成人造物的过程中，也促使人类自身逐渐脱离了动物界。而且，东西方不同的民族以各自的智慧在不同的地域创造了丰富多彩的人造物形态，形成特有的衣食住行的生活方式。而后通过丝绸之路相互交流、逐渐交融，使世界的物质文化和精神文化显得如此绚丽多姿、光辉灿烂。

　　进入工业社会以后，人类的造物活动进入了全新的阶段。科学技术迅猛发展，钢铁、玻璃、塑料和种种人工材料相继登场，机器生产取代了手工业，批量大，质量好，品种多，更新快，新产品以几何级数递增，人造物包围了我们的世界。一门新的学科诞生了，这就是工业设计。产品设计自古有之，手工艺时代，设计者与制造者大体上并不分离；机器生产时代，产品批量化生产，设计者游离出来，专门提供产品的原型，工业设计就是这样一种提供工业产品原型设计的创造性活动。这种活动涉及到产品的功能、人机界面及其提供的服务问题，产品的性能、结构、机构、材料和加工工艺等技术问题，产品的造型、色彩、表面装饰等形式和包装问题，产品的成本、价格、流通、销售等市场问题，以及诸如生活方式、流行、生态环境、社会伦理等宏观背景问题。进入信息时代、体验经济时代以来，技术发生了根本性的变革，人们的观念改变、感性需求上升，不同文化交流、碰撞和交融，旧产品不断变异或淘汰，新产品不断产生和更新，信息化、系统化、虚拟化、交互化……随着人造物世界的扩展，其形态也呈现出前所未有的变化。

　　人造物世界是人类赖以生存的物质基础，是人类精神借以寄托的载体，是人类文化世界的重要组成部分。虽然说不上人造物都是完美的，虽然人造物也有许多是是非非，但她毕竟是人类的杰出成果。将这些人类的创造物汇集起来，展现出来，无疑是一件十分有意义的事情。

　　中国建筑工业出版社从20世纪60年代开始就组织出版了《建筑设计资料集》，并多次修订再版，继而有《室内设计资料集》、《城市规划资料集》、《园林设计资料集》……相继问世。三年前又力主组织出版《工业设计资料集》。这些资料集包含的其实都是各种不同类型的人造物，其中《工业设计资料集》包含的是人造物的重要组成部分，即工业化生产的产品。这些资料集的出版原意虽然是提供设计工具书，但作为各种各样人造物及其相关知识的汇总与展现，是对人类文化成果的阶段性总结，其意义更为深远。

　　《工业设计资料集》的编辑出版是工业设计事业和设计教育发展的需要。我国的工业设计经过长期酝酿，终于在20世纪七八十年代开始走进学校、走上社会，在世纪之交得到政府和企业的普遍关注。工业设计已经有了初步成果，可以略作盘点；工业设计正在迅速发展，需要资料借鉴。工业设计的基本理念是创新，创新要以前人的成果为基础。中国建筑工业出版社关于编辑出版《工业设计资料集》的设想得到很多高校教师的赞同。于是由具有40多年工业设计专业办学历史的江南大学牵头，上海交通大学、东华大学、浙江大学、中国美术学院、浙江工业大学、中国计量学院、南京理工大学、南京艺术学院、广东工业大学、广州大学、复旦大学上海视觉艺术学院、苏州大学应用技术学院等十余所高校的教师共同参加，组成总编辑委员会，启动了这一艰巨的大型设计资料集的编写工作。

中国建筑工业出版社委托笔者担任《工业设计资料集》总主编，提出总体构想和编写的内容体例，经总编委会讨论修改通过。《工业设计资料集》的定位是一部系统的关于工业化生产的各类产品及其设计知识的大型资料集。工业设计的对象几乎涉及人们生活、工作、学习、娱乐中使用的全部产品，还包括部分生产工具和机器设备。对这些产品进行分类是非常困难的事情，考虑到编写的方便和有利于供产品设计时作参考，尝试以产品用途为主兼顾行业性质进行粗分，设定分集，再由各分集对产品具体细分。由于工业产品和过去历史上的产品有一定的延续性，也收集了部分中外古代代表性的产品实例供参照。

资料集由10个分册构成，前两分册为通用性综述部分，后八分册为各类型的产品部分。每分册300页左右。第1分册是总论；第2分册是机电能基础知识·材料及加工工艺；第3分册是厨房用品·日常用品；第4分册是家用电器；第5分册是交通工具；第6分册是信息·通信产品；第7分册是文教·办公·娱乐用品；第8分册是家具·灯具·卫浴产品；第9分册是医疗·健身·环境设施；第10分册是工具·机器设备。

资料集各分册的每类产品范围大小不尽相同，但编写内容都包括该类产品设计的相关知识和产品实例两个方面。知识性内容包含产品的基本功能、基本结构、品种规格等，产品实例的选择在全面性的基础上注意代表性和特色性。

资料集编写体例以图、表为主，配以少量的文字说明。产品图主要是用计算机绘制或手绘的黑白单线图，少量是经过处理的照片或有灰色过渡面的图片。每页页首有书眉，其中大黑体字为项目名称，括号内的数字为项目编号，小黑体字为该页内容。图、表的顺序一般按页分别编排，必要时跨页编排。图内的长度单位，除特殊注明者外均采用毫米（mm）。

《工业设计资料集》经过三年多时间、十余所高校、数百位编写者的日夜苦干终于面世了。这一成果填补了国内和国际上工业设计学科领域系统资料集的出版空白，体现了规模性和系统性结合、科学性和艺术性结合、理论性和形象性结合，基本上能够满足目前我国工业设计学科和制造业迅速发展对产品资料的迫切需求，有利于业界参考，有利于国际交流。当然，由于编写时间和条件的限制，资料集并不完善，有些产品收集的资料不够全面、不够典型，内容也难免有疏漏或不当之处。祈望专家、读者不吝指正，以便再版时修正、补充。

值此资料集出版之际，谨向支持本资料集编写工作的所有院校、付出辛勤劳动的各位专家、学者和学生们表示最崇高的敬意！谨向自始至终关心、帮助、督促编写工作的中国建筑工业出版社领导尤其是第四图书中心的编辑们致以诚挚的谢意！

愿这部资料集能为推动我国工业设计事业的发展，为帮助设计师创造出更新更美的产品，为建设创新型社会作出贡献！

2007年5月

前　言

多年来，我们都渴望着工业设计能象建筑设计一样有一套自己的资料集，不仅是学校的师生，许多从事产品设计研究、创新研究、战略研究、市场研究及生产制造等方面的设计、科研、管理人员也需要系统的、全方位的产品信息，但这方面的需求一直得不到满足，因为编写这样的资料集工作量实在巨大，涉及和需要考证的知识点实在太多，难以在短期内见成效。幸运的是在中国建筑工业出版社和全国许多高校的共同配合努力下，历时三年将这种期望变为了现实。

计算机网络的发展，使产品信息的搜索查询变得方便快捷，但获得的信息较为零散，设计参考价值不高，而本书正是针对这种现状，将产品的概况、形态、结构、基本尺寸、材料应用、使用方式、人机关系等与设计相关的资料信息进行归纳总结，以资料集的形式提供给广大读者，意义重大。

本书是《工业设计资料集》系列中的《厨房用品·日常用品》分册，其内容涵盖了厨房用品和日常用品的大部分产品。因日常用品涉及的范围非常广，出于整体分类的考虑，一些办公用品、卫生洁具、五金工具、玩具、医疗用品、交通工具及部分大件的家用电器都被分列到其他分册，为避免内容上的重复，本书不包括以上类别的产品。

本书重点介绍的是与家庭、个人密切相关的日常生活用品，内容上分为11个大类，厨房用品和日常用品各占一半。从概念上讲，日常用品是指与衣食住行有关的生活应用物品，因此在逻辑关系上，以"食"为代表的厨房用品应属于日常用品范畴，但厨房用品体系庞大，为保持类别划分的均衡性，特将它们并列对待。

在具体介绍某类产品时，我们遵循系统性、典型性、合理性与均衡性相结合的原则，在系统介绍该类产品的基础上，选择最具代表性的典型产品加以深入剖析，点面结合。对于相似的同类产品则以造型的展示和文字说明为主。该类产品也主要以使用功能为分类的依据，保证其合理性。在侧重点上，以外观造型、基本结构、基本尺寸和使用功能的介绍为主，在生产技术和制造工艺上则不展开。

书中的图例都是以白描的形式加工制作的，造型、结构清晰明了，但在材料肌理、色彩方面则难以描述到位，这是一大缺憾。因资料获取的途径及编写时间的局限，在产品的种类和时效性方面也难以面面俱到，有的产品无法获得全面的资料信息，因此遗漏或不完整的现象在所难免，这也是本书的不足之处。只能在今后去充实和完善。未尽之处请批评指正。

2007年5月

目 录

001-029

- 001 **1 厨房用品、日常用品概述**
- 007 **2 厨房手工用具**
- 007 厨刀
- 010 砧板
- 010 磨刀器
- 011 厨房剪刀
- 014 刨刀
- 014 打蛋器
- 015 碎壳器
- 015 压蒜器
- 016 开瓶器
- 018 **3 厨房盛具**
- 018 钵
- 019 坛
- 020 盆
- 021 罐
- 023 盒
- 025 桶
- 027 筐（篮）
- 028 缸
- 029 瓶

031-071

- 031 **4 烹调用具**
- 031 炒锅
- 033 煎锅
- 035 煮锅
- 037 炖锅
- 038 蒸锅
- 039 火锅
- 041 压力锅
- 043 电饭锅
- 045 厨房铲、勺
- 047 炊具架
- 047 锅架
- 048 调料罐架
- 049 榨汁机
- 053 豆浆机
- 054 搅拌机
- 059 **5 食具**
- 059 盘、碟
- 061 碗
- 063 果蔬篮
- 064 器皿垫
- 065 餐刀
- 068 餐叉
- 070 食品夹
- 071 牙签盒

073-102

- 073 烛台
- 074 **6 酒具**
- 074 酒杯
- 078 酒瓶
- 081 酒壶
- 082 酒架
- 086 鸡尾酒套件
- 088 冰酒器
- 089 冰桶
- 090 摇酒器
- 090 其他附件
- 092 **7 茶具**
- 092 茶具套件
- 093 茶壶
- 094 茶杯
- 095 茶盘
- 097 茶炉
- 098 滤茶器
- 098 糖罐
- 099 茶具附件
- 101 **8 咖啡具**
- 101 咖啡杯
- 102 杯碟

103-146	148-219	223-292
103 咖啡匙	148 牙线	223 点火器
103 奶杯	149 牙签	226 定时器
103 糖罐	150 手动剃须刀	227 扫帚
104 咖啡壶	151 电动剃须刀	228 拖把
	156 理发推剪	232 拖把清洗桶
107 **9　厨房设施**	160 理发刀·理发剪、削发	234 洗衣水桶
107 水槽	剪·理发梳	235 刷子
110 拉篮、活动篮	161 脸部上妆用品	241 肥皂盒
116 刀具架	163 眼部化妆工具	243 鞋拔
117 勺架·刀叉架	165 美甲工具	244 烟灰缸
118 杯架	167 其他类化妆工具	246 家用应急灯
119 碟架	169 化妆包、化妆箱	249 婴儿用品
120 **10　个人日常用品**	171 **11　家庭日常用品**	251 **12　其他日常用品**
120 服饰品·耳饰	171 箱包	251 花瓶
123 颈饰	190 雨伞、阳伞	254 钟
124 胸饰	193 缝纫机	263 锁具
127 手饰	198 熨衣板	267 温度计
129 丝巾扣	201 衣叉	271 灭蚊器
131 领带夹	202 衣架、衣夹	276 室内清扫机
132 皮带扣	205 针线盒	278 电筒
133 手机饰品	206 燃气烧水壶	282 喷壶
134 光学眼镜	207 电热水壶	287 洗车喷枪
139 太阳镜	213 保温瓶	290 打气筒
142 打火机	216 手提秤	292 车用气压表
146 牙刷	219 厨房秤	294 **后记**

[1] 厨房用品、日常用品概述

一、厨房用品的概念与范畴

厨房是指用以烧制饭菜的场所。一般的厨房为相对独立的屋子，但一些不具备房屋特征的场所也常常被称为厨房，如：露天厨房、敞开式厨房、移动厨房等。而与厨房或烧制饭菜有关的应用物品则称为厨房用品，厨房用品是一个涉及面很广的概念，不仅包括烹调用具、盛具、手工用具及厨房设施等厨房内使用的器具，也包括了餐具、酒具、茶具、咖啡具等与厨房有关的餐饮器具。在现实生活中，特别是许多西式的厨房，其厨房与餐厅是合二为一的，从这个意义上说，餐饮器具则是典型的厨房用具。

二、厨房用品的产生与饮食文化

事物的产生和存在都有其合理的价值和依据。产品的出现源于需求。厨房用品的出现则源于人们对饮食及其加工这一最基本的生活需求，所有厨房用品都是围绕着这种需求而产生的。在远古时代，人们烧制食物，其使用的器具只有简单的陶制品、石器、木制品和骨制品。过程也很简单：清洗——烧制——分食——整理存放。在现代生活中，人们使用的器具则复杂得多。要烧制一顿饭菜，一般都要经历以下一些过程：购买——搬运——贮藏——清洗——加工——烹调——盛装——饮食——收拾整理——食具清洗——存放等。其中的任何一个环节都有很多具体需求，同时都派生出相对应的各种产品，如贮藏阶段就涉及到冰箱、菜篮、钵、坛、盆、桶、瓶等贮藏用品和厨房盛具；加工阶段涉及到各种厨刀、厨房剪、砧板、碎壳器、开瓶器等一系列手工用具；烹调阶段更是涉及各类锅、铲、勺等烹调用具，而烹制不同的菜肴又可能会使用炒锅、煎锅、煮锅、蒸锅等不同的用具。每个阶段不同的产品组织成了一个巨大的厨房用品系统或称为食具系统。这些厨房用品的产生都源于人们对饮食生活的基本需求，并且是直接对应的。

厨房用品产生的第二个方面是饮食文化的需求。文化是人们在长期的生产和生活实践中形成的各种制度、规范和生活方式，是经过社会积淀的物质与精神产品的总和。饮食文化则反映了人们在饮食方面的生活习俗和生活方式，这也就形成了不同地域、不同文明的不同人群在饮食用品上的差异性。如中西方文化的差异，具体体现在厨房用品上，西方人的餐具以金属制品为主，而东方人以陶瓷、木、竹制品为主，这种差异从某种意义上说是由食物结构导致的。西方人的饮食偏重肉食，食物整块，分食用餐多以烧烤、炖煮、煎炸为主，烹调过程中产生的油烟较少，产生油腻的汤汁也较少，因此用刀叉等金属餐具是合理之选。东方人（主要是中国人）的饮食荤素搭配，注重色香味及火候把握，多以炒菜为主，烹制过程中产生浓重的油烟，且油腻的汤汁较多，因此在餐具的使用上以易于清洁的陶瓷品为主。此外，东方人在传统陶瓷工艺上的成就，也为陶瓷餐具在饮食文化上的主导提供了有力的支持。在家庭厨房的布局上也是如此，中式的厨房相对封闭独立，面积不大，而西式的厨房则多为开放、半开放式，餐厅与厨房合二为一，这与油烟的产生和污染有直接关系。

开放的现代西式厨房　　独立的现代中式厨房

饮食文化的差异，使厨房用具的种类和形式产生重大差别，如烤面包机、餐刀、餐叉等成了西式厨房用具的代表，而圆底炒锅、筷子、瓷碗等则成为了中式厨房用具的典型。

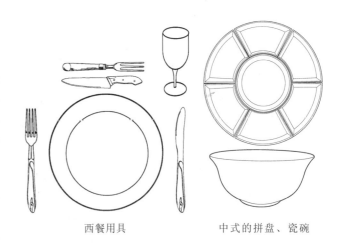

西餐用具　　中式的拼盘、瓷碗

一个国家不同地域的民族饮食习惯上也有差异。在厨房用品的选择搭配和使用上也存在差别，如北方以面食为主，在制作面食的器具上就较为多样、全面；沿海地区以米饭和水产品为主，用于加工鱼类的器具就更为丰富；藏族、蒙古族地区喝酥油茶，其厨房用品中则有一整套酥油茶的制作工具。

厨房用品、日常用品概述 [1]

茶具、咖啡具、酒具等餐饮用具，更是因为其文化的独特性而丰富多彩。如喝乌龙茶、龙井茶、普洱茶的器具就大不相同，这些茶具都是应茶文化的需求而产生出来的。

所以厨房用品的产生和发展是在基本生活需求和饮食文化的共同作用下而进行的，在今天多种文化交汇、融合的现实中，厨房用品更趋多样化、合理化。今天的许多厨房格局吸取了西式厨房的整体性特点，又配置了完整的中式厨房用具，这是现代生活方式的体现，也是生活水平和精神追求不断提高的象征。

三、厨房用品的分类

厨房用品是一个非常庞大的体系，这里所指的是家用厨房用品。根据不同的目的它有多种分类方法，如按制造材料分有厨房金属制品、陶瓷制品、玻璃制品、塑料制品、纸制品、木制品、竹制品和纺织制品等；按使用功能分有贮藏用具、盛放用器、清洁用具、加工用具、烹调用具、收纳用具、食具等；按风格特点分有西式和中式用具；按用途属性分有普通厨房用品和专用厨房用品。任何分类方法都有其优势和缺陷，分类的合理性在于是否反映了厨房用品的深度和广度。从这个角度看以使用功能分类较为合理。

但是功能分类面临产品功能多样化和类别模糊化的问题。一些产品如榨汁机、豆浆机、搅拌机，它们既有专门的单一功能产品，也有多合一的产品；盘、碟、碗等既是厨房盛具又是用餐的食具；西式的茶器与咖啡具很难界定；水桶既是厨房盛具又可归为清洁用具。这种分类势必会产生重复或遗漏的现象。

分为了八大类：一、厨房手工用具——主要指加工食物的手工用具；二、厨房盛具——概括了在厨房内使用的食品盛放用具，其中多功能的盛具也只针对食品盛放的功能；三、烹调用具——包括手动、电动的烹调用具；四、食具——特指餐具，包括中、西式餐具及相关用品；五、酒具——包括独立的酒具及套件；六、茶具——包括独立茶具及套件；七、咖啡具——咖啡具中与西式茶具类似的部分从略；八、厨房设施——厨房用品设施，不包括公共厨房设施。这八类中酒具、茶具、咖啡具是较有文化特色，又自成体系的用品，所以作为一个类别，单独列出。

厨房用品中有许多大型的电器，如冰箱、抽油烟机、煤气灶、消毒柜和微波炉。因在分类时被划为家用电器，故在本书中就不再重复，可参阅《家用电器》分册。其他的厨房小家电均在本书范围内。

四、厨房用品的设计

厨房用品的设计与其他工业产品设计在设计的方法、理念、要素、程序上没有重大区别，只是各有倾向，厨房用品从产生那天起就与设计相伴，从整个厨房用品设计的现状来审视，它有以下一些特点。

1. 注重人性化设计

人性化设计是指设计要符合人的生理、心理的自然需求及社会规范的一种设计理念，它有自然与社会两种属性，反映在设计上是对人机关系的契合和对社会文化的遵循。厨房用品是生活中与人密切接触的用品，因而产品的省时、省力，操作的舒适愉快是设计的基本要求。探索人的运动特征，注重人体及心理研究的人体工程学是设计的重要依据。如今的各类手工用具的把手、握柄等相继采用弹性塑胶材料，开瓶器、碎壳器等巧妙运用杠杆原理，都

专用榨汁机和多功能榨汁机

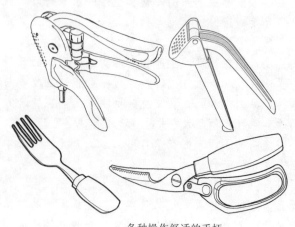

各种操作舒适的手柄

本书在进行厨房用品的分类中采用了以功能分类为主，突出重点合并同类项的方法，将厨房用品

[1] 厨房用品、日常用品概述

使操作简单、省力,这都是人体工程学应用的结果。

此外对文化因素的深入挖掘和吸纳,使厨房用品的人文价值更高,产品的定位更加精确,如电饭锅的设计功能早已突破将米饭煮熟的基本功能。根据不同地域不同口味习惯的人的特殊需求,米饭的烧煮已增加了快煮、精煮、较软、较硬等不同口感和风味的功能,也附带了熬制各种风味的米粥、蒸煮和炖汤的功能。这种全方位地满足多样化需求,正体现了高度人性化理念。

水槽的设计也由过去的单盆水槽发展到了连体多盆水槽,附设了滤水板、垃圾桶、台控排水装置、活动式水龙头、洗洁精罐及防臭排水管等。每一个功能的增加标志着向人性化迈进了一步。

可降解的一次性餐盒

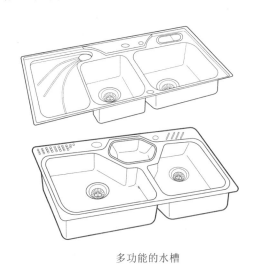

多功能的水槽

注重安全性也是人性化设计的重要方面。厨房用品经过历史的经验积累在安全性上都有了长足进步。但在现代厨房用品中安全性仍是一个重点关注的话题,特别是厨房电器、厨房燃气器、高压锅等,安全性都被放在首位。今天的高压锅设计在用材上、结构上、限压减压的可靠性上都有了国家安全标准。电饭锅、电炒锅等都设计有安全用电保护装置,最大限度地防止了安全事故的发生。

2. 节约、健康的绿色设计

①绿色设计是以关注人体健康、环境保护和可持续发展为目标的设计理念。

②绿色设计要倡导健康的理念,"无油烟的锅"、"安全食品级塑料"等概念,已是生活中司空见惯的事物,审视今天,绿色设计已全面渗透到了厨房用品的各个方面,影响着人们的意识和观念。

③使用可降解再生材料,用大量的竹制品代替塑料制品,一次性的餐具也相继采用可降解的纸纤维制品,都显示出绿色设计的强烈环保意识。

④节约是强调一个"省"字,强调物尽其用的"少量化"设计;强调变废为宝的"再利用"设计及涉及回收机制的"资源再生"设计,处处展现一种"节约"的意识。在厨房用品的设计中,对能源、资源的节约已被作为产品研发的主攻方向,甚至被作为市场营销的卖点,如"无氟环保冰箱"、"节能电饭锅"、"省气的燃气灶"等。

3. 高技术的全面渗透

厨房用品附加价值的提升离不开高技术的应用。传统的厨房用具,经过高技术的改造,又产生了全新的面貌。如"智能电饭锅"可以随意调节烹调的时间和方式,获得我们想要的结果,"双立人"等品牌厨具研制出的不需翻炒的"炒锅"、纳米技术的清洁刷、不沾油的油烟机、陶瓷不沾锅等,处处都体现出高技术的优势。

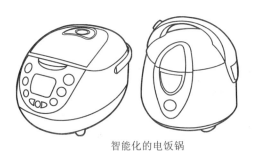

智能化的电饭锅

对于传统产品,高技术像一种催化剂,能强制催生新产品,这对于厨房用品这样的领域更具有重要的现实意义。

4. 标准化、成套化、系列化、专业化、集成化

我国的经济近些年高速发展,国民收入猛增,对住房等大型产品的消费已十分普遍。新住房中的厨房一般都是装修和设计的重点。在这种需求背景下,整体式厨房,成套化、系列化的设施和厨房用品成了时下的流行。产品的尺度、规格经合理化选择后慢慢形成了一种标准。因此厨房设施实行标准化、通用化的设计就成了必然,如水槽、拉篮、操作台、炊具架、抽油烟机、煤气灶、消毒柜等都在

厨房用品、日常用品概述 [1]

以标准化的规格设计出来。同时，成套化的产品也相继出现，如：成套厨房刀具、成套的手工烹调用具、成套餐具、炊具等，尽管大部分的用具不常用，甚至无用，但成套的用具仍然走入了千家万户的厨房，这也是现代厨房建设的一种特有现象。

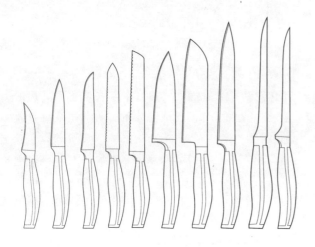

系列化、成套化的厨房刀具

专业化和集成化也是现代厨具设计的一种方向。现代科技的发展已使许多过去的代用品、临时用品变成了专业用具，如：肉锤（过去用刀背）、比萨饼切割器（过去用刀）、压蒜器等，专用工具使制作更精良、效率更高，随着大众需求的不断涌现，新的专业用具还会层出不穷。

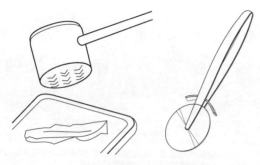

肉锤和比萨饼切割器

集成化是一种多功能的别称，许多厨房用品在功能上是互补或相互依存的，进行功能和形式的集成化就是一种必然的选择。如消毒柜，把碗柜、拉篮、烘干机进行了集成；榨汁机也集成了搅拌机、豆浆机、研磨机等。许多烹调用锅也是多功能化的，这种功能、形式上的集成设计仍将随着厨房用品的发展而继续下去。

5．个性化与通用化

在厨房用具不断被标准化整合的同时，个性化也得以保留，个性化往往体现出一种精神文化上的

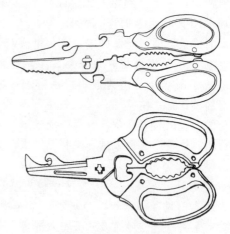

集成化的多功能厨房剪刀

需求，因而在保持通用化的同时强调个性化是企业延续发展的生命线，个性化的风格是品牌的象征。如今大部分的产品在造型上都有系列化的产品推出，用以满足不同层次的品位和追求。但在设计中却注重了产品零部件的通用化，一方面是成本的控制，另一方面是维修和服务的便利。所以个性化与通用化并存是现代厨房用品设计的又一大特色。

五、日常用品的概念及范畴

日常用品是指与人的衣、食、住、行等生活内容密切相关的应用物品，所以也可称为日常生活用品，主要指家用小商品。

日常用品是一个庞大的系统，衣、食、住、行的每一个环节都是一个子系统，涉及的产品品种繁多，数不胜数，厨房用品也是日常用品的组成部分。但除了代表"食"的厨房用品外，其他生活用品如果仍以功能来分类，则过于细碎繁杂，类别难以均衡。因此把厨房用品以外的日常用品归类为个人日常用品、家庭日常用品和其他日常用品则概括得更完整，也更具合理性，这就是本书的分类方法。

个人日常用品包括个人服饰品、各类化妆美容工具、牙刷、剃须刀等个人卫生用具及眼镜、打火机等个人生活用品。

家庭日常用品主要是居家生活用品，如箱包、衣架、缝纫机等衣物整理用品，扫帚、拖把等清洗用品及家用应急用品、育儿用品等。

除个人与家庭日常用品外，剩余的都归为其他日常用品，如钟、锁具、打气筒、灭蚊器等，它们相对独立、品种繁多。有的用品的属性也很复杂，既可家用又可公用，与别的大类也有重叠之处。因此把日常用品分为以上三类，也是一种相对的划分。

[1] 厨房用品、日常用品概述

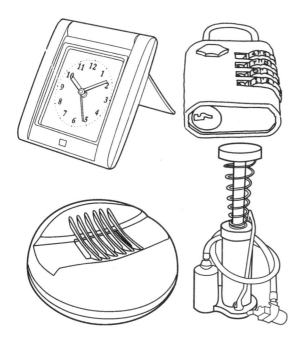

具有独立性的一类日常用品

各种形式的厨房刷

组合刷、麂皮刷、电动刷等几十种产品。每种刷子的用途分工都十分明确。再如箱包的种类除了传统的旅行包、挎包、腰包、公文包等品种外，出现了专用的登山包、休闲包、时装包、电脑包、CD包、手机包等新产品。这些变化都折射出现代人的生活方式和生活水平。

六、日常用品与生活方式

日常用品是应生活中衣、食、住、行的需求而产生的，与厨房用品一样，生活的内容、形式直接影响到日常用品的存在和发展，换句话说，日常用品的出现是由生活方式决定的。

漫长的人类历史，积累了丰厚的生活经验，也派生了数不尽的日常用品，从游牧时期到农耕时期再到现在的城市化时期，每个阶段的生活方式变化都会带来生活用品的重大变革。这其中生产力的提高，技术的进步都是生活方式改变、生活水平提高的保证。正如锁具的变革一样，游牧时期人们是不需要锁的，农耕时期，有了居住的固定房屋，人们用门闩当锁，冶炼技术成熟后出现了简单的铜锁、铁锁；现代社会，人们的生活内容丰富多样，需要用锁的地方比比皆是，门、柜、抽屉、箱包、交通工具，甚至一些家用电器都有了各种专门的锁。机械锁、密码锁、电子锁等各种技术应用的锁也应运而生。这一方面是技术的进步，更主要的是生活方式的改变和生活质量的提高，使各种保密性需求大大增加而使锁具的发展日新月异，专业性越来越强。

社会的发展，特别是经济的发展提高了人们的生活质量，人们对生活细节的追求也更加注重，这样日用品的分工也更加细致，种类也大为丰富，如过去的家用厨房刷通常只有塑料刷、竹刷等几个单一品种，而今天的厨房刷就有各种材质和形状的锅刷、瓶刷、管刷、海绵刷、尼龙刷、金属球刷、洗洁精

随着生活方式的改变，许多日常用品也在消失，如：煤油灯、马灯、油伞、柴火炉、沙漏、褡裢、草鞋等，它们的退出是人们生活需求变化的结果，是生活方式现代化的必然。

日常用品的丰富和发展由生活方式决定，而它与商品经济的发展和消费水平的高低也有着直接的关系。即使是现代社会如果没有激烈的市场竞争和大众的消费能力，日常用品的发展将是缓慢和停滞的，正如中国在改革开放前，日常用品是单一和短缺的。从根本上说经济条件的改善和收入的增加才是生活水平提高和生活方式改变的基础，因此它也是日常用品发展的重要推动力。

七、日常用品的设计

前面我们已将厨房用品的设计作了详细的阐述，日常用品无论在设计的理念与方法还是在设计的程序与定位上都和厨房用品相似，这里就不再重复展开，而是重点讨论一下日常用品设计的主要特点。

首先在类别上日常用品多而杂，有的关系紧密，有的相对独立。相互关系较近的可组成一个子系统，如：化妆用品、个人卫生用品、家庭清洁用品等，各自均可成为一个子系统，下属多种产品。相对独立的产品，如：钟、锁具、电筒、打气筒等，相互间没有直接的关系，但其自身可形成适应各种需求的系列产品，如电筒的设计可形成家用电筒、车用电

厨房用品、日常用品概述 [1]

筒、修理用电筒、搜索用电筒、工业用电筒、旅游用电筒、头盔式电筒、组合式多功能电筒等多个系列。

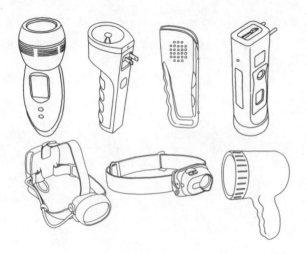

电筒的系列产品

其次日常用品中有相当数量的产品是工艺饰品，这与其他工业产品在设计上存在重大差别，其形态设计在设计要素中占主导地位。日常用品中的服饰品、休闲包、花瓶、草编与竹编制品等都是工艺饰品，尽管这有别于传统意义上的手工艺品，但它在形态上的注重已超越了功能开发成为了产品创新的主要立足点，如：项链、耳环、项牌、丝巾扣、领带夹等饰品，其设计的定位和依据更多地是关注时尚化的潮流，追求装饰效果，在形态上更注重形式感的推敲、构成手法的创新及流行元素的融入。而以文化符号作为造型元素进行设计的手法也常用于饰品的设计。但这类饰品的设计因其强烈的流行风格而带有周期性，新产品的推出就预示着旧产品的过时，其附加价值也大打折扣，因此把握时尚化的趋势是这类日常用品设计成败的关键。

耳环、项牌、胸针等饰品的设计更注重形式感和装饰效果

花瓶、玻璃器皿、休闲包、草编与竹编制品等均为工艺饰品，其设计有别于一般工业产品

生活是多面的，科技、社会、人的价值观和审美观总是处于变化中，生活中的各种需求也在不断翻新和成长，这为我们的日常用品设计提出和展现了一个个挑战和机遇。如何在传统与时尚、潮流与个性、消费与环境、科技与人文中取得和谐，在现实与理想中取得突破将是每个工业设计师共同面对的课题。

厨刀［2］厨房手工用具

厨刀

厨房用刀具种类繁多，常见有中式（含日式）和西式两大类，其差异是由于饮食习惯不同和对食物的加工方式不同形成的。

传统的中式专业厨刀按形态分，一般有六种类型：方刀、圆根刀、圆口刀、鸡冠刀、马鞍刀和鱼肚刀。现在常见的中式家用厨刀分文刀和武刀两种：文刀又称为切片刀，刀身较薄，刀口锋利，适合处理无骨肉与蔬果；武刀又称为砍骨刀，刀身厚，适合处理带骨或特硬之物。也有斩切两用刀（又称文武刀），既能切肉，也能斩小骨头。除此之外，还有很多针对特定食品的特种刀具：如冻肉刀、西瓜刀、片皮刀（烤鸭刀）、水果刀等。

西式刀具种类更多：有芝士刀、剔骨刀、摇摆蔬菜刀、面包刀、厨师刀、比萨刀、刨片刀、蛋糕铲刀等。

厨房刀具的刀身一般采用不锈钢，也有采用特种陶瓷的；刀柄以木质、金属和塑料为多，也有采用骨制的；还有不少厨刀是刀身刀柄一体化的。

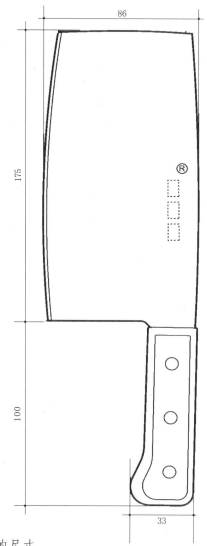

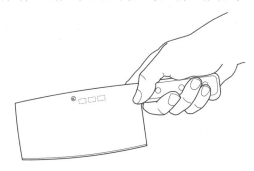

常见厨刀的握持方式　　　　　　常见厨刀的尺寸

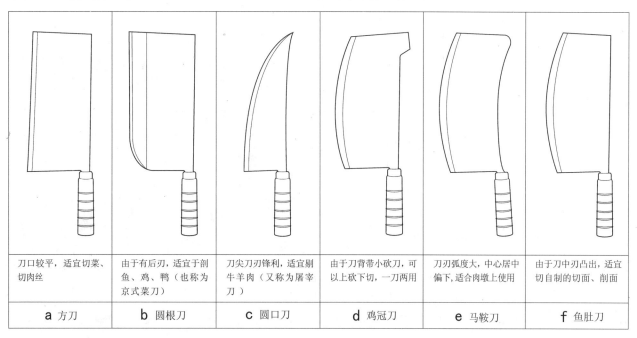

刀口较平，适宜切菜、切肉丝	由于有后刃，适宜于剖鱼、鸡、鸭（也称为京式菜刀）	刀尖刀刃锋利，适宜剔牛羊肉（又称为屠宰刀）	由于刀背带小砍刀，可以上砍下切，一刀两用	刀刃弧度大，中心居中偏下，适合肉墩上使用	由于刀中刃凸出，适宜切自制的切面、削面
a 方刀	b 圆根刀	c 圆口刀	d 鸡冠刀	e 马鞍刀	f 鱼肚刀

1 传统中式专业厨刀

厨房手工用具 [2] 厨刀

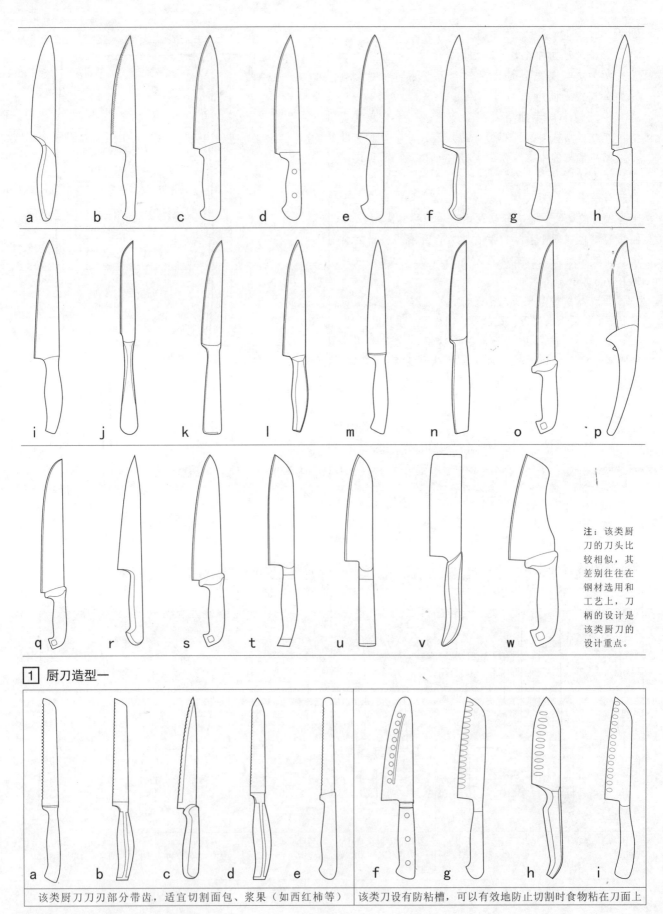

注：该类厨刀的刀头比较相似，其差别往往在钢材选用和工艺上，刀柄的设计是该类厨刀的设计重点。

1 厨刀造型一

该类厨刀刀刃部分带齿，适宜切割面包、浆果（如西红柿等）　　该类刀设有防粘槽，可以有效地防止切割时食物粘在刀面上

2 厨刀造型二

厨刀［2］厨房手工用具

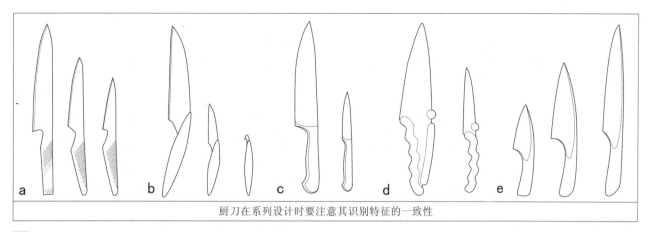

厨刀在系列设计时要注意其识别特征的一致性

1　成套厨刀造型一

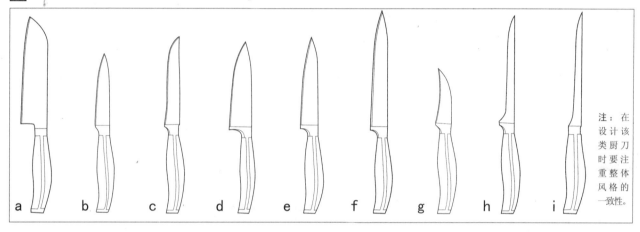

注：在设计该类厨刀时要注重整体风格的一致性。

2　成套厨刀造型二

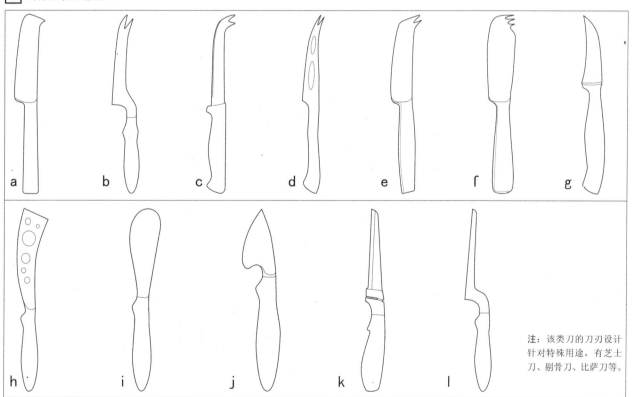

注：该类刀的刀刃设计针对特殊用途，有芝士刀、剔骨刀、比萨刀等。

3　特殊用途厨刀造型（西式厨刀）

9

厨房手工用具 [2] 砧板·磨刀器

砧板

砧板是厨房必不可少的工具之一，往往和厨刀同时使用。中国传统的砧板以木材为主，一般选取质地坚实、不起木屑的银杏木、椴木等。现代厨房的砧板形态和材质都十分丰富，常见的砧板分木材、竹材和无毒的高分子塑料三种，各有优点：木材符合传统习惯，耐用；竹材采用竹压板，环保；塑料轻便，容易清洁。部分砧板设有导流蓄水（菜汁）槽，以免汁液流出污染台面。一些砧板还留有指孔或设有挂钩，便于挪动收藏。

磨刀器

常见的磨刀器除磨刀石外还有磨刀棒、手拉式磨刀器。磨刀石的使用是一种经验累积的技术，一般人不易掌握。磨刀棒是一根金属的棍子，棍子上布满棱状细纹或金刚砂，用的时候把刀在棒上蹭几下就行。事实上，磨刀棒打磨不仅将刀刃磨利，而且可校正和清理刀具的刃缘。手拉式快速磨刀器具有特定角度的磨刀口（有些角度可调），磨刀口内嵌有硬度很高的钨钢刃或特种陶瓷，使用简单方便，效率很高，只需要将刀刃在磨刀口中来回拉动几次使刀刃与内部磨刀石充分摩擦就可以了。手拉式磨刀器一般体积较小，便于收藏。

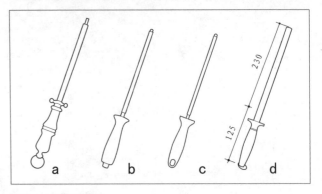

[2] 磨刀棒造型

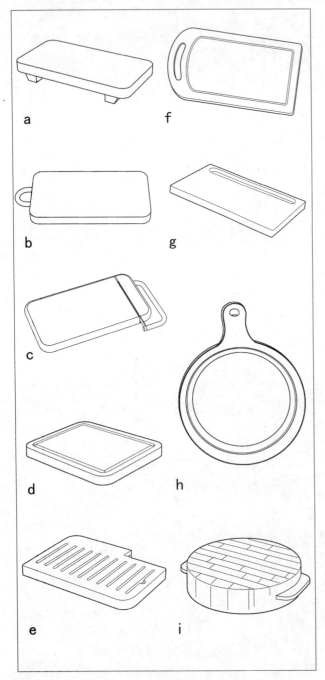

[1] 砧板造型

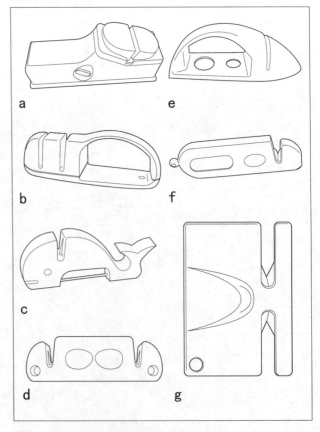

[3] 手拉式磨刀器造型

厨房剪刀

厨房剪刀是厨房用品中使用频率较高的产品,主要用来剪切塑封的口袋、植物的根部、绳子或其他面状线状的物品。所以也常被当作一般的剪刀来使用。现在的厨房剪刀已整合了部分刀具、夹具和起子等功能,实现了一物多用。通常所指的厨房剪刀已成了一种多功能的工具。

一、厨房剪刀的材料必须使用刃具钢,与人手相接触的地方可组合塑料、塑胶、合金等多种触感较舒适的材料。

二、厨房剪刀的手柄大小必须适合人的手型尺寸。

三、组合进去的功能不能减弱厨房剪刀的基本剪切功能,在成型上必须一次完成,避免多次装配。

四、厨房剪刀合龙后,刃口部分必须内收,刀尖必须钝化,以防止误伤。

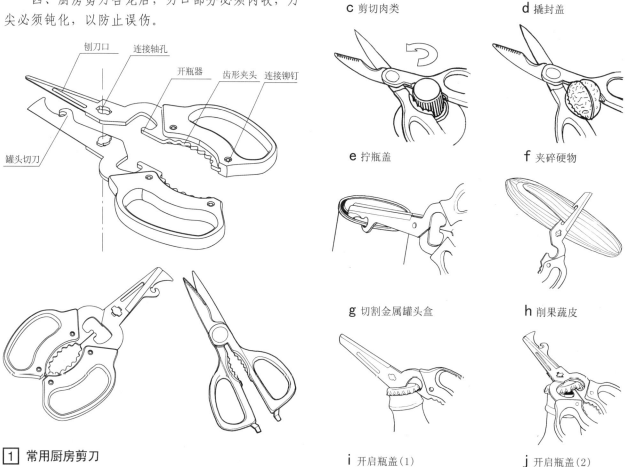

a 剪切塑料袋、包装纸　　b 剪切植物
c 剪切肉类　　d 撬封盖
e 拧瓶盖　　f 夹碎硬物
g 切割金属罐头盒　　h 削果蔬皮
i 开启瓶盖(1)　　j 开启瓶盖(2)

1 常用厨房剪刀

厨房剪刀的使用功能分解

剪	削	撬	拧	夹	切	启
厨房剪刀的刀口能适应不同尺度及软硬的物体	具有刨刀的功能,能刨、削各类果蔬皮,一般组合在刀刃部位	具有起子的功能,辅助撬开一些封盖,一般组合在底部	通过夹头能助力拧开口径在80mm以下的瓶盖,一般组合在左右手柄之间	夹头中有核桃夹的功能,能辅助夹碎硬物	具有开罐头的功能,头部组合了能切割金属罐头盒的刀口	具有开瓶器的功能,一般组合在中部或底部

2 厨房剪刀的功能

厨房手工用具 [2] 厨房剪刀

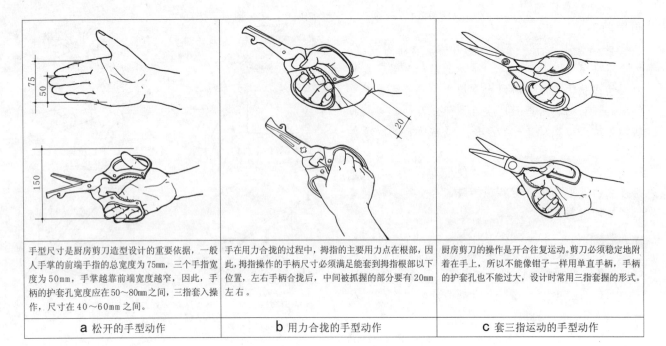

a 松开的手型动作	b 用力合拢的手型动作	c 套三指运动的手型动作
手型尺寸是厨房剪刀造型设计的重要依据，一般人手掌的前端手指的总宽度为75mm，三个手指宽度为50mm，手掌越靠前端宽度越窄，因此，手柄的护套孔宽度应在50～80mm之间，三指套入操作，尺寸在40～60mm之间。	手在用力合拢的过程中，拇指的主要用力点在根部，因此，拇指操作的手柄尺寸必须满足能套到拇指根部以下位置，左右手柄合拢后，中间被抓握的部分要有20mm左右。	厨房剪刀的操作是开合往复运动。剪刀必须稳定地附着在手上，所以不能像钳子一样用单直手柄，手柄的护套孔也不能过大，设计时常用三指套握的形式。

1 厨房剪刀的人机关系

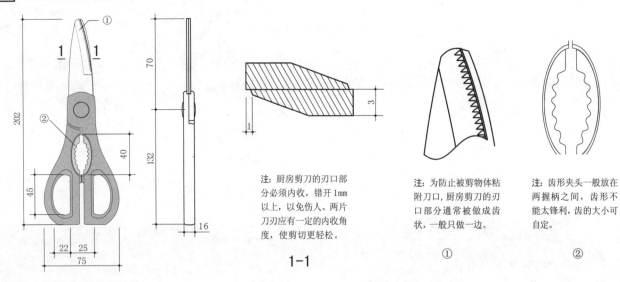

注：厨房剪刀的刃口部分必须内收，错开1mm以上，以免伤人。两片刀刃应有一定的内收角度，使剪切更轻松。

1-1

注：为防止被剪物体粘附刀口部分，厨房剪刀的刃口部分通常被做成齿状，一般只做一边。

①

注：齿形夹头一般放在两握柄之间，齿形不能太锋利，齿的大小可自定。

②

2 厨房剪刀的基本尺寸

注：厨房剪刀的连接方式指的是活动轴的连接，一般分三种：螺栓连接、铆钉连接及互扣自锁连接。设计中，一般都采用除铆钉连接以外的活动连接。

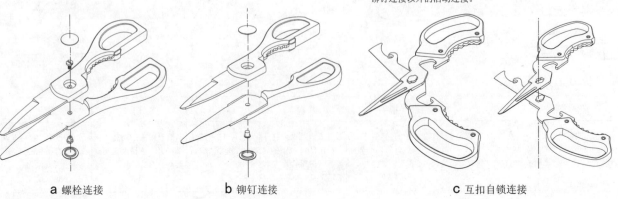

a 螺栓连接　　　　b 铆钉连接　　　　c 互扣自锁连接

3 厨房剪刀的连接方式

厨房剪刀［2］厨房手工用具

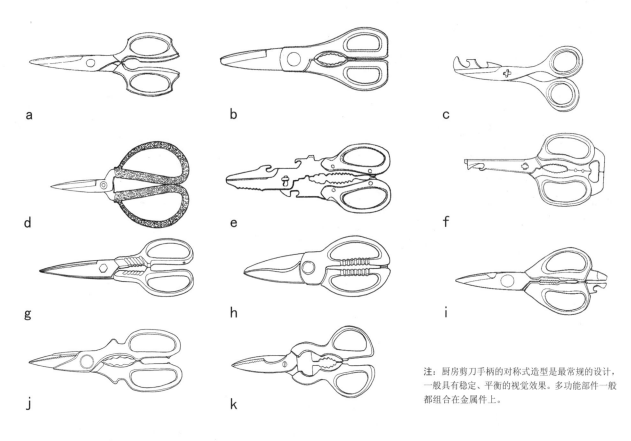

注：厨房剪刀手柄的对称式造型是最常规的设计，一般具有稳定、平衡的视觉效果。多功能部件一般都组合在金属件上。

1 对称式厨房剪刀造型

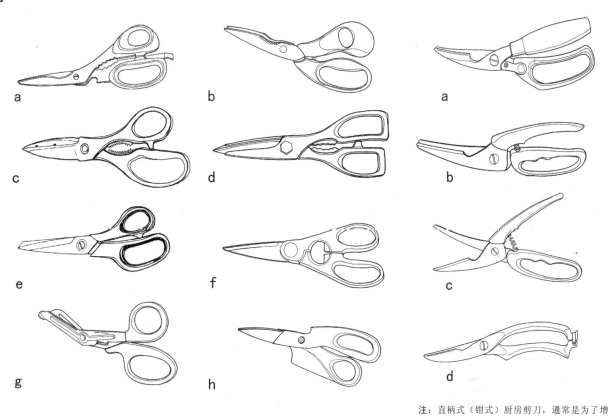

注：厨房剪刀的造型设计一般是在手柄部位进行变化，非对称式手柄可获得丰富活泼的视觉效果。

2 非对称式厨房剪刀造型

注：直柄式（钳式）厨房剪刀，通常是为了增加剪切的力度而采用的一种钳状方式。手柄部分比常规剪刀长。

3 直柄式厨房剪刀造型

厨房手工用具 [2] 刨刀·打蛋器

刨刀

刨刀是对水果、蔬菜进行去皮、切丝等刨削加工的厨房工具。常见的刨刀分两种：刨皮刀（果刨），主要针对果蔬去皮而设计，其刀刃内收，使用简便安全；刨丝刀，其孔状和条形刀刃能轻易完成对果蔬的切细丝、切薄片工作。

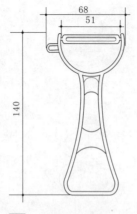

1 刨皮刀主要尺寸

打蛋器

打蛋器是对鸡蛋进行加工，将蛋清、蛋黄搅打均匀至发泡的厨房工具。现代家庭在制作蛋糕、蛋黄酱等食品时经常用到打蛋器。其结构由搅拌器和手柄两部分组成：搅拌器一般由弹性金属丝穿插而成，在搅打时金属丝快速振动将蛋黄打散并使蛋糊和空气充分混合起泡。

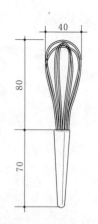

4 打蛋器主要尺寸

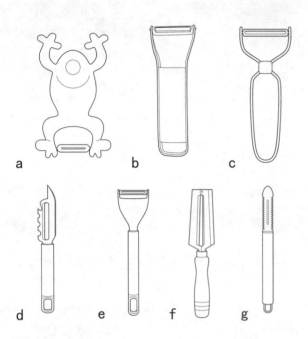

2 刨皮刀造型

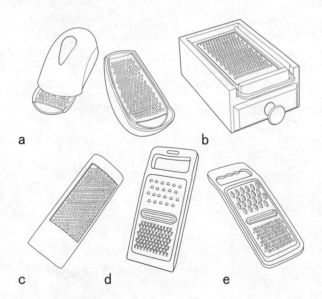

3 刨丝刀造型

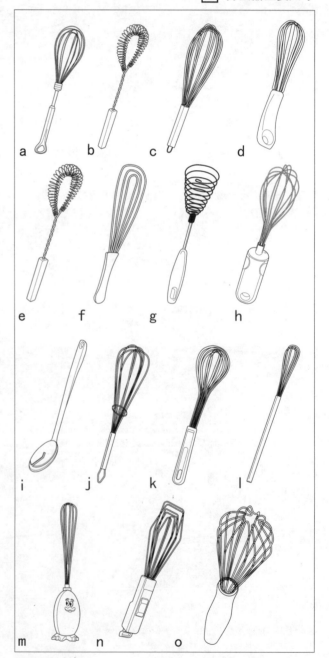

5 打蛋器造型

碎壳器·压蒜器 [2] 厨房手工用具

碎壳器

碎壳器是利用杠杆等机械原理，用来压碎坚果外壳的工具。碎壳器的头部由两组带齿的凹陷弧形组成，用来夹住大小不同的坚果。设计需考虑对核桃等坚果的固定，握手用力方便，用力后坚果碎粒不会四处飞溅等问题。

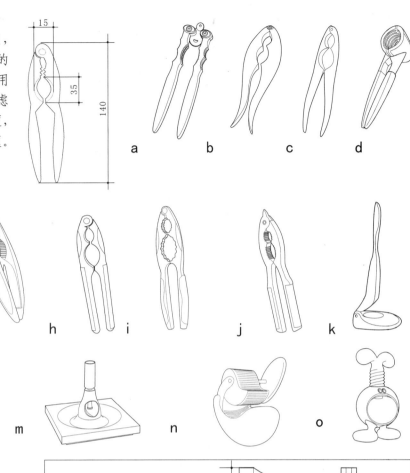

1 碎壳器基本尺寸、造型

压蒜器

压蒜器也是利用杠杆原理制成的厨房手工工具，它主要由压柄、压杆、压座、压杯、底杯等部分组成。使用时只要将大蒜瓣放入压杯内，压动手柄，即可将蒜瓣压碎从压杯底部的小孔挤出，形成蒜泥。压蒜器可避免手上沾染大蒜气味。

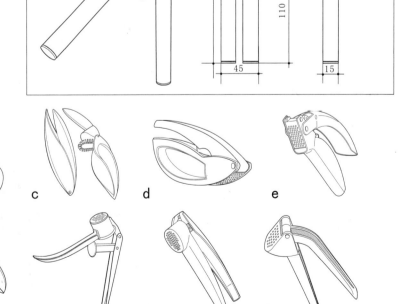

2 压蒜器基本尺寸、造型

厨房手工用具 [2] 开瓶器

开瓶器

开瓶器是开启瓶盖、瓶塞的工具。在人们生活中瓶子的种类越来越多，瓶盖的形式也多种多样，开瓶器的种类和造型随之丰富了起来。

开瓶器按开启不同瓶盖的方式可分为：旋入式、翻撬式和钳式三种。

1. 软木塞开瓶器

长久以来，软木因其高密合性及质地富弹性的特质被认为是做酒瓶塞的最佳材质，但软木瓶塞却不易拔出。旋入式开瓶器针对这种特点使用螺旋钻钻入软木瓶塞后再拔出的方法，解决了这一难题。

旋入式开瓶器由把手和螺旋钻组成，现有造型较多，如丁字形、蝶形、抽气形、两用式、剪刀式、齿轮把手式、双重螺旋式、酒侍刀式等，其中造型最简单的是丁字形。

2. 金属瓶盖开瓶器

现在啤酒使用金属瓶盖密封，瓶盖薄而浅，翻撬式开瓶器利用杠杆原理在瓶盖上形成一个翻撬支点，是使瓶盖弯曲变形来开盖的最简单方式。

白酒、黄酒、醋等一般是螺旋式的瓶盖，这种瓶盖一般可多次使用。当瓶盖被拧得过紧时，可将钳式开瓶器夹住瓶盖，利用杠杆原理增加扭力，使瓶盖松动被拧开。

3. 多功能开瓶器

还有一些开瓶器综合了上述两种开瓶器的一些主要特征，对三种瓶盖都适用，称为多功能开瓶器，如扳手式开瓶器、组合在瑞士军刀中的简易开瓶器等。

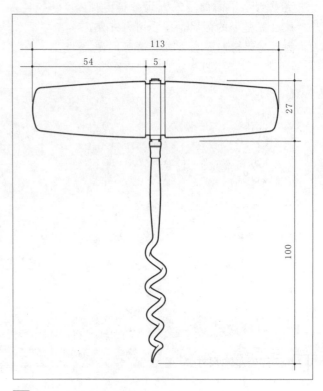

[1] 软木塞开瓶器的基本尺寸

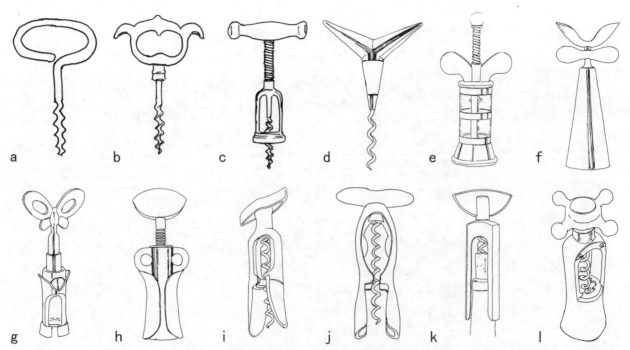

注：该类软木塞开瓶器结构相对简单，旋入瓶塞后需采取拔出的方式，比较费力。

[2] 软木塞开瓶器造型实例一

开瓶器 [2] 厨房手工用具

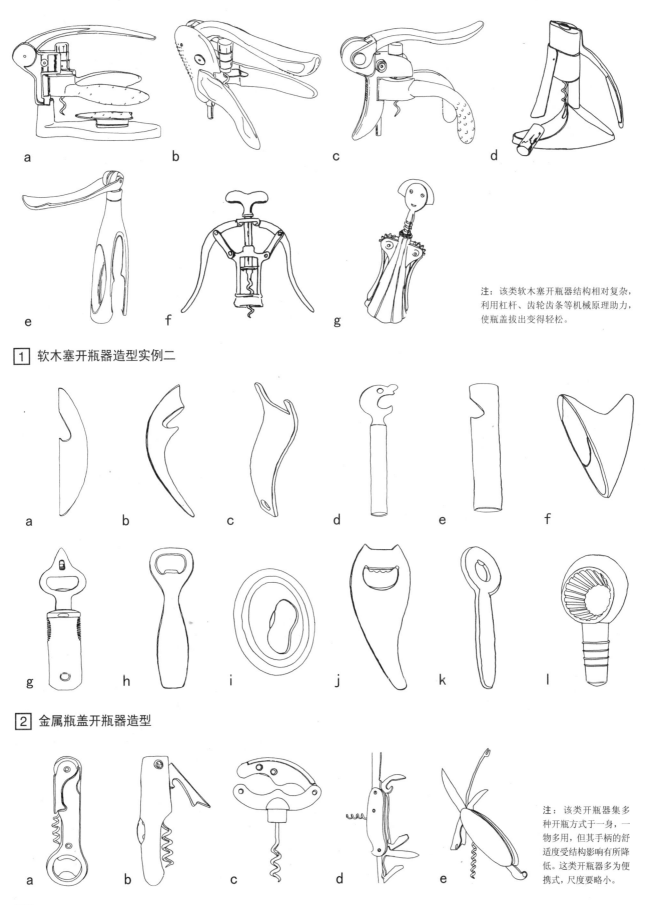

注：该类软木塞开瓶器结构相对复杂，利用杠杆、齿轮齿条等机械原理助力，使瓶盖拔出变得轻松。

1 软木塞开瓶器造型实例二

2 金属瓶盖开瓶器造型

注：该类开瓶器集多种开瓶方式于一身，一物多用，但其手柄的舒适度受结构影响有所降低。这类开瓶器多为便携式，尺度要较小。

3 多功能开瓶器造型

厨房盛具 [3] 钵

钵

钵作为厨房盛具，既可装液体食物，如猪油、蜂蜜等，也可盛固体食物，如食盐、食糖等。钵的口径不大，腹径较大，是储存量较小的厨房盛具。钵按颜色分为红钵、桔红钵、涂红介钵、黄介钵等；按形状分有直形钵、柿形钵、荷形钵等。

注：江苏宜兴出产盛器用钵，这种钵为带盖容器，式样美观，色彩鲜艳。

[1] 钵的造型

[2] 碾钵的造型

[3] 碾钵尺寸

注：碾钵由钵和碾棒组成，主要用于粉碎食物，例如米、面、山药等，用碾棒和钵自身的撞击摩擦，捣碎食物，形状多为圆形，开口较大。

坛

坛，按用途分泡菜坛、酒坛、食物坛和腌制坛。按坛口大小分大口坛和小口坛。

酒坛盛酒具有久存不变味的特点，适合农村家庭存酒。食物坛又分为中型和小型，一般中型盛粗食物，如米、杂粮等，只要口封严密，一般不易反潮变质。小型食物坛主要盛油，由于口大，便于烹调人员取用。腌制坛，用途与耐酸坛相似，它是专为腌制食品而特制的容器，具有防腐、不老化、封闭严、不透气等优点。

做泡菜所使用的容器称作泡菜坛。泡菜坛用对酸、碱、盐都有良好耐久性的原料制成。

制作泡菜坛的原料是陶土，坛的内部和外部都涂有釉。泡菜坛口小，中间部位大，坛口周围有6~10cm宽的帽边形水沟，水沟边稍低于坛口，坛口上覆盖碗形深皿。水沟注满水，隔绝空气。

泡菜坛大小不同，小的家庭用泡菜坛只能装1kg蔬菜，大的能容纳数百公斤。

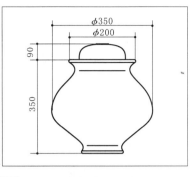

1 一般中型泡菜坛尺寸

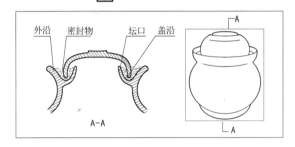

注：泡菜坛必须有封口设计，防止外部氧气进入，使有害细菌生存。封口主要采用水封和泥封，利用坛口、外沿和盖沿倒扣，二者之间用水或泥密封。

2 坛口密封结构

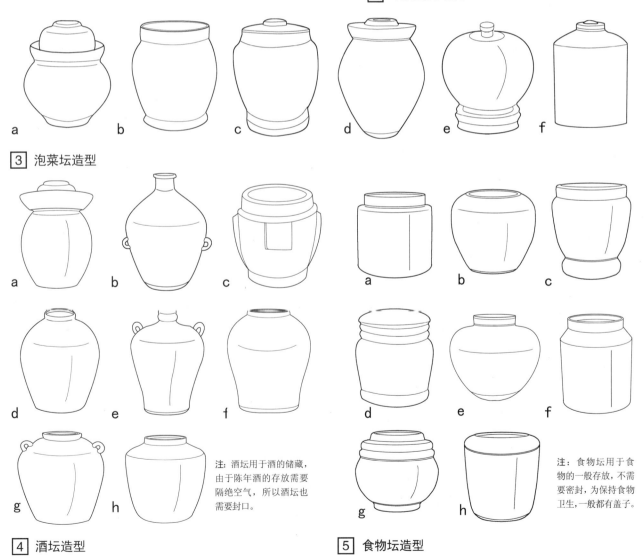

3 泡菜坛造型

4 酒坛造型

注：酒坛用于酒的储藏，由于陈年酒的存放需要隔绝空气，所以酒坛也需要封口。

5 食物坛造型

注：食物坛用于食物的一般存放，不需要密封，为保持食物卫生，一般都有盖子。

厨房盛具 [3] 盆

盆

盆，按用途分主要有饭盆、和面盆、汤盆。饭盆是厨房盛放米、面、饭用的；和面盆是用于制做面食时和面的盛具；汤盆是厨房和餐厅盛放液体的盛具。

盆按材料分有搪瓷盆、铝盆、塑料盆；按形状和结构分有平边面盆、卷边面盆、标准面盆、得胜面盆、翻口面盆、深口面盆等；按花色分有彩花、彩色、素色、全白、冰花等；按规格分 300mm、320mm、340mm、360mm、380mm、400mm、600mm 等。

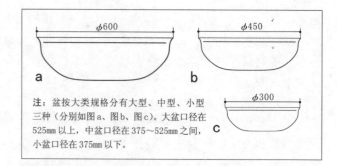

注：盆按大类规格分有大型、中型、小型三种（分别如图a、图b、图c）。大盆口径在525mm以上，中盆口径在375～525mm之间，小盆口径在375mm以下。

[1] 盆的规格

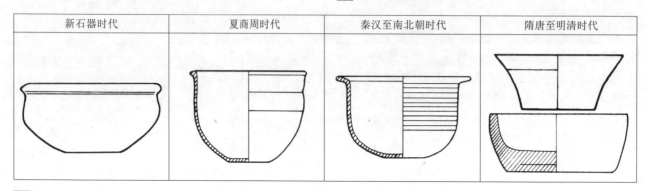

| 新石器时代 | 夏商周时代 | 秦汉至南北朝时代 | 隋唐至明清时代 |

[2] 古代盆的演变

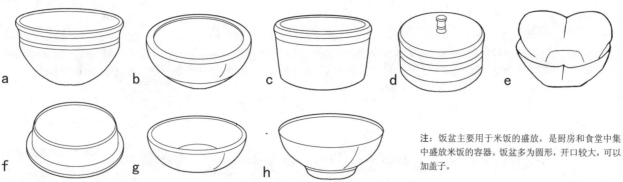

注：饭盆主要用于米饭的盛放，是厨房和食堂中集中盛放米饭的容器。饭盆多为圆形，开口较大，可以加盖子。

[3] 饭盆造型

注：和面盆用于面食手工搅拌和临时存放，一般为敞口浅底，形状多为圆形。

注：汤盆是盛液体的容器，可加盖子以保持卫生；汤盆可以直接放上餐桌，两侧有把手；有的汤盆可以直接放在火上烧煮作汤锅使用。

[4] 和面盆造型　　　　　[5] 汤盆造型

罐

罐，按功能分有食品罐、调料罐、茶叶罐等。食品罐用于密封存放少量食品；调料罐用于存放各种调料，加盖保证调料卫生；茶叶罐专门用于茶叶的密封贮藏，形态多样；药物罐用于各种药物的存放，密封性较好，使用时不能混装和换装。

罐装食品生产在我国食品工业中占有十分重要的地位。罐头之所以能够延长食品保存期，是因为在封罐之前已将罐内抽成真空，真空状态降低了罐内含氧量，使细菌失去了繁殖的条件。

早在三千多年前，中国古代劳动者用陶瓷作为罐藏容器来封藏食品。古代的罐是存放食物和水的容器，一般为圆形鼓腹状。

现代食品罐工业起源于19世纪初。法国研究成功用玻璃罐保存食品，从而出现使用软木塞的玻璃罐。

塑料食品罐具有重量轻、价廉、易回收等特点。使用的塑料须为食品级的卫生塑料。

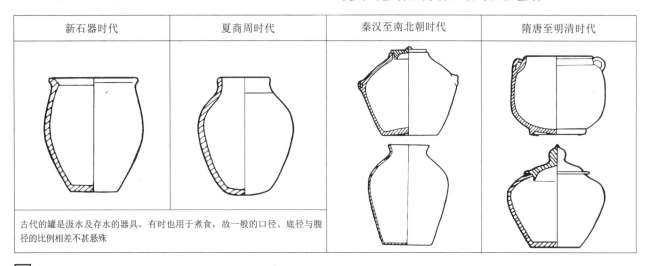

新石器时代	夏商周时代	秦汉至南北朝时代	隋唐至明清时代
古代的罐是汲水及存水的器具，有时也用于煮食，故一般的口径、底径与腹径的比例相差不甚悬殊			

1 古代罐的演变

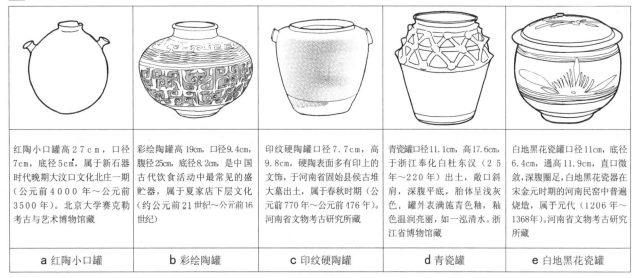

红陶小口罐高27cm，口径7cm，底径5cm，属于新石器时代晚期大汶口文化北庄一期（公元前4000年～公元前3500年）。北京大学赛克勒考古与艺术博物馆藏	彩绘陶罐高19cm，口径9.4cm，腹径25cm，底径8.2cm，是中国古代饮食活动中最常见的盛贮器，属于夏家店下层文化（约公元前21世纪～公元前16世纪）	印纹硬陶罐口径7.7cm，高9.8cm，硬陶表面多有印上的文饰，于河南省固始县侯古堆大墓出土，属于春秋时期（公元前770年～公元前476年）。河南省文物考古研究所藏	青瓷罐口径11.1cm，高17.6cm，于浙江奉化白杜东汉（25年～220年）出土，敞口斜肩，深腹平底，胎体呈浅灰色，罐外表满施青色釉，釉色温润亮丽，如一泓清水。浙江省博物馆藏	白地黑花瓷罐口径11cm，底径6.4cm，通高11.9cm，直口微敛，深腹圈足。白地黑花瓷器在宋金元时期的河南民窑中普遍烧造，属于元代（1206年～1368年）。河南省文物考古研究所藏
a 红陶小口罐	b 彩绘陶罐	c 印纹硬陶罐	d 青瓷罐	e 白地黑花瓷罐

2 历史上的名罐

 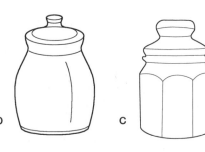  

a　　　　　b　　　　　c　　　　　d　　　　　e

3 食品罐造型

厨房盛具［3］罐

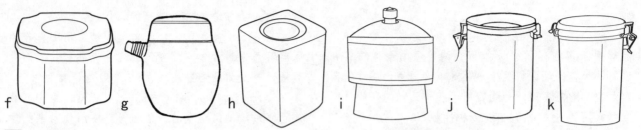

1 食品罐造型（续）

注：马口铁是食品罐的主要材料，其防腐蚀性能直接影响内容物的品质和保质期限。

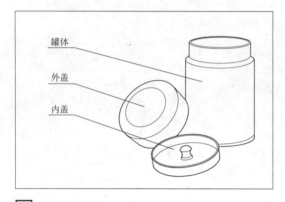

2 茶叶罐部件

注：茶叶罐要求密封性良好，能保持罐内干燥，大多茶叶罐有内外两层盖子。罐体材料有不锈钢、竹子等，多为圆柱形或棱柱形，以保证罐体一定的抗压强度。茶叶罐外形随着工艺品性质的需要，呈现丰富多样的造型。

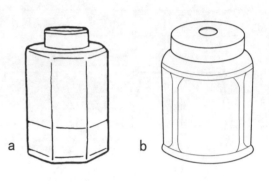

3 茶叶罐造型

盒 [3] 厨房盛具

盒

盒是生活中常用的盛放容器之一。厨房中的盒用于盛放各种食品，并具有一定保鲜功能。盒都有盖，有一定的密封性，以保证盛放食品的卫生。

按制作材料分为塑料盒、玻璃盒、木盒、纸盒、铝盒、不锈钢盒；按用途分为食品盒、保鲜盒、调料盒、饭盒、便当盒。各种盒根据用途不同，形态、结构各有不同。

a 新型保温食品盒	b 新概念保鲜盒
新型瓦楞纸食品包装盒。盒壁从外到内层依次为：挂面纸层、瓦楞层、芯层、挂面纸层、泡沫胶、铝金属箔。这种纸盒能起保温隔热作用，可用于包装携带食品，可代替传统的金属饭盒	运用食物储藏保鲜新技术，采用低压保鲜，以四面结合的方式对盒面封闭，其四周压力均匀，能起到很好的密封效果。材质采用PP塑料，透明色，可以制作微波食品盒，冷热都可使用

1 新型食品盒

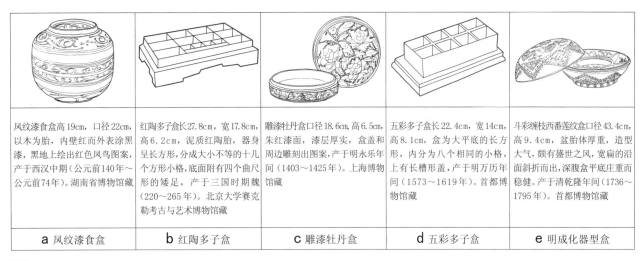

a 凤纹漆食盒	b 红陶多子盒	c 雕漆牡丹盒	d 五彩多子盒	e 明成化器型盒
凤纹漆食盒高19cm，口径22cm，以木为胎，内壁红而外表涂黑漆，黑地上绘出红色凤鸟图案，产于西汉中期（公元前140年～公元前74年）。湖南省博物馆藏	红陶多子盒长27.8cm，宽17.8cm，高6.2cm，泥质红陶胎，器身呈长方形，分成大小不等的十几个方形小格，底面附有四个曲尺形的矮足，产于三国时期魏（220～265年）。北京大学赛克勒考古与艺术博物馆藏	雕漆牡丹盒口径18.6cm，高6.5cm，朱红漆面，漆层厚实，盒盖和周边雕刻出图案，产于明永乐年间（1403～1425年）。上海博物馆藏	五彩多子盒长22.4cm，宽14cm，高8.1cm，盒为大平底的长方形，内分为八个相同的小格，上有长槽形盖，产于明万历年间（1573～1619年）。首都博物馆藏	斗彩缠枝西番莲纹盒口径43.4cm，高9.4cm，盆胎体厚重，造型大气，颇有盛世之风，宽扁的沿面斜折而出，深腹盒平底庄重而稳健。产于清乾隆年间（1736～1795年）。首都博物馆藏

2 历史上的盒

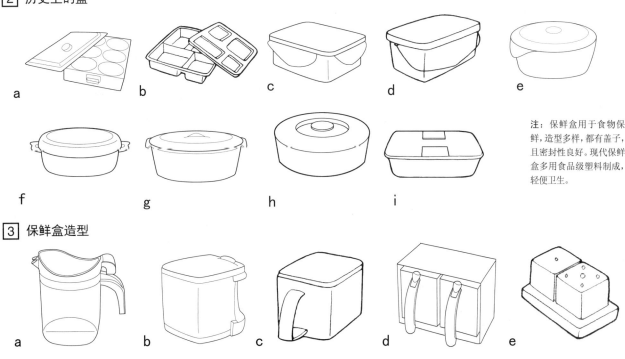

注：保鲜盒用于食物保鲜，造型多样，都有盖子，且密封性良好。现代保鲜盒多用食品级塑料制成，轻便卫生。

3 保鲜盒造型

4 调料盒造型

厨房盛具 [3] 盒

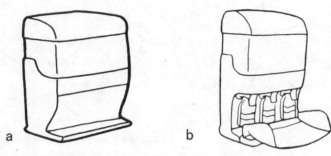

注：此调味盒为壁挂式，通过正面盒盖开合取用调料，卫生方便。
图 a 为闭合状态，图 b 为开启状态。

1 调料盒开合结构

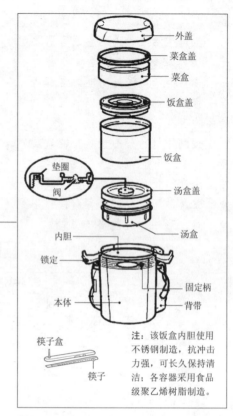

饭盒是最常用的食品盛装容器，好携带，易保洁。饭盒要求清洁卫生无毒，具有一定的密封性，有一定的耐水耐油性及耐热性。饭盒按材料分有不锈钢饭盒、塑料饭盒、纸浆便当盒。

不锈钢饭盒、塑料饭盒为结构较复杂的饭盒，一般有盛饭盒、汤盒、菜盒，内胆要求清洁度高，易清洗，有一定的抗压性。

纸浆模压便当盒是一种新型的快餐盛装器皿，它可以消除塑料快餐盒造成的"白色污染"，具有显著的社会效益和经济效益。为达到环保目的，饭盒在使用后 72 小时生物降解，降解物无毒无害。纸浆是天然植物纤维，无毒，符合食品包装要求；在自然条件下，降解快，无污染，并可回收利用。

注：该饭盒内胆使用不锈钢制造，抗冲击力强，可长久保持清洁；各容器采用食品级聚乙烯树脂制造。

2 饭盒结构分解

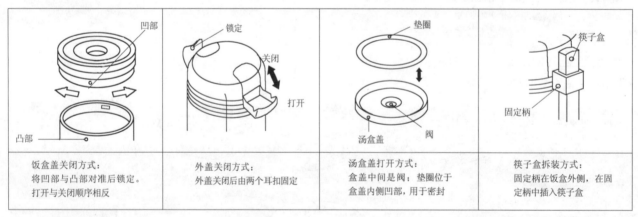

饭盒盖关闭方式：
将凹部与凸部对准后锁定。
打开与关闭顺序相反。

外盖关闭方式：
外盖关闭后由两个耳扣固定

汤盒盖打开方式：
盒盖中间是阀；垫圈位于盒盖内侧凹部，用于密封

筷子盒拆装方式：
固定柄在饭盒外侧，在固定柄中插入筷子盒

3 饭盒部件结构及拆装

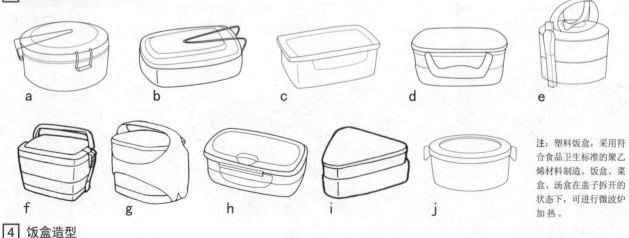

注：塑料饭盒，采用符合食品卫生标准的聚乙烯材料制造。饭盒、菜盒、汤盒在盖子拆开的状态下，可进行微波炉加热。

4 饭盒造型

桶[3] 厨房盛具

桶

厨房中使用的桶，按用途分有米桶、油桶和水桶。

米桶按材料分，有木桶、塑料桶和金属桶。木桶造型结构多样，天然卫生，但要防蛀；塑料桶干净轻便，价格较低，多为食品级聚乙烯制品；金属桶较少，多为大型食堂使用，有时也作为盛饭桶。

油桶按形状分，有圆桶和方桶，圆桶一般都是铁制，大小规格不等；方桶有铝制、铁制和塑料制品三种，品种繁多，规格不一，从2L至30L均有。

水桶是一种通称，习惯上把敞口、圆形、带提手的桶都称水桶，但在使用上并非单纯用于盛水，而是多用途的盛具。水桶按材料分铁桶、铅桶、木桶和塑料桶等。水桶的一般规格容量为20～25L。

铁桶，是用铁皮制成，易生锈，一般作油桶，使用时要注意保护桶表面的防锈漆，注意防水，存放于通风干燥处。

铅桶，又分镀锌铁皮制的和铝制铅桶。由于锌对人有毒，故厨房使用的铅桶多为铝制。铝桶使用应尽量防止与酸性和碱性物品直接接触，使用后把里外的污物洗掉、擦干，不用时可颠倒放置干燥处。

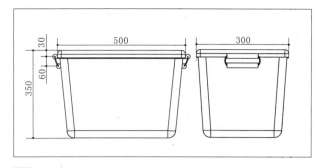

1 米桶尺寸

木桶，主要是盛水用，通常外表要涂上桐油，木桶要防止日光直射，不用时不宜存放在干燥处，以防止干裂开缝。

塑料桶，厨房使用的塑料桶，通常是聚乙烯制品，它是乳白色的半透明像白蜡一样的固体，容重小，比任何塑料都轻，它有很高的柔曲性和弹性，摔压不坏，耐磨耐折，而且耐寒，无毒，无臭，耐酸耐碱，可以染成各种各样的色彩。塑料桶虽耐腐蚀，但不能与硝酸直接接触；塑料桶应避免长时间受热或日晒，以免变形开裂。

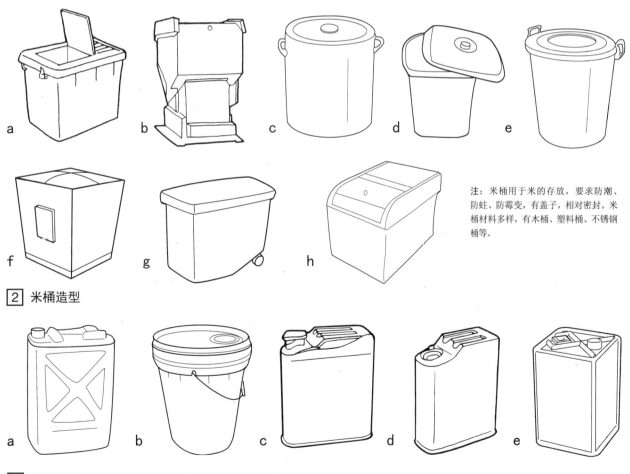

注：米桶用于米的存放，要求防潮、防蛀、防霉变，有盖子，相对密封。米桶材料多样，有木桶、塑料桶、不锈钢桶等。

2 米桶造型

3 油桶造型

厨房盛具 [3] 桶

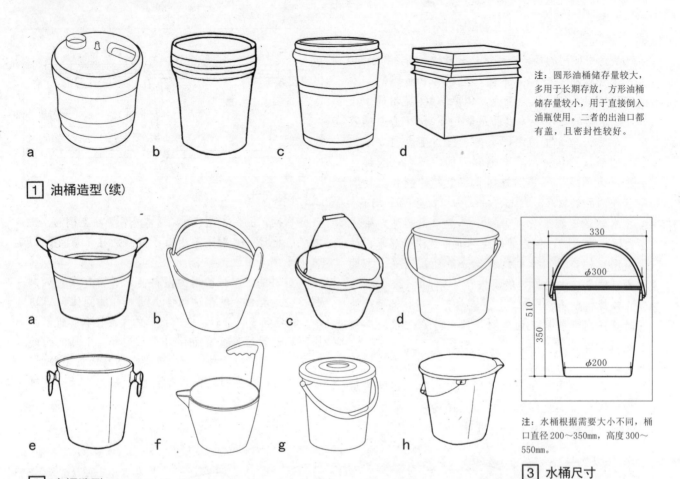

注：圆形油桶储存量较大，多用于长期存放，方形油桶储存量较小，用于直接倒入油瓶使用。二者的出油口都有盖，且密封性较好。

1 油桶造型（续）

2 水桶造型

注：水桶根据需要大小不同，桶口直径200～350mm，高度300～550mm。

3 水桶尺寸

一次性便当盒作为食品的盛具，必须是无毒，有一定的耐水耐油耐热性。还要有一定的抗拉强度，为达到环保目的，饭盒在使用后72小时生物降解，降解物无毒无害。

原料包括母料、配料及涂胶。母料主要有谷物、蔗渣、麦秸及稻草等；配料主要有粘合剂、成型剂、防水剂、混凝剂、脱模剂等无毒物质；涂胶是专用于食品包装上无毒无害的聚合物。

食品盒一般用于盛放干燥食品，如饼干、休闲果、瓜子等零食。为方便使用，一般为盘状，较薄，外形设计应简洁平顺，易于清洁。盖子可作临时果壳盘。

注：母料对饭盒的影响：广泛采用的母料有谷壳、稻草及蔗渣。以谷壳为原料制成的饭盒抗拉强度略差。以稻草为原料，手感很糙，韧性略差。而蔗渣抗拉强度大，表面光滑，有一定弹性，而稻草纤维脆，谷壳纤维粗短。

配料性质的影响：配料中直接影响最大的是成型剂，如细度细、白度高，则饭盒洁白、富有光泽。用量一般控制为配料的30%～40%，其用量过多，则饭盒很脆、又重；用量过少，无抗拉强度，透光率很高，不耐水耐油。粘合剂一般采用便宜的玉米淀粉，用量不宜过多，否则影响餐盒的流变性能和发泡性能。防水剂、混凝剂，以及改变黏度的调节剂等，缺一不可。

涂胶的影响：涂胶主要起防水、防油作用，特别是沸水冲泡情况下，连续耐100℃水温2小时左右，在饭盒丢弃变形后，很快与饭盒脱离，即发生降解。

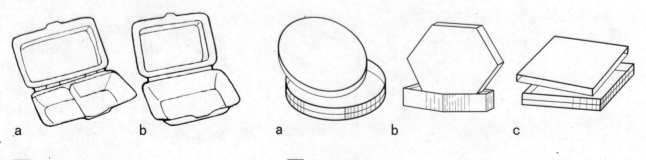

4 一次性便当盒造型

5 食品盒造型

筐(篮) [3] 厨房盛具

筐(篮)

筐(篮)是淘米、洗菜和存放食物的常用容器。筐(篮)的功能主要是清洗过滤和通风存放。筐(篮)要适用于新鲜蔬菜、水果等农产品的盛放和包装,能够承受碰击、挤压、潮湿等,要符合环保要求。

筐(篮)具有漏水、通风等特点。按形状分为方形、圆形、腰形;按制作工艺分为粗筐、细筐和网眼筐。

筐(篮)有用竹和藤编制而成的,有塑料注塑成型的,也有的用细钢丝和不锈钢制成。

注:方形筐(篮)大多由塑料和钢丝制成,用于存放食物,通风性较好。

1 方形筐造型

注:圆形筐(篮)既有用于食物存放的,也有用于清洗过滤的,其中图f和图g为俯视图。

2 圆形筐造型

注:腰形筐(篮)功能和圆形筐类似,其中图d和图e为俯视图。

3 腰形筐造型

注:挎篮下部是篮筐,用于食物的存放,上部的提手可以挎在手臂或肩上,是一种便携式的篮筐。

4 挎篮造型

厨房盛具 [3] 筐(篮)·缸

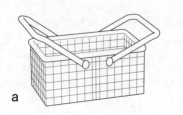
a

b

c

d

1 挎篮造型(续)

缸

缸，除耐酸缸外，一般都用作水容器，短期也可盛油。缸的规格通常分大、中、小号三种。缸通常开口较大，便于取放水和食物，深度较深，储存量较大。材料主要是黏土和陶瓷，也有使用金属制作的。

缸按形状分有圆形和方形，多以圆形为主，用于厨房水、米、面、腌菜等食品的储存；方形除了储存功能，还有装饰作用，和鼎类似。

耐酸缸，是装酸性液体和腌制小菜的容器。它是由含硅酸量较多的可塑性黏土制成，耐酸，机械强度高。耐酸缸一般是肚大口小，腌菜时便于封口。

水缸，水缸具有耐磨、耐腐蚀、不老化的特点，也是家庭盛米、面和水的用品。

缸的选择，主要检查沙眼、破损和外表光度，沙眼一般很难肉眼发现，主要通过装水试漏；破损可采取听声音的方法，沙哑声通常是有破损；外表一般应光滑，无疙瘩、坏泡、泥渣、斑点等缺陷。

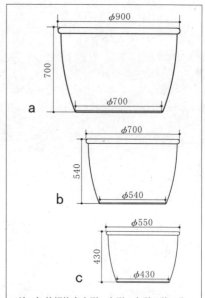

注：缸的规格有大型、中型、小型三种（分别如图a、图b、图c）。大型缸口径在800mm以上，小型缸口径在625mm以下，中型缸介于二者之间。

2 缸的规格

3 缸的造型

瓶 [3] 厨房盛具

瓶

瓶子是口略小于体的容器，是人们生活中接触最频繁的盛具之一。厨房用的瓶子通常用于盛装液体物质和粉末状调料。(1)瓶子要求密封、不渗透、抗压好。(2)瓶子的材料多为玻璃和PET、PVC塑料，经由吹塑成型。目前较多使用的还有不锈钢，陶瓷和木材等。(3)瓶子的尺寸须符合人手型的尺寸，以利于单手持握。(4)油瓶及一些分量较重的瓶子必须考虑防滑等问题。

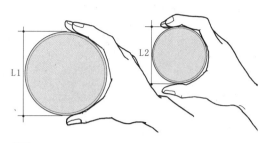

注：手型尺寸是设计瓶子的重要依据之一。一般手型张开最大有效握距为L1(约150mm)，最舒适握距为L2(约50~100mm)，超过L1则瓶子会因抓力不够而滑落，此时需要两手来把持，但在同时也增加了操作的难度。

1 瓶子与手的持握关系

2 牛奶瓶造型

注：调料瓶多用于盛装粉末状调料，一般材料为陶瓷、玻璃和不锈钢等。其体积相对较小，一般高度在120mm以下。图n是典型的调料瓶造型。旋转错位的瓶盖既保证了粉末的进出，又保证了不使用状态下的密封存储。

3 调料瓶造型

注：果汁瓶的造型较为自由，但由于果汁富含的维生素C会被空气中的氧气氧化，所以果汁瓶通常要设计成密封的，以保证果汁的新鲜。在食用安全上，人们通常会通过观察果汁的色泽以判断其是否变质，因此，果汁瓶的材料一般为透明玻璃或比较纯净的PVC塑料等。在尺寸上，一般在单手持握范围内。

4 果汁瓶造型

炒锅 [4] 烹调用具

锅是厨房用品中主要的烹饪工具。锅的雏形源自原始社会末期的陶罐，其型制对后世的锅有所启发。直至隋唐时期，锅的造型才基本确定：圆口、浅腹、薄壁、球面、有耳或无耳、无足或有足。此后的一段历史时期锅一直延续了其原有的造型，发生改变的通常只是材质、大小和制造工艺。锅按其功能划分为蒸煮锅和炸炒锅两大类；按材料分铁锅和铝锅等；按构成分普通锅和特种锅；按加热方法分明火锅和电热锅。现代家庭常用的锅有：炒锅、煎锅、煮锅、炖锅、蒸锅、火锅、电饭锅、压力锅等。

炒锅

炒锅是家庭常用的传统烹饪锅具。炒锅通常由三大部分组成：锅体、锅盖和锅柄。锅按品种可分为平口锅、浅平口锅和平底锅三种；按规格可分为大锅、中锅和小锅，具体尺寸见下表；按形式可分为手柄式、双耳式和平底式三种。炒锅有铁炒锅、不粘炒锅、无油烟锅等。

铁炒锅升温快且热效率高，使用最为广泛。铁锅的型制在设计原理上具有典型意义：铁是热的良导体，黑色易于吸热，球面可以同时接收传导、对流、辐射三种方式的热能，并且受热均匀，升温快速，能充分利用火力，这些符合物理学原理；造型口大方便投料，锅边有耳利于把握，圆边壁薄端举省力，球面腹浅容易观察，不论手勺手铲，在平滑锅腹翻炒容易，能使大火热油快炒的菜肴成熟一致，起锅利索，这些符合操作需要；而且炒锅容积不大，一锅只炒一份菜，这又与炒菜质量精细要求相一致；在制作上，它原料丰富，工艺方便，且价格低廉，经久耐用，适合家庭的消费水平。

不粘炒锅采用全新防刮技术，特选国际3003基材，涂层经特殊工艺超硬层及铁金刚涂料制造，传热效果好，耐腐蚀，耐酸碱，不粘，易清洗，可用金属铲勺操作，其中超硬不粘炒锅底部为钛白金底层，采用激光加工。

无油烟锅属环保型厨具，采用独特夹层结构，其特点是不生油烟，锅体容易控制在最佳的烹饪温度范围内，菜肴不易过火，锅体有储热功能，受热均匀，且经过特殊不粘处理，不易出现煎焦、糊底现象，还可节约一定烹饪用油。

锅盖可分为透明和不透明两类。透明锅盖通常采用耐温钢化玻璃制造，烹饪过程中烹饪物清晰可见，有助于掌握烹饪的火候。炒锅的手柄的结构形式变化较多，材料选用上要求隔热，有一定强度，形态设计需考虑使用者手形的尺度及持握的舒适度。

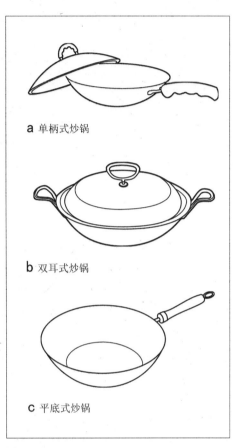

a 单柄式炒锅

b 双耳式炒锅

c 平底式炒锅

[2] 炒锅形式分类

	锅 径
大锅	29寸　32寸　34寸　36寸　38寸　40寸平口锅
中锅	16寸　17寸　17.5寸　18.5寸　20寸　20.5寸　23寸　23.5寸　24.5寸平口锅
中锅	21.5寸　23.5寸浅平口锅
中锅	10寸　13寸　17寸　25.5寸平底锅
小锅	7.5寸　8.5寸　9.5寸　11～17寸　18.5寸耳锅
小锅	12寸　13寸　14寸　15寸　16寸浅耳锅

[1] 炒锅规格分类

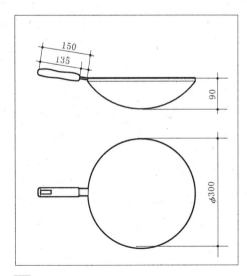

[3] 炒锅基本尺寸

烹调用具 [4] 炒锅

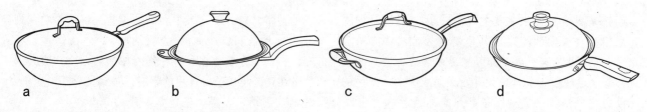

1 手柄式炒锅造型

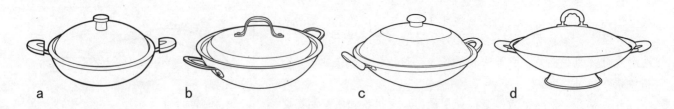

2 双耳式炒锅造型

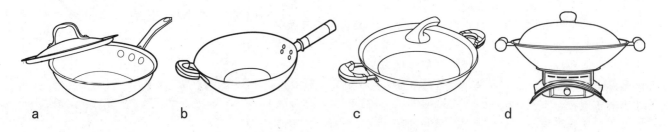

3 平底式炒锅造型

电炒锅

电炒锅分为分离式和固定式两种。

1. 分离式电炒锅。这种电炒锅可以把锅体单独取下，清洗较方便，不会因弄湿电器部件而发生故障。但是因锅体是自由摆放在电热盘上的，锅体和电热盘的接触不够紧密，热效率不高，炒菜时须用手扶着锅把，使用不太方便。

2. 固定式电炒锅。这种电炒锅的锅体直接紧固在电热盘上，吻合紧密，热效率比分离式要高，使用方便。但洗刷不太方便，要防止把水溅到电热盘座盘上。

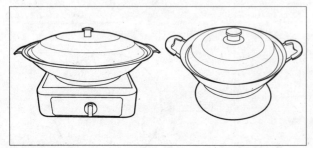

a 分离式电炒锅

b 固定式电炒锅

4 电炒锅造型

煎锅 [4] 烹调用具

煎锅

煎锅主要用于煎制食品，如煎蛋、煎饼等。锅身形状通常为圆口、平底，结构与炒锅相似，也分为单柄式和双耳式两种，主要区别是腹浅。煎制食品种类繁多，故煎锅衍生出各种不同的门类，如煎模、煎盘、铁板烧等。

煎模用于煎制各种不同形态的食物，可以在市面上看到许多不同风味、形态各异的煎制趣味食品。

铁板烧以烧红的铁板翻烤食品，所以壁较厚，较多地用于煎制各种风味食品，有日式铁板烧、韩式铁板烧、方形铁板烧、圆形铁板烧、大牛铁板烧等。

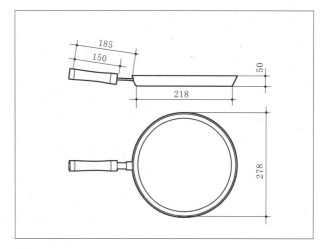

[1] 煎锅基本尺寸

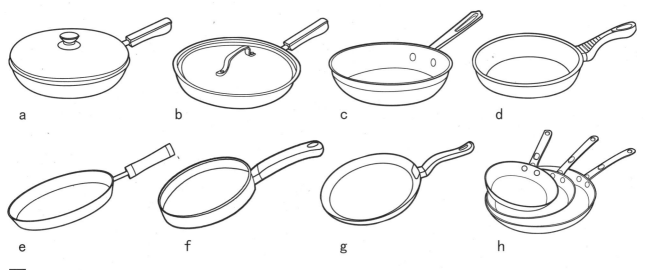

[2] 单柄式煎锅造型

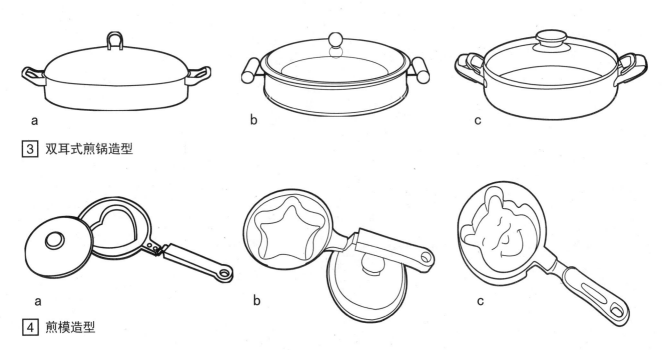

[3] 双耳式煎锅造型

[4] 煎模造型

烹调用具 [4] 煎锅

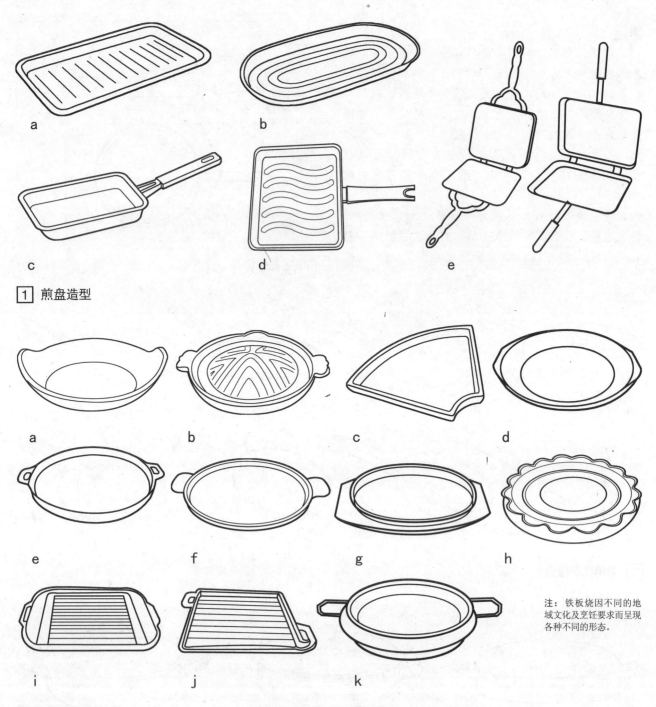

1 煎盘造型

注：铁板烧因不同的地域文化及烹饪要求而呈现各种不同的形态。

2 铁板烧造型

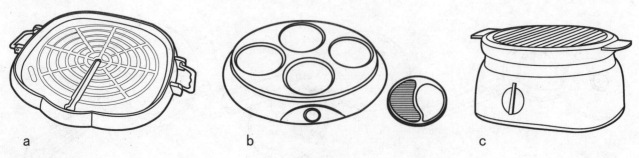

3 电煎锅造型

煮锅

煮锅是用来加水煮熟食物的锅具。

按加热方式可分为火煮锅和电煮锅两类。家庭用的以火煮锅为主。锅体通常呈圆柱形（也有上小下大的锥形或鼓形），平锅底，锅口设有翻口，以保证与锅盖的吻合。为倒汤方便，还可在锅口上设置鸭嘴。煮锅按外形及高度尺寸分，有深锅、半深锅、浅锅、柿形锅等。按材料分，有不锈钢锅、铝锅、铁制搪瓷锅等。不锈钢锅经久耐用、光洁、易清洁，铝锅传热快、体材轻，为现代家庭所常用。

电煮锅结构上分为锅体与发热装置两大部分，由于清洗方便，以分离式结构为主。

煮锅设计时主要考虑实用和操作的方便。

实用要求体现在锅体的大小上，即口径和深度要考虑所煮食物的体积与口径、深度互相之间的匹配关系。

操作便利性体现在手柄与双耳的造型要符合人手持握的方便，材料要求导热性能差，不烫手，手柄一般配于体积较小的锅体，双耳则配置于体积较大、煮烧时重量较重的锅体。

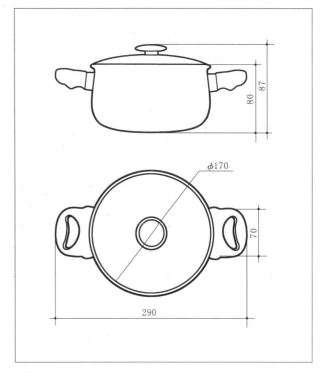

1 常见不锈钢煮锅基本尺寸

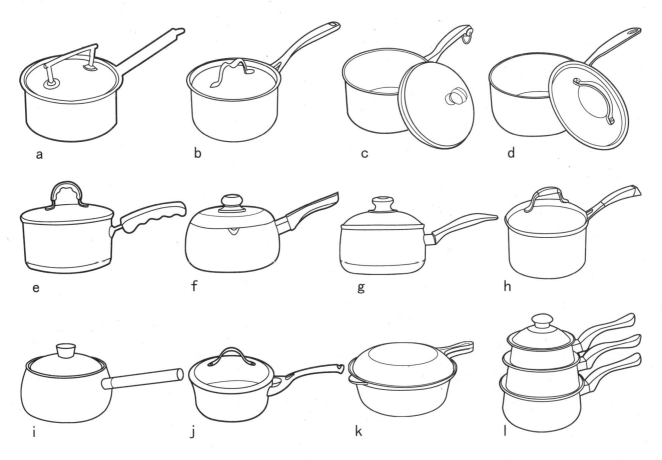

2 单柄式煮锅造型

注：成套煮锅可按蒸煮食物的多少灵活选用，收纳也较为方便。

烹调用具 [4] 煮锅

注：深煮锅因烧煮的食物分量往往较重，故双耳设计需考虑手握位置较宽松，有足够强度。

注：为倒汤方便，锅口设置鸭嘴，以牛奶锅最为常见。

1 双耳式煮锅造型

2 煮锅的组合造型

3 电煮锅造型

炖锅 [4] 烹调用具

炖锅

炖是指和水一起煮烂食物，用来炖食物的锅具即为炖锅。炖锅锅体用砂土、陶瓷制成，符合炖食物时常用文火，慢慢加热，使物烂汤鲜的要求。

传统火炖锅多为明火加热，由于家庭灶具采用液化气、天然气之后，实现文火慢炖的烹调方式也非常方便，电炖锅则有这方面的优势。

电炖锅因可实现定时操作，使用方便，正逐步取代火炖锅成为炖锅主流。

有的以天然紫砂作内胆，独立保温，具有长时间保鲜功效；采用侧部发热设计，受热更均匀，具有煲、焖、炖、煮等多功能，全电脑控制LED显示，具有不同火力调节、多功能选择、烹调时间选择、长时间预约选择等；烹调、预约可随时按需要调整，操作更简单，人性化，使用更方便。

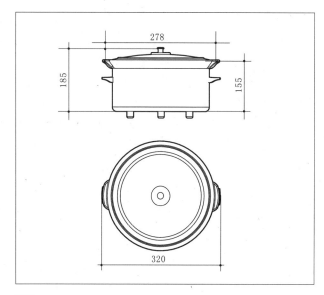

1 炖锅基本尺寸

   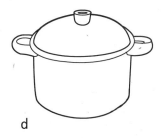

a　　　　　　b　　　　　　c　　　　　　d

2 炖锅造型

 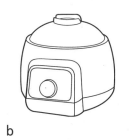  

a　　　　　　b　　　　　　c　　　　　　d

e　　　　　　f　　　　　　g　　　　　　h

i　　　　　　j　　　　　　k　　　　　　l

3 电炖锅造型

烹调用具 [4] 蒸锅

蒸锅

蒸锅，是指利用水蒸汽的热力，将食物加热或制熟的烹饪用具。蒸具历史悠久，在中国古代，人们就用芦苇篮或竹篮蒸熟食物，因其能完好保存食物的营养、鲜味和色泽，所以成为常用的厨房炊具。使用蒸锅，可蒸制各种主食，如米饭、馒头、包子、花卷、发糕等；也可蒸制各类副食，如肉类、鱼类、蛋类、各种根块类蔬菜等。目前，除常用的蒸锅外，还有蒸笼、蒸箱和蒸车等。

蒸锅结构由锅身、蒸架、锅盖三大部分组成。蒸架有内置、外叠两类；内置蒸架无耳无柄，外叠蒸架和锅身可有单柄和双耳。外叠蒸架蒸锅按蒸架多少又有双叠蒸锅和多叠蒸锅之分。

蒸锅材料有铝合金、不锈钢、塑料、玻璃、搪瓷等。透明的蒸架有助于观察蒸煮食物的状态，而且使得蒸具显得更为轻便，被越来越多的运用在大容量蒸具设计上。

电蒸锅的锅体和发热装置呈分离式，其基本原理和特性与电煮锅、电炖锅相似，有的设计将三者整合，实现了多功能一体化。一般家庭多采用这类多功能锅，以节约空间，提高使用效率。

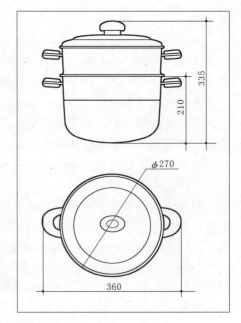

1 蒸锅基本尺寸

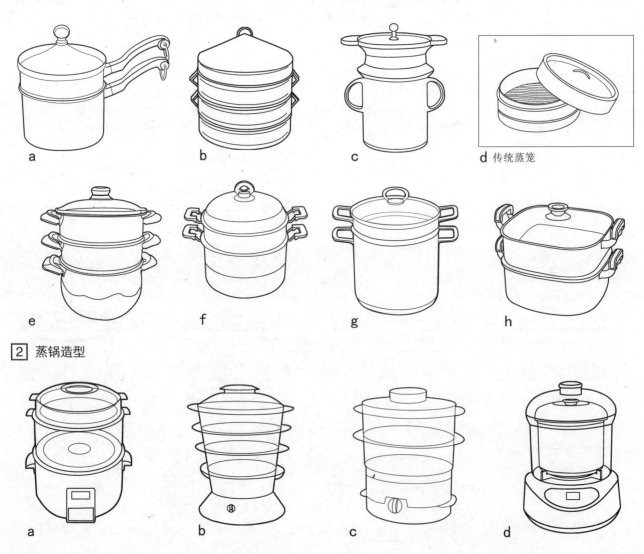

2 蒸锅造型

3 电蒸锅造型

火锅 [4] 烹调用具

火锅

传统火锅是冬季用餐时边吃饭边烧煮汤肴，保持菜肴热度的炊具，现在的火锅已演化为一种饮食文化，不分季节使用。

火锅分明火锅和电火锅。明火锅多用金属制成，有传统炭火锅和支架式火锅两大类。炭火锅锅中央有炉，可置炭火，由于它使用不便，烧炭影响空气质量且不安全，现已很少使用。支架式火锅锅下可置酒精灯，点火方便、燃烧清洁。

电火锅是继电饭锅进入家庭厨房后的又一电热炊具。

电火锅由锅体和电热装置组成。按锅体与电热装置的关系可分为外置式和内置式。早期问世的电火锅均为外置式；而后期的电火锅则采用内置式。

电火锅具有温度调节设定、恒温安全功能、电源操作指示灯，所以操作方便，几乎已取代了传统炭火锅。

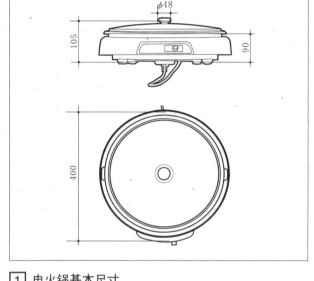

[1] 电火锅基本尺寸

a　　　　　　b

a　　　　　　b

[2] 传统火锅造型

c　　　　　　d

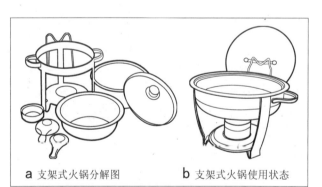

a 支架式火锅分解图　　b 支架式火锅使用状态

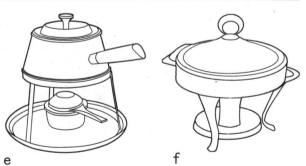

e　　　　　　f

[3] 支架式火锅造型

烹调用具 [4] 火锅

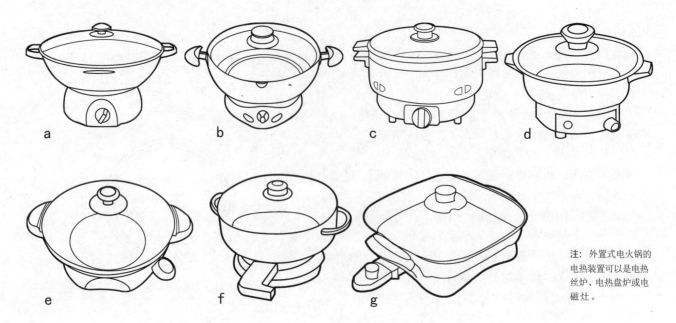

注：外置式电火锅的电热装置可以是电热丝炉、电热盘炉或电磁灶。

1 外置式电火锅造型

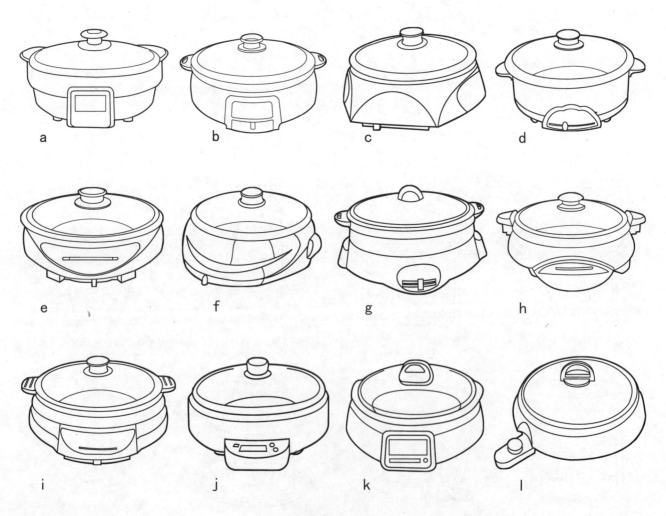

2 内置式电火锅造型

注：内置式电火锅具有大功率发热盘，火力猛，热效率高，升温快，采用隔热式外壳，透明玻璃锅盖。内锅为合金铝，强度高，不变形，涂有专用不粘涂层，耐磨，易洗，可涮、烧，清洗卫生方便。

压力锅

压力锅，又称高压锅，是一种利用蒸汽压力快速煮熟食物的节能型厨具，在高寒地区尤为有用。与普通锅相比，压力锅具有节省时间、燃料、迅速煮烂硬物、烹调时营养散失少等特点，是现代家庭常用的蒸煮类锅具。

压力锅材料常用采用铝合金和不锈钢，按表面处理可分为氧化、抛光、洗白等种。按闭合方式分为旋合式、落盖式、压盖式。锅体有直形、鼓形等。按锅柄形式可分为手柄式和双耳式。其中的民用压力锅，按规格容量分类有：18cm、20cm、22cm、24cm、26cm等。

压力锅安全性要求较高，对锅体壁厚、强度、安全装置有效性方面有严格的要求。压力锅锅盖上有特殊装置。该特殊装置主要由密封圈、调压装置和安全装置三部分组成。密封圈，起密封作用，对压力锅内形成压力起决定作用。它采用无毒的硅橡胶制造，置于锅盖与锅体锅口周边之间。由于是橡胶制品，加之承受高压，所以是一个易损部分，需定期更换。调压装置，也叫限压阀。烹调时，由于密封圈的作用，锅盖与锅体之间成为密封状态。锅内水蒸气不断地增多，使锅内压力不断升高。为控制锅内保持规定的工作压力（即压力保持一定大小），限制锅内压力再升高，所以在锅盖上安装了一个限压阀，压力高于规定值则排气减压。目前民用压力锅的限压阀一般为重锤式。压力锅安全阀形式、结构多样，常用的是弹簧钢球结构，锅内压力正常时，钢球在弹簧压力下，紧紧堵住安全阀进口，防止锅内气体外溢；一旦锅内压力超常，锅内气体即会顶起钢球进入安全阀，从出口逸出减压。

设计压力锅时，要求锅体比例合理，手柄形状符合人手握要求，锅盖启合方便。

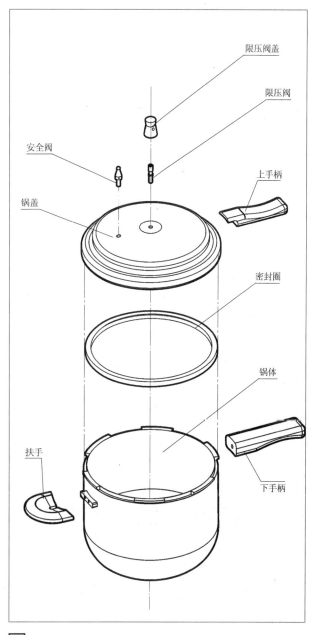

[1] 压力锅基本尺寸

[2] 压力锅结构分解图

烹调用具 [4] 压力锅

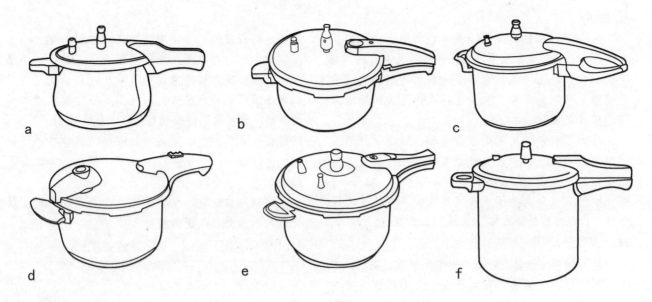

1 手柄式压力锅造型

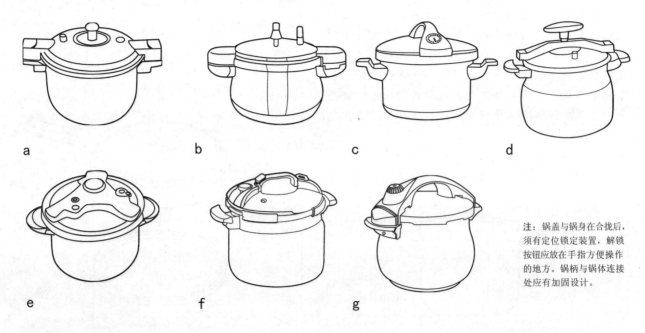

注：锅盖与锅身在合拢后，须有定位锁定装置，解锁按钮应放在手指方便操作的地方。锅柄与锅体连接处应有加固设计。

2 双耳式压力锅造型

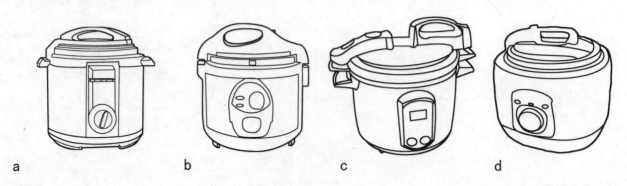

3 电压力锅造型

电饭锅

电饭锅（也称电饭煲）是利用电热烹饪食物的厨房电器。其工作温度大多在100℃上下，具有自动煮饭、保持恒温、卫生方便、不需看管等特点，可进行蒸、煮、炖、煨、焖等多种烹饪操作。电饭锅一般由锅体、电热器件、控制装置3部分组成。

1. 锅体：分内锅、外锅。内锅体用来盛装欲烹制的食物，常以铝合金、搪瓷或不锈钢制作，外锅体起安全防护和保温作用。

2. 电热器件：通常为金属管式，大多铸于铝制发热板里，发出的热量经发热板均匀地加热内锅体底部。一般电饭锅仅设一只底部电热元件。为获得更佳烹制效果，有些高档产品上设2~4只电热元件，分别作为顶盖加热器，侧周加热器，功率可分多档。

3. 控制装置：包括控温和定时器，控温装置一般由限温器和恒温器两部分构成。前者保证锅温不会超过某一定值（通常为103±2℃），安装在发热板中心的空腔处；后者保证锅内食物煮熟后稳定在60~80℃，安装在发热板下或其他适当位置。定时器有发条式机械定时器和电控定时器。电饭锅按锅体的结构形式分为组合式和整体式，按加热食物的方式分为直接加热式和间接加热式。按功能分单锅和双（蒸煮两用）锅。按使用时锅内压力分为低压式（0.04MPa）、中压式（0.1MPa）和高压式（0.15~0.2MPa）。电饭锅表面上的塑料、胶木零件应表面光滑，色泽均匀，不易受损，容易清洁。除电热盘外，铝和黑色金属表面均应有耐久性保护层，所用的紧固件必须符合国家标准。

	额定规格（L）						
电饭煲	1.2	1.5	2.0	2.5	3.0	3.5	4.0	4.5
	5.0	6.0	7.0	8.0	9.0	10.0	12.0	

1 电饭锅规格

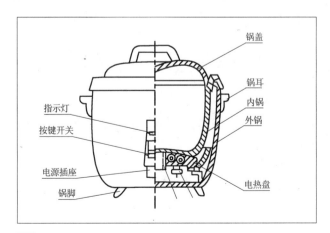

2 电饭锅结构示意图

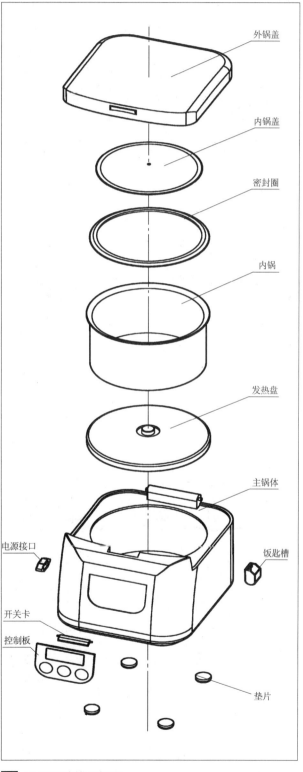

3 电饭锅结构分解图

烹调用具 [4] 电饭锅

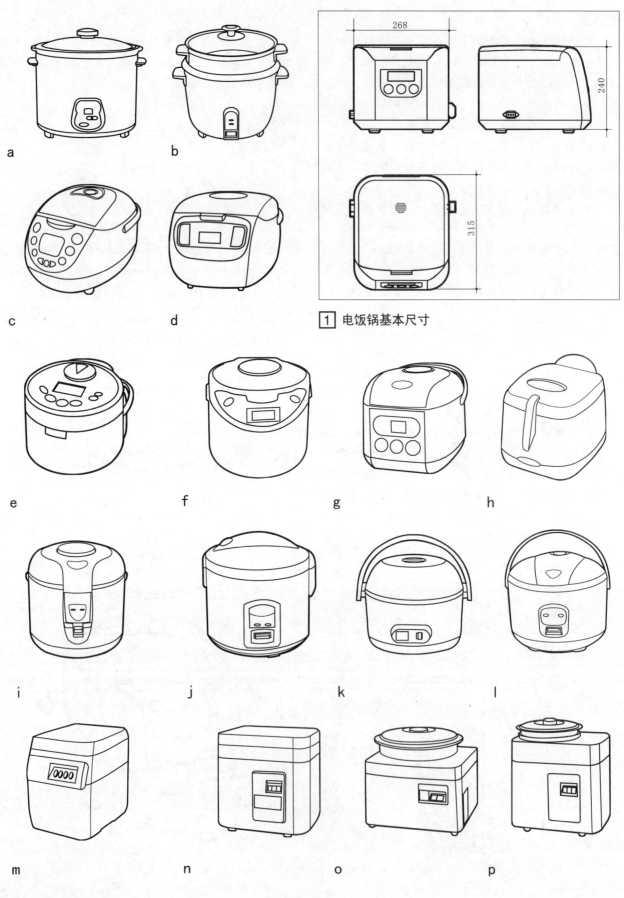

①电饭锅基本尺寸

②电饭锅造型

44

厨房铲、勺 [4] 烹调用具

厨房铲、勺

烹调用具是厨房中用于烹调食物的手工用具。主要包括各式汤勺、漏勺、捞面勺、锅铲、平铲、肉锤、比萨刀等用具。

烹调用具的材料使用不锈钢、刃具钢，与人手相接触的地方可组合耐高温塑料、合金等多种触感较舒适的材料。

烹调用具的手柄大小必须适合人的手型尺寸。手柄的尾端要有悬挂孔。

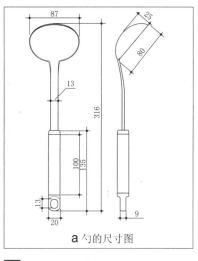
a 勺的尺寸图

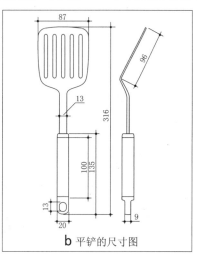
b 平铲的尺寸图

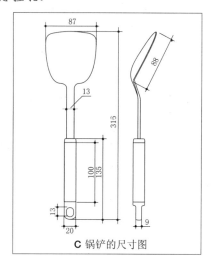
c 锅铲的尺寸图

1 勺、铲的主要尺寸

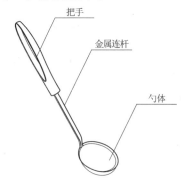

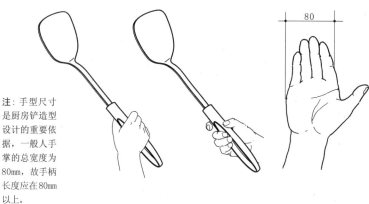

注：手型尺寸是厨房铲造型设计的重要依据，一般人手掌的总宽度为80mm，故手柄长度应在80mm以上。

2 勺、铲的人机关系

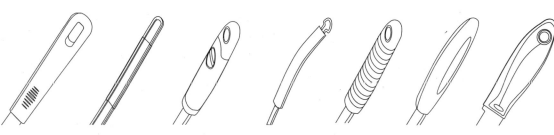

3 勺、铲的手柄造型

a 滤盛食物　　b 盛液体　　c 翻炒食物　　d 捞面条　　e 翻煎食物

4 勺、铲的使用

烹调用具［4］厨房铲、勺

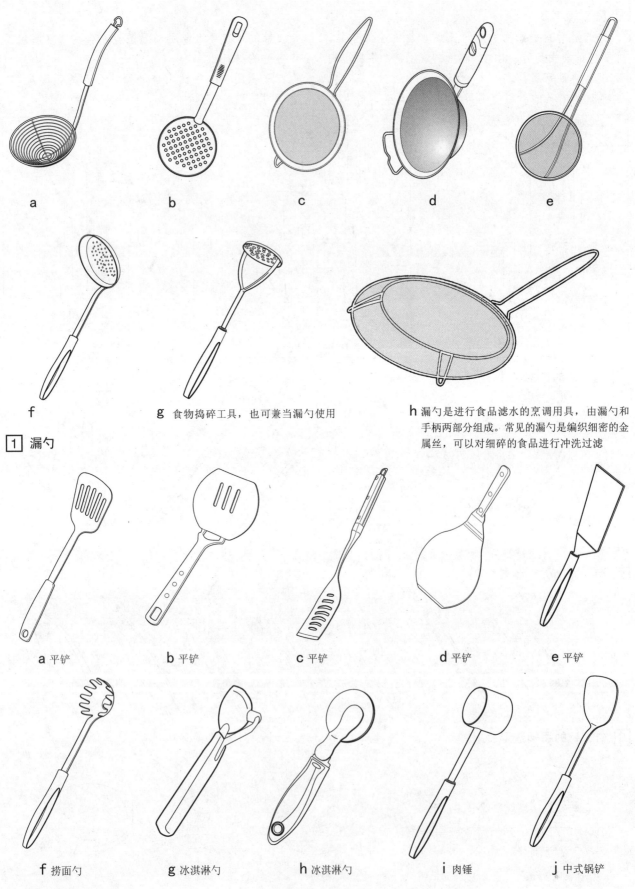

a　　　　b　　　　c　　　　d　　　　e

f　　g 食物捣碎工具，也可兼当漏勺使用　　h 漏勺是进行食品滤水的烹调用具，由漏勺和手柄两部分组成。常见的漏勺是编织细密的金属丝，可以对细碎的食品进行冲洗过滤

1 漏勺

a 平铲　　b 平铲　　c 平铲　　d 平铲　　e 平铲

f 捞面勺　　g 冰淇淋勺　　h 冰淇淋勺　　i 肉锤　　j 中式锅铲

2 其他烹调用具

炊具架・锅架 [4] 烹调用具

炊具架

炊具架的材料一般是全金属，也有少量利用木质材料，挂钩是全金属制造，其造型变化丰富多样。

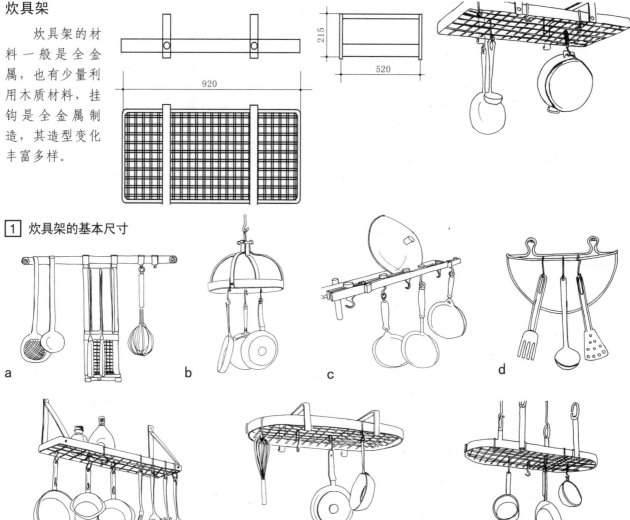

1 炊具架的基本尺寸

2 炊具架的各种造型

注：e、f 和 g 这三款炊具架沿用中世纪风格，可以容纳大量挂钩。

锅架

锅架是使锅底与台面隔离的器具，其基本材料为金属，在造型上根据锅的底部形状，分平台式和凹陷式。

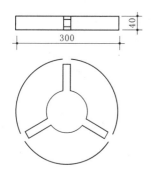

3 锅架的基本尺寸

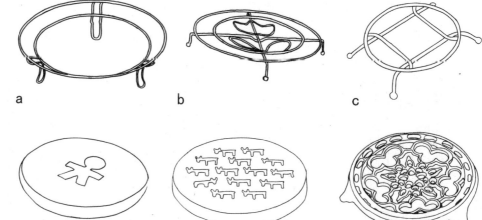

4 各种锅架造型

烹调用具 [4] 调料罐架

调料罐架

调料罐架是用来放置调料罐的一种收纳架。通常用木材、不锈钢金属制成。形式上可分为台式和壁挂式两种，大部分的调料罐架是两用的，既能放置又能壁挂。调料罐架的尺度由调料罐的大小及数量而定。

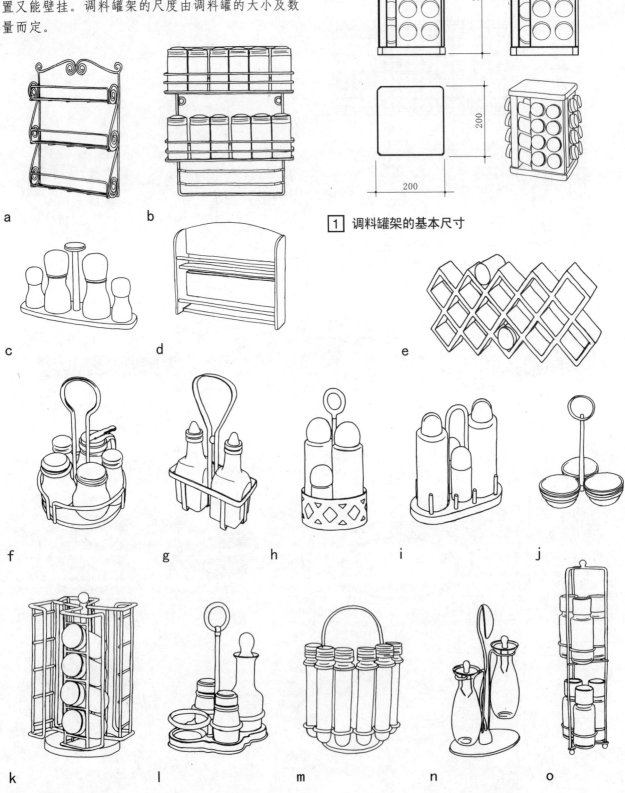

1 调料罐架的基本尺寸

2 调料罐架的各种造型

榨汁机

榨汁机分家用榨汁机、商用榨汁机两大类。家用又可分为手动榨汁机和电动榨汁机。手动有旋压式榨汁机、压榨式榨汁机；电动榨汁机有单一功能榨汁机和多功能榨汁机。多功能榨汁机通常是将榨汁、搅拌和干磨等功能合而为一的产品，其利用这些功能，方便饮食料理。

榨汁机通常由电动装置基座（电动机、控制开关及电源线）、容器、搅碎装置（刀具和传动轮、轴）等组成。

1. 在设计中电动装置基座应能可靠地支撑电动机及容器等。

2. 容器应具有易于拆卸的防溅盖，容器上应带有表示最大额定容量及适当分格的明显而不易磨灭的标志。

3. 搅碎装置中与食物接触的部分在结构上应易于清洗，装在容器内的传动轴应密封。在使用中，食物或液体不允许被润滑油污染，同时食物或液体不允许渗入到可能引起电气或机械事故的部位。

4. 基座、容器等主要部件应采用金属、塑料等适当材料制成，并保证有足够的机械强度。刀具的刃口部分应进行热处理。

5. 由电源开关、速度开关、定时器等组成的控制开关，应装在外壳上，其全部挡次位置应明确标出。应配一个可复位的限温器，以保证电机不致因过载运行而烧毁。

6. 榨汁机的零部件及结构材料不能是硝化纤维、有机玻璃等类可燃性物质。

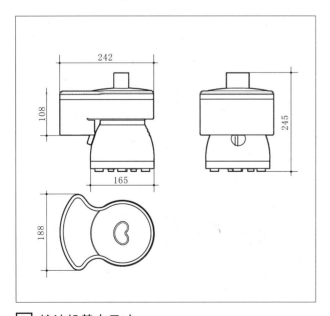

1 榨汁机基本尺寸

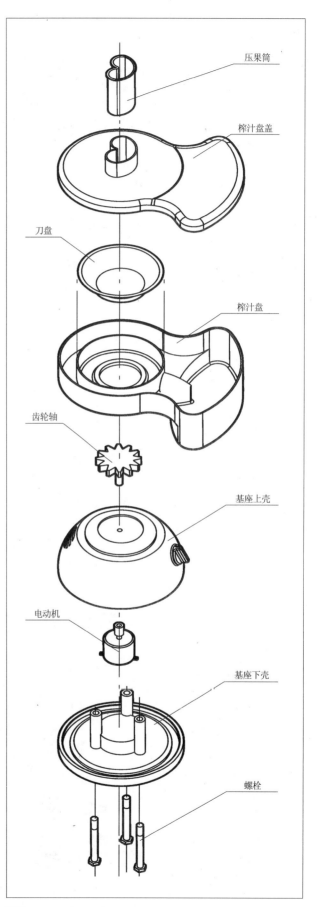

2 榨汁机基本构造

烹调用具 [4] 榨汁机

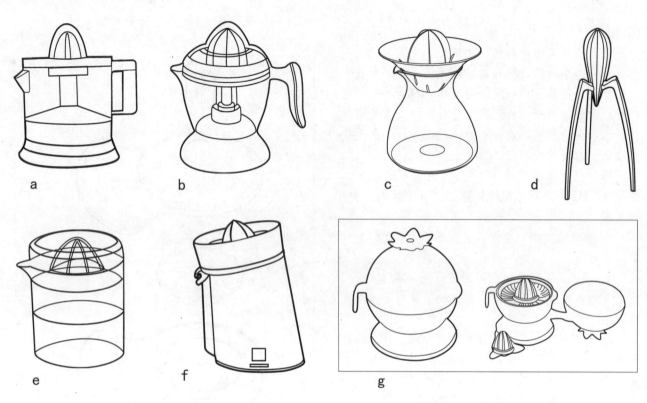

注：手动旋压式榨汁机操作时，将欲榨汁的水果切开，切面朝下放在齿锥尖上，用手一边下按一边旋转，就能将果汁榨出。

[1] 旋压式榨汁机造型

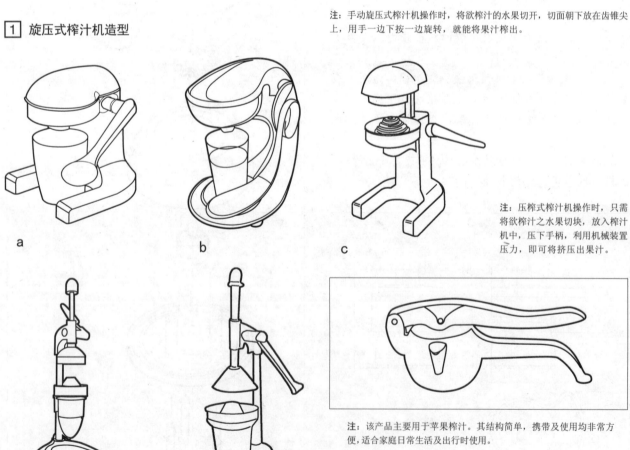

注：压榨式榨汁机操作时，只需将欲榨汁之水果切块，放入榨汁机中，压下手柄，利用机械装置压力，即可将挤压出果汁。

注：该产品主要用于苹果榨汁。其结构简单，携带及使用均非常方便，适合家庭日常生活及出行时使用。

[2] 压榨式榨汁机造型

榨汁机［4］烹调用具

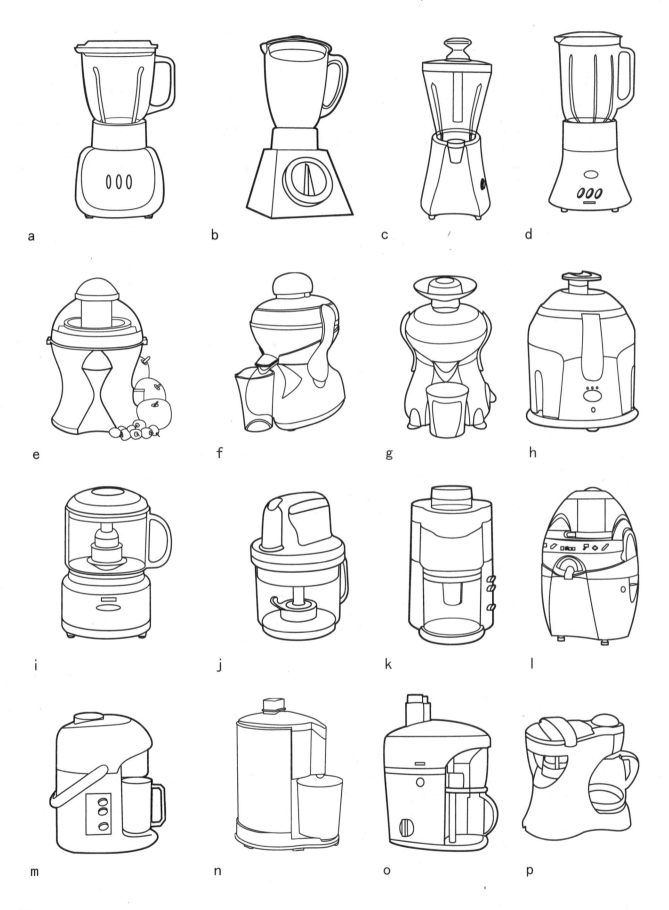

1 电动专用榨汁机造型

烹调用具 [4] 榨汁机

注：多功能榨汁机配备不同形状的刀具和不同大小的容器，更换这些器具即可实现切割、搅拌等功能。它提供常用的食品加工方式，为现代家庭提供了方便。

1 多功能榨汁机造型

注：商用榨汁机一般面向饮食行业，使用频率较高，且一次榨汁需要供较多人饮用。故在设计时要考虑采用较大的榨汁盘及功率较大的电机，整机材料宜使用不锈钢等耐损耗材料，在外形设计上以实用性为主。

2 商用榨汁机造型

豆浆机

豆浆机是专用于制作豆浆的食品加工器具，由电动装置基座（电动机、控制开关及电源线）、容器、搅碎装置（刀具和传动轮、轴）等组成。它与果汁类榨汁机的主要区别在于容器形状单一，酷似水杯，另外需要配有圆筒形豆渣过滤网。

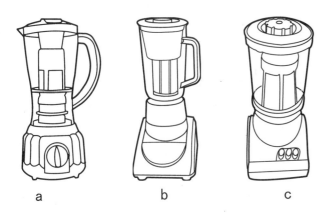

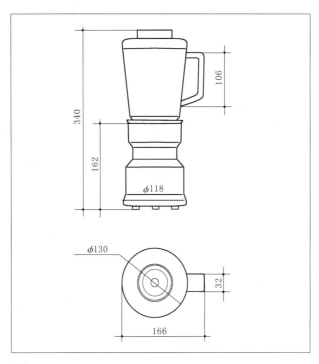

① 分体式豆浆机造型

② 豆浆机的基本尺寸

③ 一体式豆浆机造型

烹调用具 [4] 搅拌机

搅拌机

搅拌机是从事食品加工的常用机械，主要进行食品的混合、糅合、搅拌工作。其机身内置电机，配合不同的搅拌头可以完成不同的加工任务。

常见的搅拌机分四类：手持式搅拌机，条式手持搅和器，杯式搅拌机和台式搅拌机。

手持式搅拌机设有符合人机工学的把手，方便手握操作。其一般配有打蛋棒和搅面钩，打蛋棒用来搅打奶油、蛋白等；搅面钩用于和面。所配支架使手持搅拌机具有台式功能，方便使用。

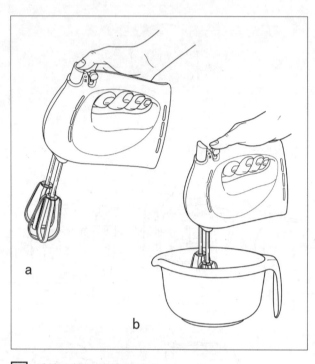

1 手持式搅拌机使用状态 ／ 2 手持式搅拌机结构

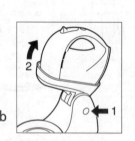

注：本行图示为搅拌机安装方式。

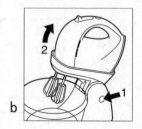
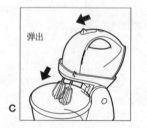
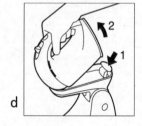

注：本行图示为搅拌机拆卸方式。

3 手持搅拌机装配方式

搅拌机 [4] 烹调用具

条式手持搅和器主要有三种用途：
1. 搅拌液体：如奶制品、酱汁、果汁、汤、混合饮料等。
2. 混合软质原料，如煎饼面糊或蛋黄酱。
3. 把熟原料做成羹，如婴儿食品。

条式搅和器的配套附件有：
1. 过滤器：使用过滤器可以得到搅拌格外精细的酱或果汁。
2. 切碎器：可以用于切碎果仁、肉、洋葱、硬奶酪、干水果、巧克力、大蒜、草药、干面包等原料。
3. 搅打器：可以用搅打器搅打奶油、蛋白、甜食等。

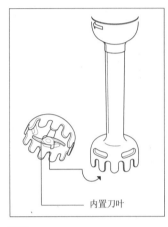

2 搅和器结构

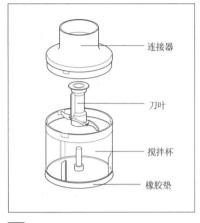

3 切碎器结构

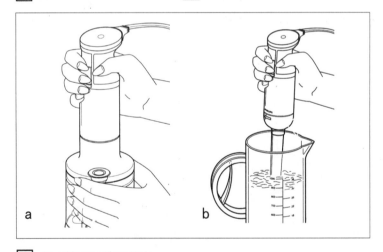

4 条式搅和器使用状态

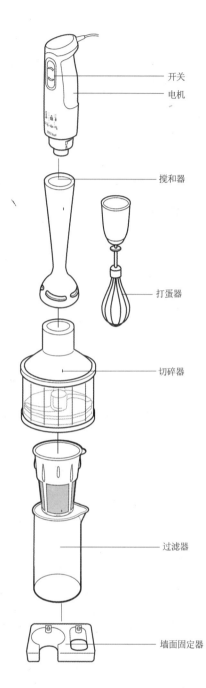

1 条式搅和器结构

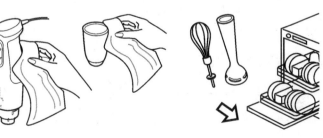

a 用抹布擦干机身　　b 配件洗净后放入消毒柜中消毒

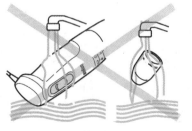

c 机身严禁水洗

5 条式搅和器的保养

55

烹调用具 [4] 搅拌机

杯式搅拌机适合家庭桌面使用，主要用途与条式手持搅拌器相似。

由于杯式搅拌机的电机位于底座内，因此可配套使用碎肉机和干磨机。

碎肉机：能用来切坚果、肉、洋葱、硬干酪、干水果、巧克力、大蒜、草药、干面包等。

干磨机：能用来磨碎干的配料。

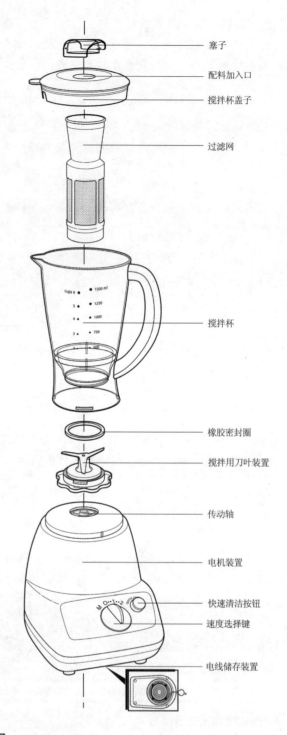

1 杯式搅拌机结构

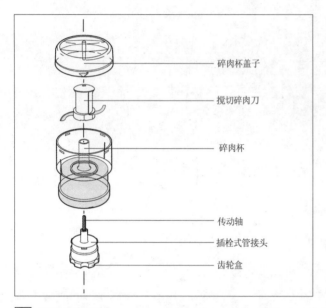

2 碎肉杯结构

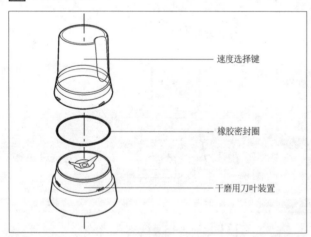

3 干磨杯结构

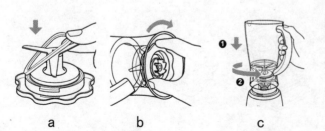

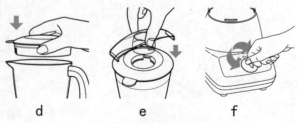

4 杯式搅拌机使用方式

搅拌机［4］烹调用具

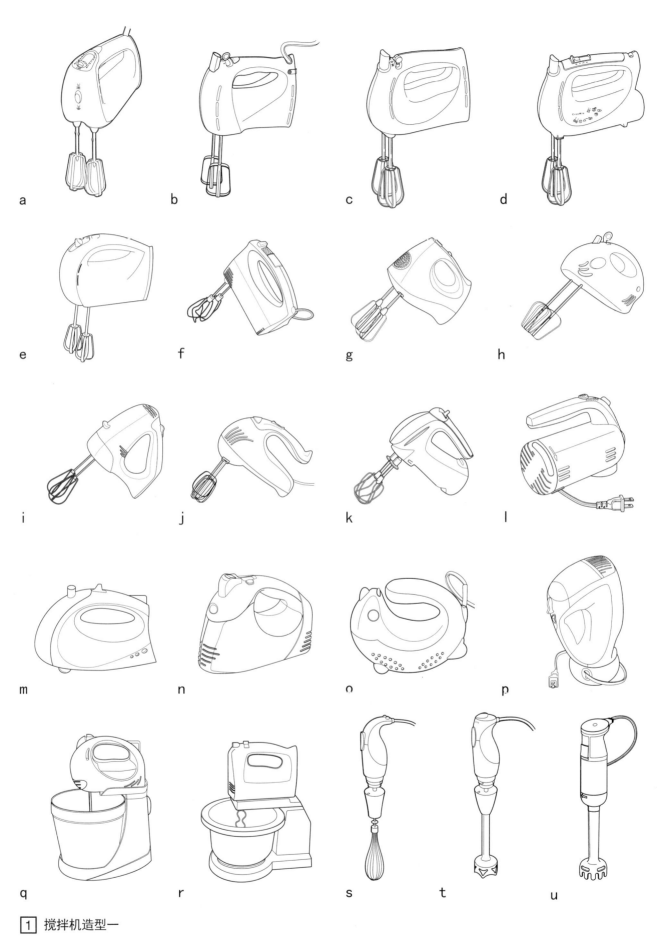

1 搅拌机造型一

烹调用具［4］搅拌机

1 搅拌机造型二

盘、碟

人类在新石器时代已广泛使用陶盘作为盛食器皿，自此而后，盘一直是餐桌上不可或缺的用具，直到今天仍与我们朝夕为伴。作为中国古代食具中形态最为普通而固定、流行年代最为久远的产品类型，盘的质料有陶、铜、漆木、瓷、金银等多种质料。最为常见的食盘是圆形平底的，偶有方形，或有矮圈足。

盘的形状有圆形、腰圆形、方形、扇形等，小型盘子又称碟子。在传统盘的基础上，加大盘面深度可盛放蔬菜水果糕点等，于是又有了糕点盘和水果盘及其他五彩缤纷的造型，底部有平底、圈足和高足等。

圆盘有大小和深浅之分，并有大、中、小各种不等型号。通常情况下，大型盘口径在225mm以上；中型盘口径在128～224mm之间；小型盘口径在127mm以下。大型的可盛放鸡、鸭、鱼、肉等大件菜肴；中型的可盛放各种炒菜；小型的可盛各种小菜。盘还有深浅之分。深盘，也叫汤盘，盘底较深，主要盛煨菜和带汤汁的菜；浅盘，也叫平盘，主要盛凉菜和炒菜。

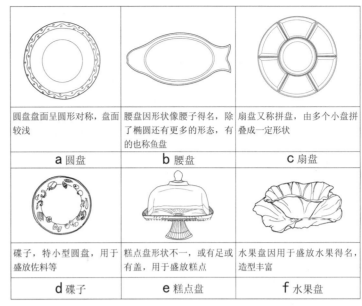

a 圆盘	b 腰盘	c 扇盘
圆盘盘面呈圆形对称，盘面较浅	腰盘因形状像腰子得名，除了椭圆还有更多的形态，有的也称鱼盘	扇盘又称拼盘，由多个小盘拼叠成一定形状
d 碟子	e 糕点盘	f 水果盘
碟子，特小型圆盘，用于盛放佐料等	糕点盘形状不一，或有足或有盖，用于盛放糕点	水果盘因用于盛放水果得名，造型丰富

[1] 盘、碟分类表

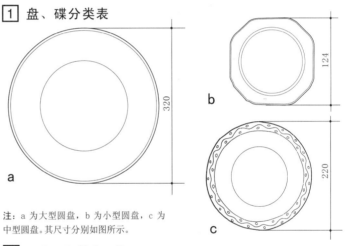

注：a 为大型圆盘，b 为小型圆盘，c 为中型圆盘。其尺寸分别如图所示。

[2] 圆盘及其基本规格

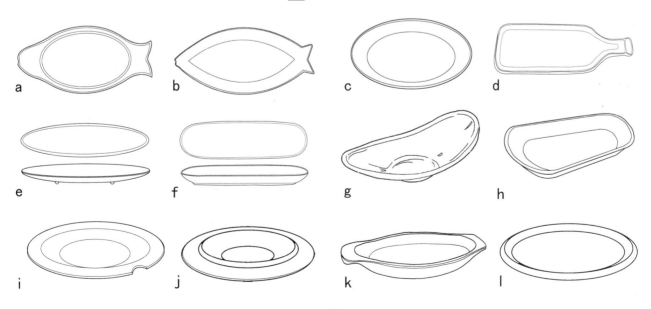

注：现代腰盘造型已突破椭圆，向多元化发展。腰盘是盛长形菜肴的食具，如全鱼等。腰盘也有大、小、深、浅之分，规格不一。

[3] 腰盘造型

食具 [5] 盘、碟

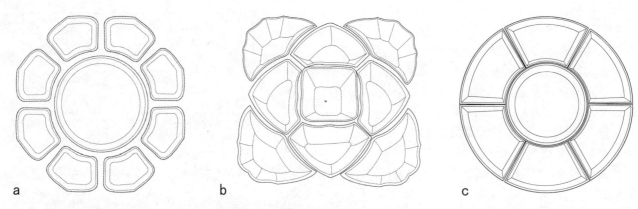

1 扇盘造型　　注：扇盘的单体似由若干个盘拼接起来形成一个圆。这种盘便于摆设，常用于待客，桌面空间利用好。

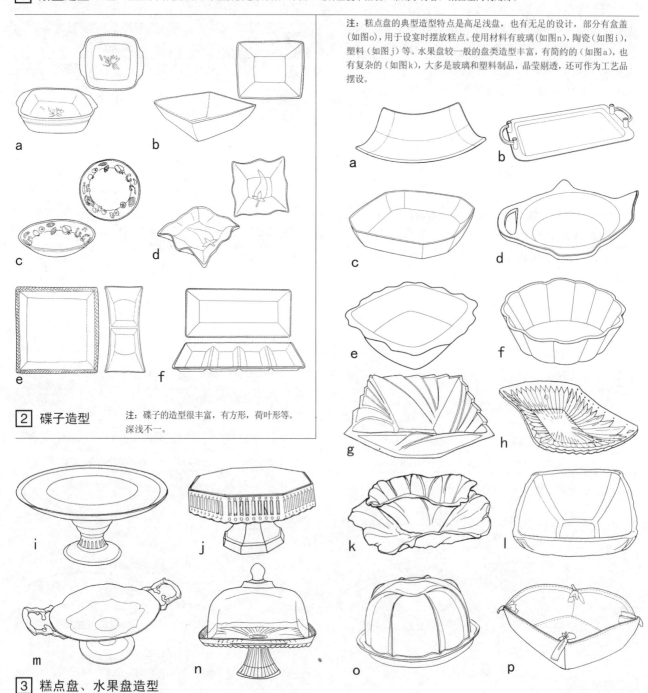

2 碟子造型　　注：碟子的造型很丰富，有方形，荷叶形等。深浅不一。

注：糕点盘的典型造型特点是高足浅盘，也有无足的设计，部分有盒盖（如图o），用于设宴时摆放糕点。使用材料有玻璃（如图n），陶瓷（如图i），塑料（如图j）等。水果盘较一般的盘类造型丰富，有简约的（如图a），也有复杂的（如图k），大多是玻璃和塑料制品，晶莹剔透，还可作为工艺品摆设。

3 糕点盘、水果盘造型

碗 [5] 食具

碗

碗形体稍小，比盘深，是中国炊食用具中最常见的器皿。碗最早产生于新石器时代早期，历久不衰且种类繁多。商周时期稍大的碗在文献中称为盂，既用于盛饭，也可盛水。碗中较小或无足者称为钵，或写作钵，也是盛饭的器皿，后世专以钵指称僧道随身携带的小碗，是佛教梵文钵多罗的简称，故有"托钵僧"之谓。与厨房盛具的钵不同，食具的钵较为小巧、精致。

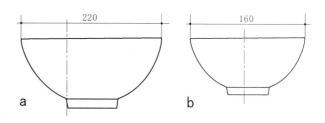
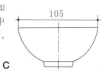

注：碗按规格分有大型、中型、小型（分别如图a，图b，图c）。大型碗口径在175mm以上，中型口径在111～175mm之间，小型碗在110mm以下。

1 碗的规格

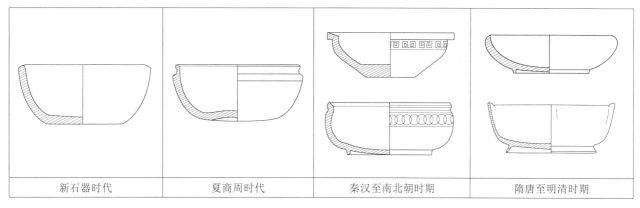

| 新石器时代 | 夏商周时代 | 秦汉至南北朝时期 | 隋唐至明清时期 |

2 古代碗的演变

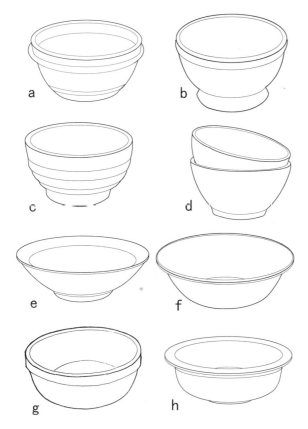

3 碗的造型

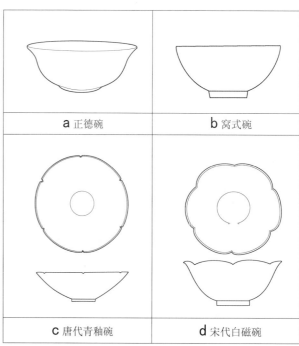

| a 正德碗 | b 窝式碗 |
| c 唐代青釉碗 | d 宋代白磁碗 |

注：碗类造型是运用直线和曲线对比最明显的例子。传统的正德式碗、窝式碗等各种样式，底足部位绝大部分都是直线，从边口到腹部的主要成分是曲线。虽然直线部分比较短，但在造型的整体中起很重要的作用，衬托和突出了碗主体部分的特点，使碗的造型稳定而有力，又给使用带来很大的方便。图中a为正德碗，b为窝式碗。唐、宋时期碗的造型口部处理很有装饰效果。如图中c唐代青釉碗和d宋代白磁碗。

食具 [5] 碗

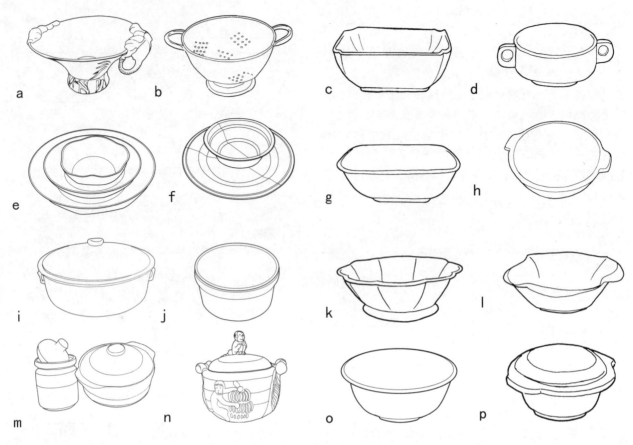

1 碗的造型

图：碗的各部分名称
1. 碗口 2. 碗腹 3. 碗底

注：碗的设计应该力求使造型的变化与统一取得完美结合。如碗腹的曲线和碗底直线的对比、碗腹的曲线造型、陶瓷碗的藏足设计等。

2 碗的造型要点

a 玻璃钵	b 彩陶三足钵	c 鎏金宝相花纹银盖碗
玻璃钵（北魏）口径13.4cm，高7.9cm，壁厚0.2~0.5cm，1964年河北省定县华塔塔基出土，河北省文物研究所藏	彩陶三足钵高12.5cm，口径27cm，甘肃省秦安县大地湾一期遗址出土，甘肃省博物馆藏	唐.鎏金宝相花纹银盖碗，通高11.7cm，口径21.7cm，底径12.2cm，银质，鎏金，有盖，深腹，圈足，盖似覆扣的侈口盖，大于碗口一周，现藏陕西省博物馆
d 唐代茶碗	e 宋代茶碗	f 刻花赤金碗
唐、宋农业技术的发展，茶的种植和推广使饮茶盛行，也就产生了许多茶具的造型，如：茶杯、茶碗、茶盏等。还有如图带托的茶碗，造型很讲究，具有一定的装饰效果		刻花赤金碗（唐朝）高5.5cm，口径13.7cm，足径6.7cm，1970年10月陕西省西安市南郊和家村唐窖藏出土，陕西省博物馆藏

3 历史上的碗造型

果蔬篮 [5] 食具

果蔬篮

果蔬篮用于盛放蔬菜水果，容量较大。有的用于临时存放，有的用于长期储备。旧式果蔬篮一般由竹篾编织而成，现代果蔬篮的制作材料有：木、竹、不锈钢、塑料等，各具有不同的审美效果。

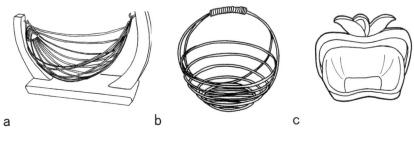

注：a 为不锈钢做网架，木头材料做支架的水果篮。b 为不锈钢水果篮。c 为塑料材质的水果篮。d、e 为木质的水果篮。f、g 为高足水果架。h 为水果吊篮。

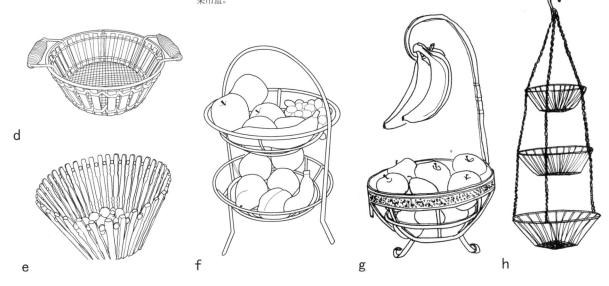

1 水果篮造型

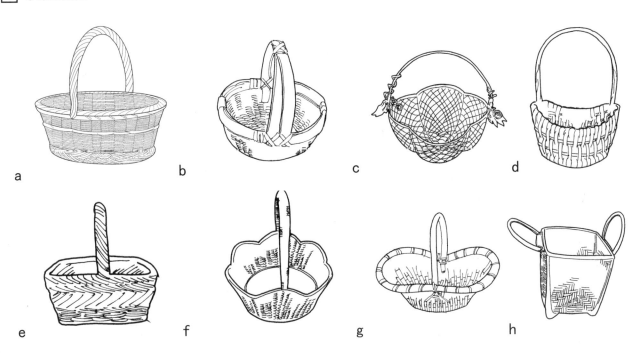

2 果蔬篮造型

注：果蔬篮多为竹篾编织，也有细不锈钢丝编成的网兜状如 c。果蔬篮的造型因编织技术的发展而多样化。其编织水平的高低决定了果蔬篮的工艺价值。

食具 [5] 果蔬篮·器皿垫

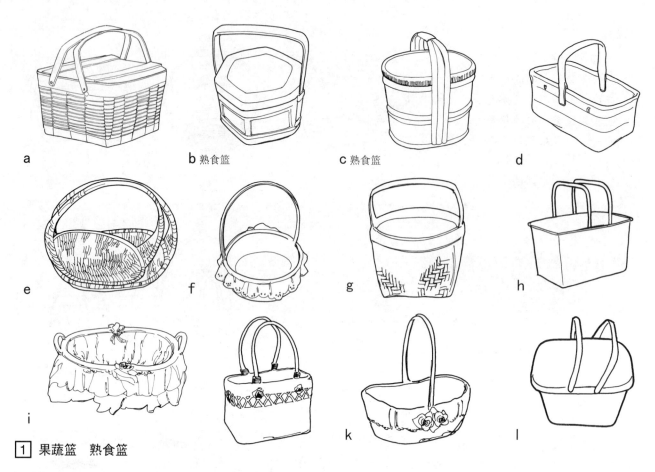

a　　b 熟食篮　　c 熟食篮　　d

e　　f　　g　　h

i　　j　　k　　l

[1] 果蔬篮　熟食篮

器皿垫

器皿垫是食具中的配套用品，其作用是保护桌面。使用器皿垫可防止桌面油漆受损，也可防止玻璃台面因局部受热过度而涨裂。

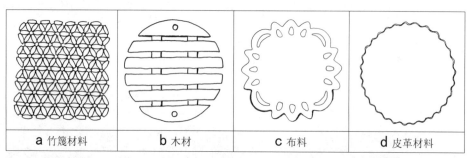

| a 竹篾材料 | b 木材 | c 布料 | d 皮革材料 |

注：器皿垫制作的材料十分丰富，可以用木材、金属物；也可以用塑料、纸张、纺织物、皮革等。

[2] 器皿垫的材料

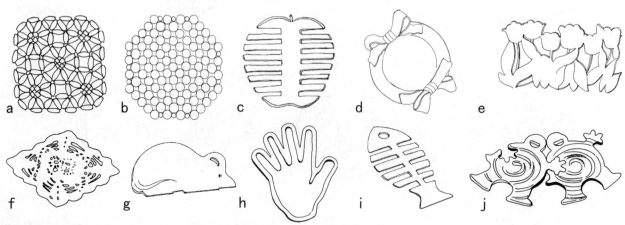

a　b　c　d　e

f　g　h　i　j

[3] 器皿垫造型

餐刀 [5] 食具

餐刀

餐刀是西餐中必不可少的餐具。西餐餐具种类繁多，不同的食物对餐刀的要求不同，从而衍生出各种各样的餐刀。餐刀的分工细致，有大刀、中刀、小刀、专用牛油刀、专用奶酪刀等，造型各异。西方人的餐饮文化，在餐刀上就可见一斑。

一些多用餐刀的刀刃通常都带有一段锯齿，能方便切割、分离韧性较强的食物。尽管餐刀的分工很细，但在用餐时，通常只使用一把兼有切锯功能的餐刀。

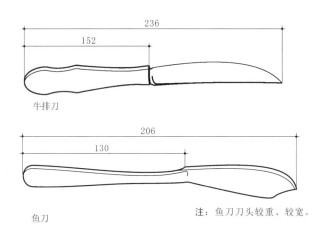

注：餐刀的刃口部分要足够锋利，以便切割一些较硬的食物。整个刀身的截面应呈三角形。

注：刀柄的设计是餐刀设计的重点，它是直接与人体接触的部位，它的舒适与否直接影响人对餐具的使用。

注：鱼刀刀头较重、较宽。

① 餐刀各部位名称

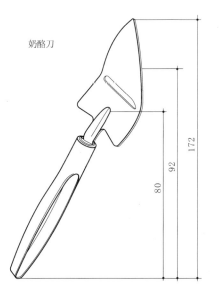

注：奶酪刀中间的孔，用于切割具有一定形状的奶酪。

③ 餐刀的基本尺寸

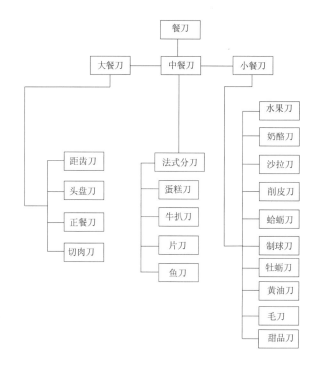

② 餐刀分类

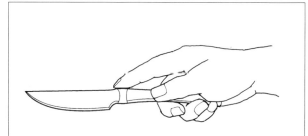

握刀时通常把食指压在刀背上，以增加力度，因此餐刀的刀背应有一定的厚度，这样在使用过程中手感舒适。

餐刀在使用时右手持刀，切食物时左手拿叉按住食物，右手执刀将其锯切成小块，食物入口须用餐叉。使用刀时，刀刃不可向外，进餐中放下刀时，应摆成八字形，分别放在餐盘边上。刀朝向自身，每吃完一道菜，将刀叉并拢放在盘中。

④ 餐刀的使用

食具 [5] 餐刀

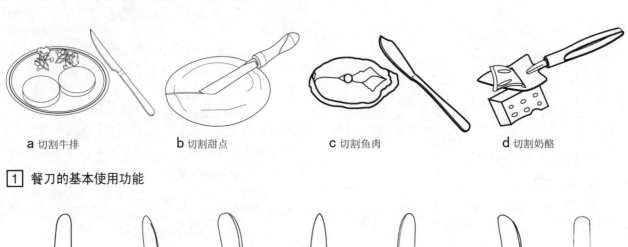

a 切割牛排　　b 切割甜点　　c 切割鱼肉　　d 切割奶酪

1 餐刀的基本使用功能

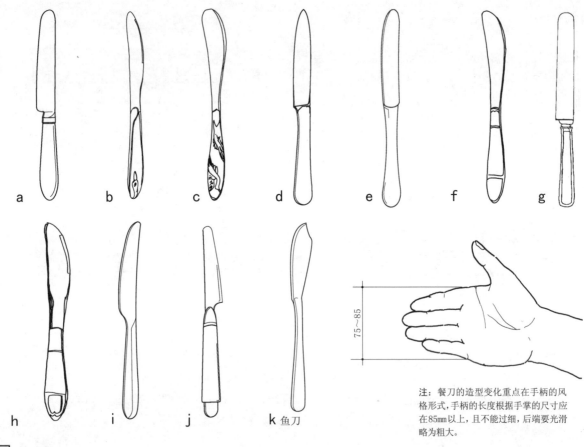

注：餐刀的造型变化重点在手柄的风格形式，手柄的长度根据手掌的尺寸应在85mm以上，且不能过细，后端要光滑略为粗大。

2 普通餐刀

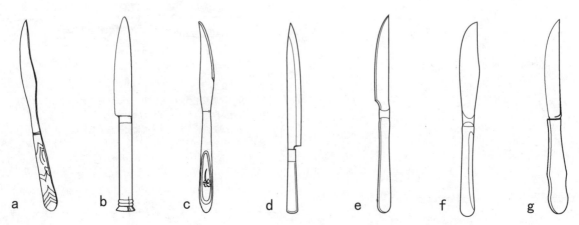

3 牛排刀

餐刀［5］食具

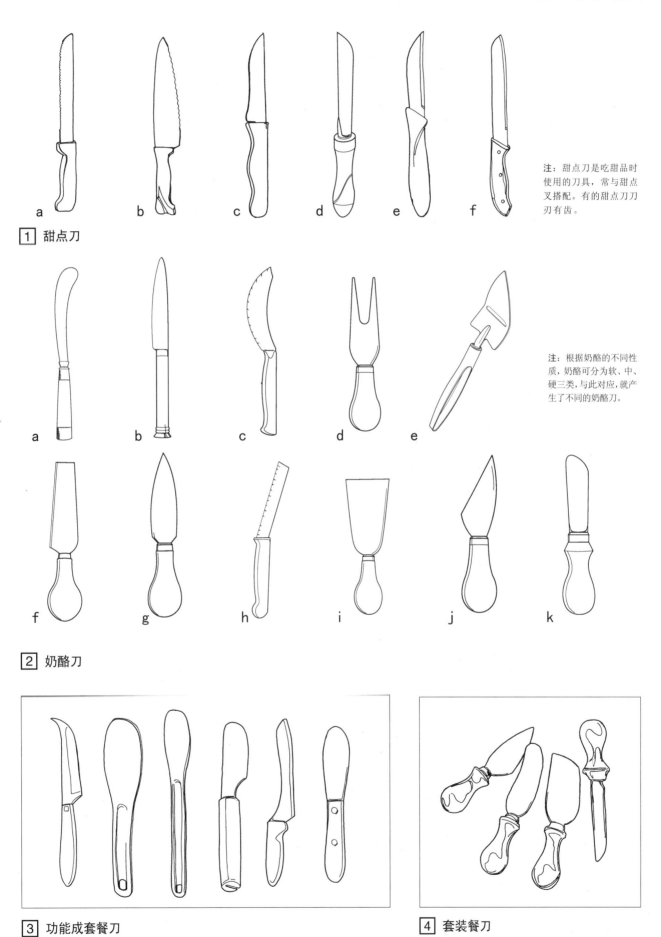

注：甜点刀是吃甜品时使用的刀具，常与甜点叉搭配。有的甜点刀刀刃有齿。

1 甜点刀

注：根据奶酪的不同性质，奶酪可分为软、中、硬三类，与此对应，就产生了不同的奶酪刀。

2 奶酪刀

3 功能成套餐刀

4 套装餐刀

食具 [5] 餐叉

餐叉

餐叉是西餐中重要的用餐工具，主要用来固定食物及将食物送入口中。最早的餐叉有两个齿，主要用于厨房，在切主食时固定食物，可防止肉类食物卷曲滑动。餐叉的叉齿数是因功能而定的。

一般刮奶油的签棒、吃法式蜗牛及坚果的钩棒都是单齿叉。

切割食物时用来固定大块食物的是双齿叉，同时可以用它将食物分送到小餐盘中。

叉齿间要有一定的距离才能固定食物，但是小块的食物用双齿叉却不易固定，因此就产生了三齿叉、四齿叉。这样叉住的细小食物也不易掉落。

后来也曾出现过五齿六齿的餐叉，但都不如四齿的好用。四齿叉的叉面大小合适，便于用餐。

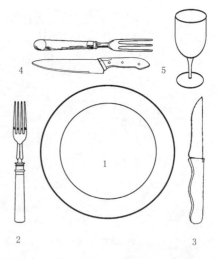

1 平底盘　2 餐叉　3 餐刀　4 一副甜食餐具　5 酒杯

1 成套西餐具

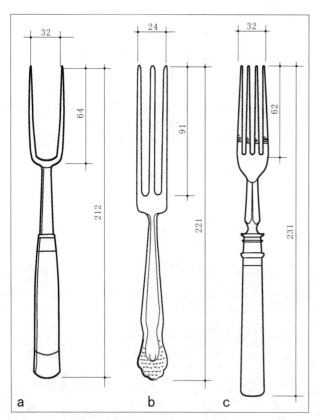

2 常用几种餐叉的尺寸

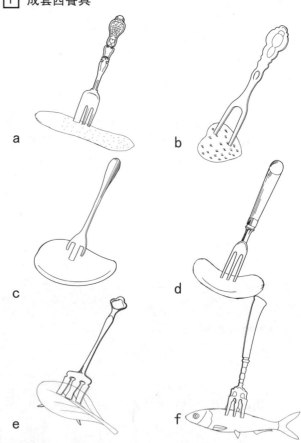

3 各种不同餐叉及其功能

普通餐叉	分餐叉	水果叉	海鲜叉	甜点叉	糕饼叉
在用餐时使用的一般餐叉	在分离食物时用于固定食物的餐叉。如：长身分餐叉、普通分餐叉	用于叉食水果的餐叉。如：草莓叉、芒果叉	食用海鲜类食物时用于固定或挖肉的餐叉。如：龙虾叉、牡蛎叉	用于叉食甜点的餐叉，尺度较小	在食用糕点及饼类食物时所使用的餐叉。如：派叉

4 叉的不同功能分类表

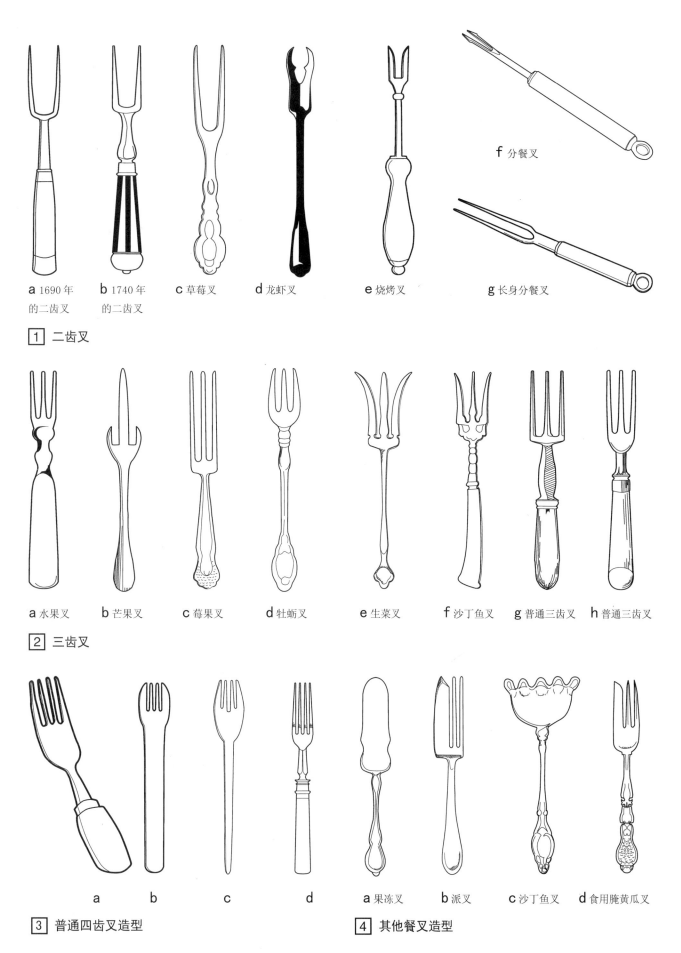

食具 [5] 食品夹

食品夹

食品夹是用于夹取各类食物的用具。食品夹可分为剪刀式与直握式两类。食品夹的材料可使用不锈钢，与人手相接触的地方可组合塑料、塑胶、合金等多种触感较舒适的材料。食品夹的手柄大小必须适合人的手型尺寸。

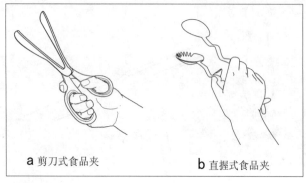

a 剪刀式食品夹　　　　b 直握式食品夹

1 食品夹形式分类

2 食品夹主要部件名称

3 剪刀式食品夹

注：剪式食品夹的造型设计一般是在夹头和手柄部位进行变化，通常为对称式造型。夹头的造型根据被夹物的性质而定，为夹取方便一般较为宽大，略带弧形。

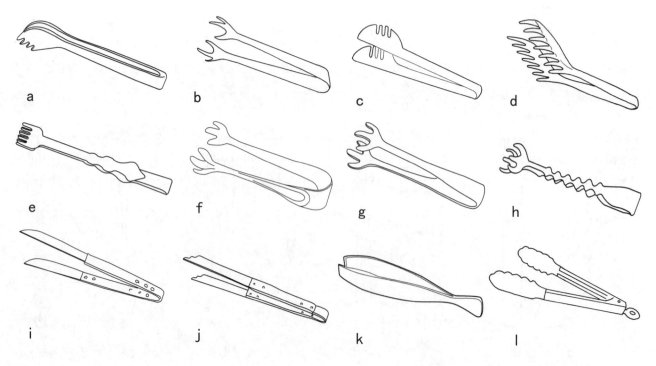

4 直握式食品夹

牙签盒

牙签是日常餐饮后清除牙缝中残留食物的工具。牙签需要盛放在牙签盒中。牙签盒外观多种多样，一般与其他餐具配套，风格统一有成套感。但也有独立的单件牙签盒，造型活泼具有装饰性。

牙签盒按使用方式的不同分倒取式、按钮式和直抽式三种。倒取式牙签盒的顶部有一个小孔（约4~5mm），大小为一根牙签的粗细，使用时倒置牙签盒，牙签会从小孔中自然滑出，数量每次一根，底部或者后面需要有一个盖子用来添加牙签。按钮式牙签盒设有一个按键，利用杠杆和弹簧原理将牙签顶出，每按一次，出来一根。牙签的存放如同倒取式。直抽式牙签盒最为简单，一个牙签盛放筒加盖即可。

1. 牙签盒的材料多用塑料，也有用不锈钢、陶瓷、玻璃或纸制成。
2. 牙签盒的高度一般不超过10cm，口径不超过5cm，以免盒体太大而影响抽取牙签。
3. 牙签盒的外观设计要有明确的功能指示，让使用者清楚如何正确使用。
4. 设计牙签盒时，必须保证使用者能方便快捷地装取牙签。
5. 牙签盒的制造工艺要简单，不宜采用复杂的工艺和结构。

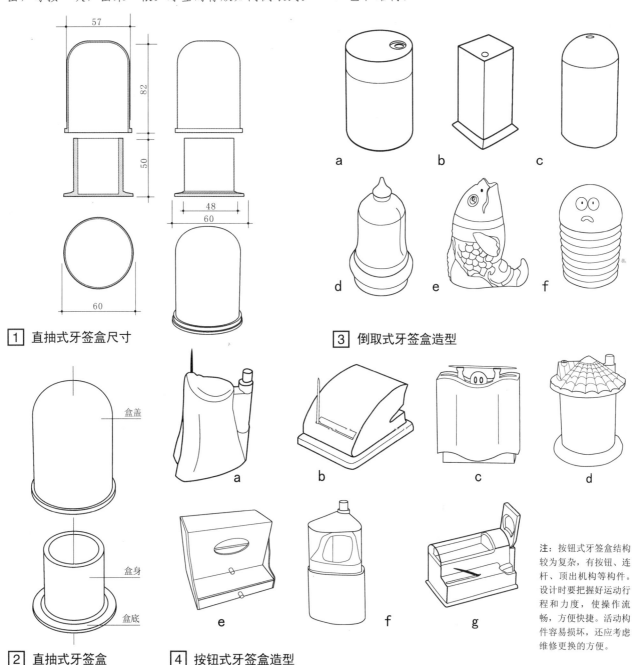

[1] 直抽式牙签盒尺寸

[2] 直抽式牙签盒

[3] 倒取式牙签盒造型

[4] 按钮式牙签盒造型

注：按钮式牙签盒结构较为复杂，有按钮、连杆、顶出机构等构件。设计时要把握好运动行程和力度，使操作流畅，方便快捷。活动构件容易损坏，还应考虑维修更换的方便。

食具 [5] 牙签盒

a　b　c　d　e
f　g　h
i　j　k　l　m
n　o　p
q　r　s

1 直抽式牙签盒造型

注：这类牙签盒只是个简单的容器，使用方便快捷。形态活泼，多为卡通造型，或与其他餐具造型风格配套。

烛台 [5] 食具

烛台

烛台是用于支撑蜡烛燃烧的台架，在以蜡烛为照明器具的时代，烛台是生活中的必需品。而在当今时代，蜡烛只在一些酒吧、餐厅中用以烘托情调、营造气氛，而非作为照明器具来使用，烛台也演变成了一种餐饮中的辅助设施，成为了一种特殊的食具。

茶具中的茶炉多以蜡烛作为恒温热源，所以许多茶炉同时是精美的烛台。烛台有吊挂式、壁挂式和台式三种，作为食具的烛台多为台式。烛台在造型上强调趣味性和与周边环境的和谐性，手法自由活泼。烛台在结构上只要求在蜡烛的底部有个小托盘，防止蜡滴挂污染台面。

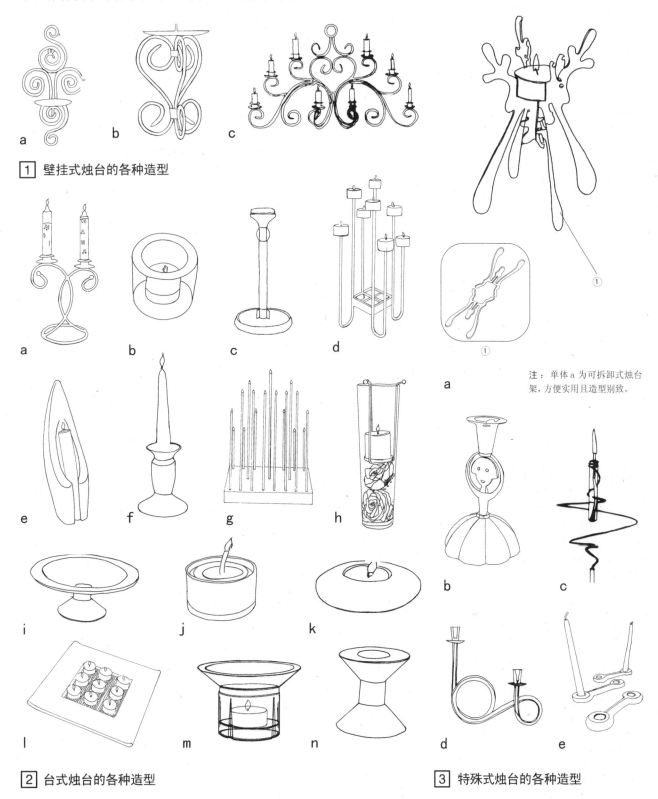

① 注：单体 a 为可拆卸式烛台架，方便实用且造型别致。

[1] 壁挂式烛台的各种造型

[2] 台式烛台的各种造型

[3] 特殊式烛台的各种造型

酒具 [6] 酒杯

酒杯

1．我国历代的酒杯

春秋战国时代，酒具由陶向瓷发展。秦汉时期，出现了玻璃杯、海螺杯、金杯、银杯。以壶为盛酒器，以耳杯为饮酒器。

三国两晋南北朝时，在耳杯的造型上，由东汉时的口沿平坦、浅腹平底发展为口部两端略微上翘、底部收缩之状，故更显玲珑精致。此外还有呈飞鸽形的鸟形杯，使观赏价值和实用价值得以完美结合。

隋唐时期，多采用陶瓷质的酒杯。

宋元时期，南方经济文化的发展超过了北方，南方的酒杯趋向多样化和地域化。如绍兴的饮酒器主要是盏、带把的杯及碗。宋元以后，酒器的材料有陶瓷、铜、金、银、锡、景泰兰、犀牛角等。大小、式样不同的酒盅、烫酒杯等的外壁，均绘有五彩缤纷的人物及花鸟虫鱼之类的图案。

2．现代的酒杯

中国人除了饮用啤酒使用啤酒杯外，一般在饮用黄酒、白酒和葡萄酒时只用一种杯，即口小肚大的"郁金香"玻璃杯，当然也可按酒用杯，通常在酒会上每种酒都有专用杯。法国人在招待客人时，一种酒用一种杯，通常在客人面前有3个杯或更多，不同的酒用不同的杯。

1）黄酒杯。一般选用带足或不带足的瓷杯，因为黄酒经温烫后在瓷杯中的保温效果好。若饮用无须温烫的黄酒，也可用玻璃杯，但杯壁也不要太薄，如果是带足的杯，则足不宜太长，杯底也要宽厚些，总之，酒杯置于桌上以稳妥为宜。黄酒杯的容量以50ml为宜。

2）葡萄酒、果酒杯。一般选用腹大口小的高脚玻璃杯，以利于保持酒香、观察酒液美丽的色泽，增加饮酒的情趣。其容量也以50ml为宜。

3）啤酒杯。以选用厚壁、深胆、窄口的玻璃杯为宜，其容量为200～300ml。这种杯可给人以明快而稳重之感，便于斟酒、观察啤酒的色泽和洁白的泡沫，也便于闻香、尝味和敬酒。

饮啤酒的玻璃杯也有带把和不带把之分，目前国内外也有使用带把的瓷杯盛啤酒。

4）香槟酒杯及汽酒杯。以采用杯口较大、杯身较短但杯足较高的"浅腹大口"专用杯为宜，其容量为150ml。使用这种杯可充分闻及酒的香气，也便于快斟速饮。

5）白酒杯。饮用者过去习惯使用无足的瓷杯或玻璃杯，其容量在25ml以下。江、浙一带称这种酒杯为酒盅。

6）白兰地杯。主要有3种，其容量为40～150ml不等。第一种是大容量的，杯足较短、杯身较矮且下半部较大、杯口较小；第二种容量中等，杯足长短中等，杯身较长且下半部较大、杯口较小；第三种是小容量的，杯足较长、杯身较短并呈圆锥形。

7）朗姆酒杯。与白兰地的小号杯相似，但杯身要稍长些。

8）威士忌杯。无足，杯身呈圆柱形，上口直径略大于下底直径。容量为75ml。

9）利口酒杯。容量为30～60ml，有足。其杯形主要有2种，一种杯身呈上口略大的长圆台形，杯底为锥形；另一种杯身呈细长的漏斗形。

10）鸡尾酒杯。杯形很多，有的杯身呈漏斗形，杯足较长；有的杯身呈较矮的圆柱锥底形，杯足也较长。容量均为90ml。

世界上各种酒杯形态层出不穷。例如甜葡萄酒杯的杯身呈较深的碗状，杯足也较长；雪利葡萄酒杯为高脚杯，杯身有呈细长形漏斗状的，也有呈细长圆柱状锥底形的，其容量为120ml；起泡酒杯有无足、杯身呈细长漏斗形的，也有高脚、杯身细长且呈大肚小口状的，其容量为200～270ml。香槟酒杯及起泡酒的共同特点是杯足是中空的，从杯身直至杯座。还有一种特别高级的啤酒杯，其杯盖、杯口、杯底及手把的材质均为金属，而杯身是瓷质的，只需用大姆指将杯盖轻轻向下一按即可打开。

葡萄酒杯

细长香槟杯　　马丁尼杯

高脚杯

注：持杯时，可以用姆指、食指和中指捏住杯茎，手不会碰到杯身，避免手的温度影响酒的最佳饮用温度。

大玻璃杯

1 各种酒杯的杯形

酒杯［6］酒具

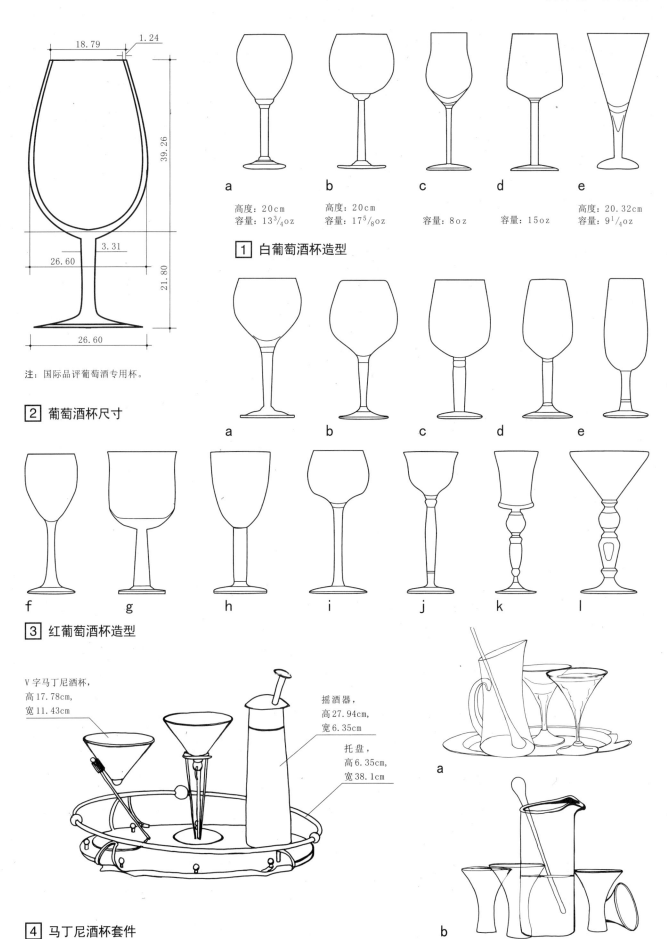

注：国际品评葡萄酒专用杯。

2 葡萄酒杯尺寸

1 白葡萄酒杯造型
a 高度：20cm 容量：13³/₄oz
b 高度：20cm 容量：17⁵/₈oz
c 容量：8oz
d 容量：15oz
e 高度：20.32cm 容量：9¹/₄oz

3 红葡萄酒杯造型

4 马丁尼酒杯套件
V字马丁尼酒杯，高17.78cm，宽11.43cm
摇酒器，高27.94cm，宽6.35cm
托盘，高6.35cm，宽38.1cm

酒具 [6] 酒杯

1 马丁尼酒杯造型

2 高脚酒杯系列套件造型

注：d、e 高度 17.78～22.86cm。

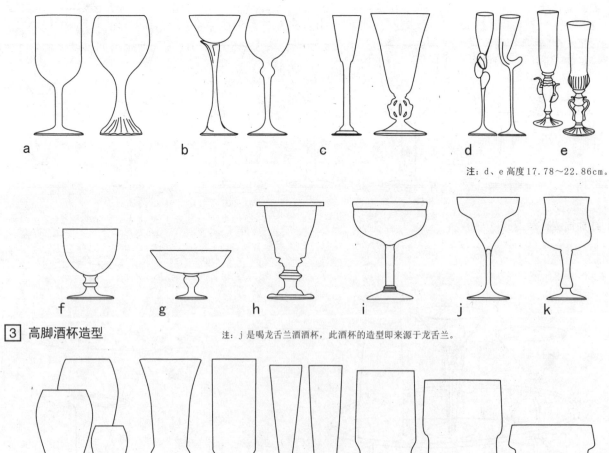

3 高脚酒杯造型

注：j 是喝龙舌兰酒杯，此酒杯的造型即来源于龙舌兰。

4 低足酒杯造型

注：f 到 h 是喝伏特加烈性酒酒杯。

酒杯 [6] 酒具

注：香槟杯采用杯口较大、杯身较短杯足较高的造型，其容量为150ml。使用这种杯可充分闻及酒的香气，也便于快斟速饮。

高度：21.9cm
容量：6.25oz

高度：25.4cm
直径：7.62cm

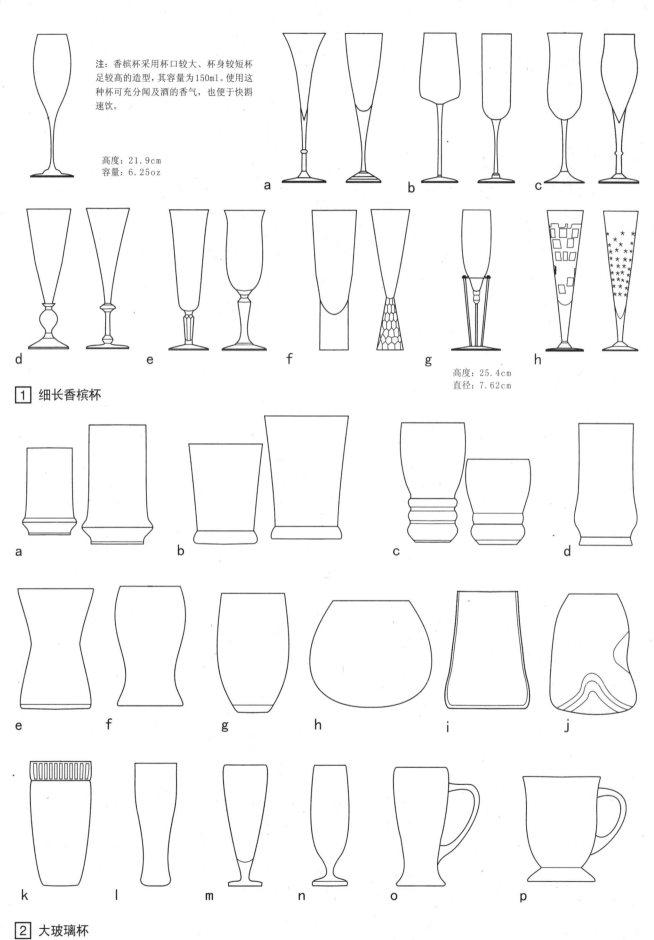

1 细长香槟杯

2 大玻璃杯

酒具 [6] 酒瓶

酒瓶
日本清酒瓶形

日本清酒瓶多采用1.8L装无肩玻璃瓶。容量有300ml、330ml、540ml、700ml、720ml、1800ml等多种，也有采用3.6L、5.4L、9L、18L、36L及72L等各类容器包装的。虽然酒本身划分等级，但在酒瓶的设计上看不出太大的区别，酒瓶淡雅朴素，突出传统韵味，不重华丽，也非常符合清酒本身的气质特征。

注：各种类型的日本传统清酒容器造型。

传统的陶瓷清酒容器-德利Tokkuri (Sake Flask)

注：Tokkuri是称呼陶瓷清酒容器的专门词汇。德利的形状和尺寸繁多。通常可容纳360ml的清酒。最流行的形式有Bizen, Iga, Shigaraki, Imari和Mino。Choshi是称呼德利的另一个专门词汇，但是大多数choshi是由金属制成并有柄。

1800ml装各品牌清酒瓶造型　　　　　**720ml装各品牌清酒瓶造型**

1 传统日本清酒瓶型设计

日本烧酒瓶形

日本的烧酒瓶设计要比清酒瓶多样，但同样相当简洁素雅，不注重华丽，其整体设计富于乡土气息。

各种品牌和容量的日本烧酒瓶形

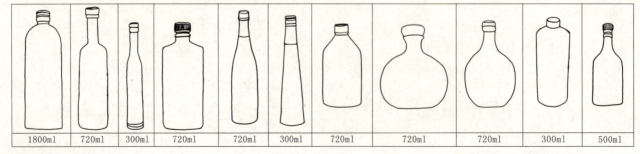

| 1800ml | 720ml | 300ml | 720ml | 720ml | 300ml | 720ml | 720ml | 720ml | 300ml | 500ml |

2 日本烧酒瓶形设计

中国白酒瓶形

中国目前销量前五名的白酒分别为：五粮液、剑南春、沱牌、全兴酒、郎酒，其中五粮液目前是我国白酒行业的龙首。

五粮液系列瓶形　　　　　　　　　　剑南春系列瓶形

全兴酒、沱牌系列瓶形

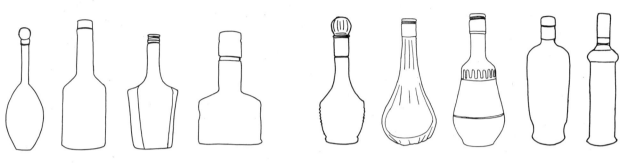

[1] 中国烧酒瓶形

各种品牌和容量的白兰地瓶形

[2] 白兰地瓶形设计

金酒瓶形

世界主要金酒品牌有：哥顿金酒（Gordon's）、添加利金酒（Tanqueray）、孟买蓝宝石金酒（Bombay Sapphire）、伦敦必发达金酒（Beefeater）、美国Seagram's金酒、美国钻石金酒（Gilbey's Gin），容量有750ml、1000ml、1750ml等。

各种品牌和容量的金酒瓶形

[3] 金酒瓶形设计

酒具［6］酒瓶

伏特加瓶形

世界主要伏特加品牌有绝对伏特加（Absolut Vodka）、皇冠伏特加（Smirnoff Vodka）、首都红牌（Stolichnaya）、芬兰地亚伏特加、SKYY伏特加，容量有375ml、500ml、750ml、1750ml等多种。

各种品牌和容量伏特加瓶形

[1] 伏特加瓶形设计

朗姆酒瓶形

世界主要朗姆酒品牌有波多黎各百家得朗姆酒（Bacardi Rum）、牙买加摩根船长朗姆酒（Captain Morgan），容量有750ml、1000ml、1750ml等。

波多黎各百家得（Bacardi Rum）朗姆酒瓶形

[2] 朗姆酒瓶形设计

威士忌瓶形

世界最著名最具代表性风格的威士忌分别是苏格兰威士忌、爱尔兰威士忌、美国威士忌和加拿大威士忌四大类。在全球范围内，苏格兰威士忌作为公认的最出色的威士忌已经成为经典。

一、苏格兰威士忌（scotch whisky）原产苏格兰，其酒度为38%～44%，主要苏格兰混合威士忌品牌有芝华士（CHIVAS）、约翰走路（John Walker）、百灵坛（Ballantine's）。

二、美国威士忌以波本（Bourbon）威士忌为代表，其酒度为43%，主要美国波本威士忌品牌有占边（Jim Beam）、杰克·丹尼（Jack Daniel's）。

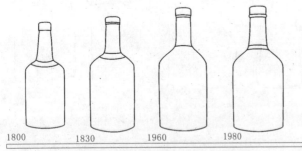

注：200余年来"CHIVAS REGAL"瓶形演变

迷你型威士忌瓶形

百灵坛（Ballantine's）瓶形

[3] 威士忌瓶形设计

酒壶 [6] 酒具

酒壶

酒壶通常指的是葡萄酒壶，按材料分有银壶、铜壶、锡壶、玻璃和陶瓷壶等。形式多样，按结构分有无嘴壶和有嘴壶；按形状分有圆壶、椭圆壶、葫芦壶和其他异形壶等。

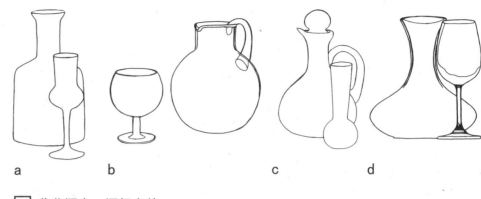

1 葡萄酒壶、酒杯套件

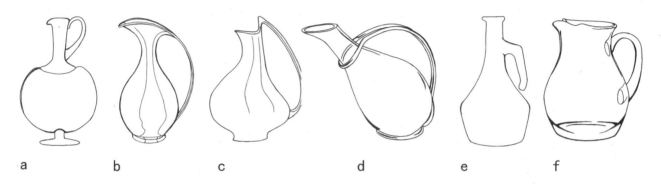

2 带把手、有壶嘴的葡萄酒壶造型

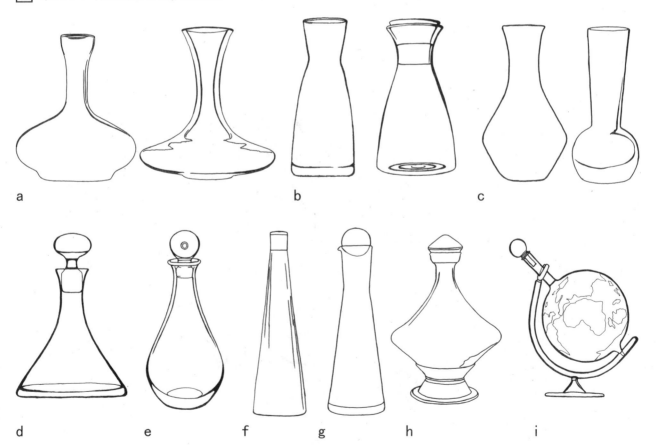

3 无把手、无壶嘴的葡萄酒壶造型

酒具 [6] 酒架

酒架

酒架按材料分类：木质、铁质、木铁管结合。

酒架放置方式分类：台式、落地式、多功能酒架（结合餐桌）、壁挂式酒架、悬挂式酒架。

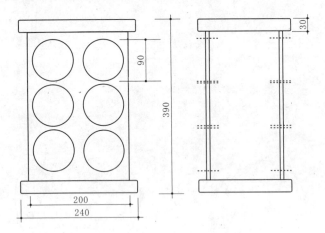
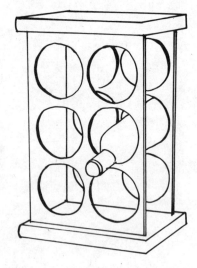

注：台式酒具架一般以钢材料为主要构成，辅以塑料和木材，极少数的还有玻璃作为装饰物，多用于酒吧。

1 台式酒架的基本尺寸

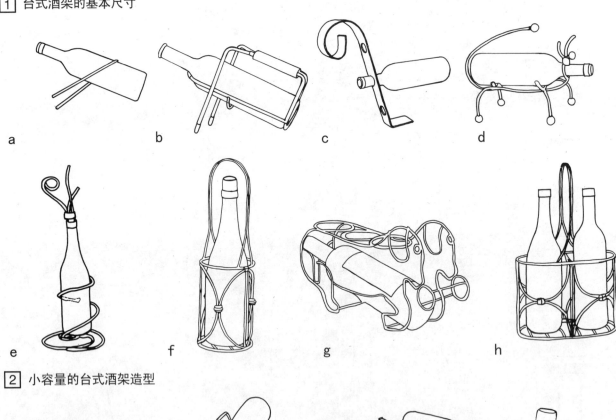

2 小容量的台式酒架造型

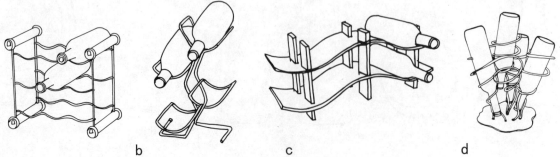

3 大容量的台式酒架造型

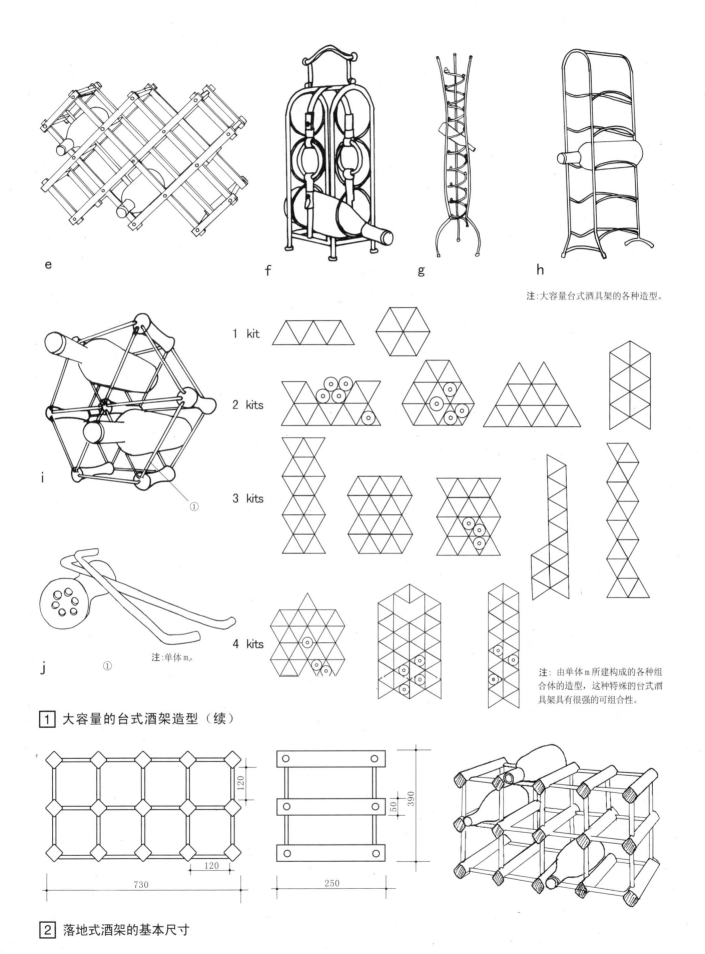

酒具 [6] 酒架

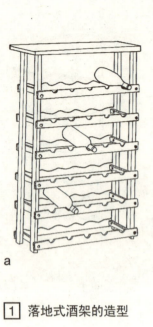
a

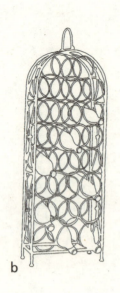
b

c

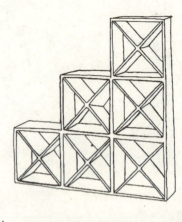
d

注：落地式的酒具架一般为大容量，有的甚至可以存放20个之多，多用于酒吧等大型场合。

[1] 落地式酒架的造型

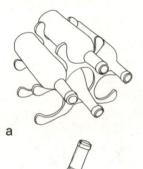
a

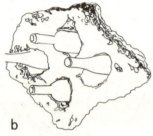
b

c

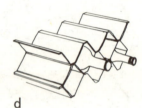
d

e

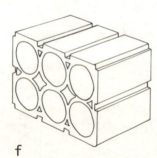
f

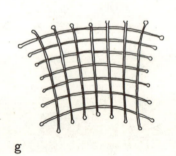
g

注：特殊酒具架的造型大胆、前卫，具有强烈的时尚色彩。

[2] 特殊酒架的造型

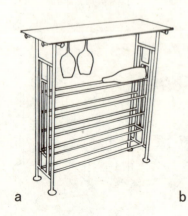
a

b

c

d

[3] 多功能酒架的造型

酒架 [6] 酒具

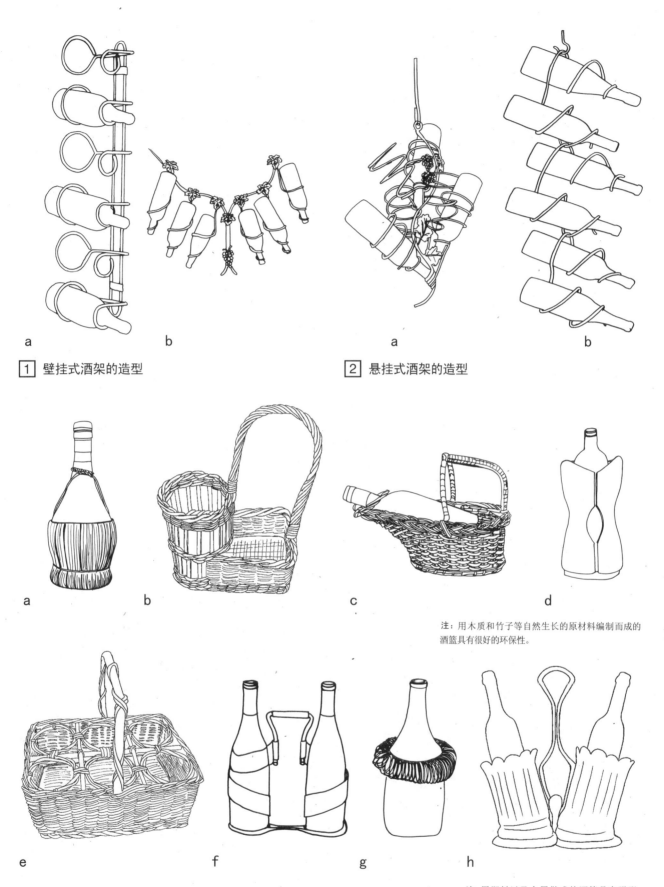

1 壁挂式酒架的造型
　a　　b

2 悬挂式酒架的造型
　a　　b

a　b　c　d

注：用木质和竹子等自然生长的原材料编制而成的酒篮具有很好的环保性。

e　f　g　h

注：用塑料以及金属做成的酒篮具有强烈的现代性、真实性，多用于酒吧等场合。

3 酒篮的各种造型

85

酒具 [6] 鸡尾酒套件

鸡尾酒套件

一、鸡尾酒分为短饮和长饮

短饮，意即短时间喝的鸡尾酒，此种酒采用摇动或搅拌以及冰镇的方法制成，使用鸡尾酒杯。一般认为鸡尾酒在调好后10～20分钟饮用为好。长饮，是调制成适于消磨时间悠闲饮用的鸡尾酒，对上苏打水、果汁等，长饮鸡尾酒几乎全都是用平底玻璃酒杯或果汁水酒酒杯这种大容量的杯子。

二、调制鸡尾酒的器具

1. 长匙：搅拌鸡尾酒的工具。通常一端为叉状，可用于叉柠檬片及樱桃；一端为匙状，则可搅拌混合酒，或捣碎配料。长匙还有计量的作用。

2. 摇酒器：用来调不易混合均匀的鸡尾酒材料。摇酒器有两种形式，一种称波士顿摇酒器，为两件式，下方为玻璃摇酒杯，上方为不锈钢上座，使用时两座一合即可。另一种标准型摇酒器则为三件式，除下座，中间尚有隔冰器，再加一上盖，用时一定要先盖隔冰器，再加上盖，以免液体外溢。使用原则，首先放冰块，然后再放入其他配料，摇荡时间超过20秒为宜。否则冰块开始融化，将会稀释酒的风味。用后立即打开清洗。

3. 冰锥：敲大冰块的工具。

4. 搅拌棒：有多种样式，大的通常搭配调酒杯使用；小一点的给饮用者使用，兼具装饰作用。棒的一端为球根状，是用来捣碎饮料中的糖和薄荷。

5. 量酒杯：一个两端能量酒的量酒器，两端容量为1/2oz和1oz者，最为常用。

6. 螺丝起瓶器：葡萄酒的起瓶器。通常带有锋利的小刀，以便顺利割开酒的铅封；螺旋起的部分，则长短粗细适中是重要参考因素。

7. 榨汁器：挤柠檬汁的器具，调酒必需的用品。没有特定形式，只要操作方便、取汁容易即可。如果用量大，可预先挤好果汁，原则上不宜搁置太久，以保新鲜度。

8. 冰桶：用冰桶盛冰可减缓冰块融化的速度。

9. 过滤器（隔冰器）：与调酒杯搭配使用。倒饮料时，过滤冰块和其他配料渣的一种装置。

10. 瓶嘴（倒酒嘴）：套在开瓶后的瓶口，控制酒的流量。

11. 冰铲：冰铲用来盛碎冰或裂冰。

12. 酒签：主要用来插樱桃、橄榄，点缀鸡尾酒，精致小巧。

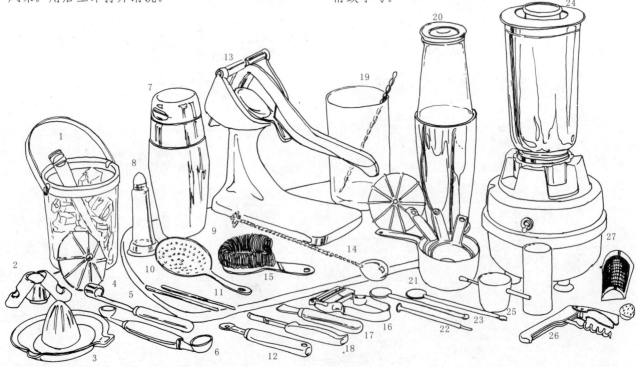

1. 冰筒、冰夹 2. 香槟及汽酒瓶盖 3. 榨汁器 4. 鸡尾酒装饰 5. 去果核器 6. 挖果球勺 7. 标准调酒器 8. 盐瓶 9. 案板 10. 过滤器又称滤隔器 11. 鸡尾酒饮管 12. 水果挖沟器 13. 榨汁器 14. 调酒勺 15. 山楂过滤器 16. 去皮器 17. 花纹挖沟勺 18. 水果刀 19. 搅拌杯、搅拌棒 20. 调酒器 21. 量器 22. 搅拌棒 23. 搅拌棒 24. 电动搅拌器 25. 烈酒量酒器 26. 起瓶器 27. 磨碎器

1 调制鸡尾酒的全套酒具

三、鸡尾酒调制器具度量单位

1. 盎司：调制鸡尾酒时使用的基本计量单位。

2. 可以使用一个量杯来调制鸡尾酒。大多数量杯一端是1/2oz，另一端是3/4oz。1oz=2汤匙。

3. dash：在鸡尾酒的调制上dash是很微小的容量单位。一般约36dash合1oz。

4. 茶匙：一茶匙的容积约等于1/5oz。一些酒吧用自带的调匙来代替茶匙，但是它们使用方法的原理是相同的。大多数酒吧自带的调匙有可以旋转的把手。

  1茶匙=1/6oz 1/3汤匙

5. 汤匙：1汤匙=1/2oz 3茶匙

6. 杯：一杯的容量大约是8oz。

基本容量单位换算
1 dash=4到5滴
1茶匙=1/8oz
3茶匙=1汤匙
1汤匙=1/2oz
1酒杯=1oz
1量杯=3/4oz
一杯=8oz
1/2新鲜酸橙=1/2oz
1/2新鲜柠檬=1/2到3/4oz

① 套装鸡尾酒调制器具

注：鸡尾酒调制8件套，从左到右依次为混合玻璃杯、不锈钢调酒器、冰夹、搅拌棒、起瓶器、山楂过滤器、水果刀、长鸡尾酒搅拌棒。

酒具 [6] 鸡尾酒套件·冰酒器

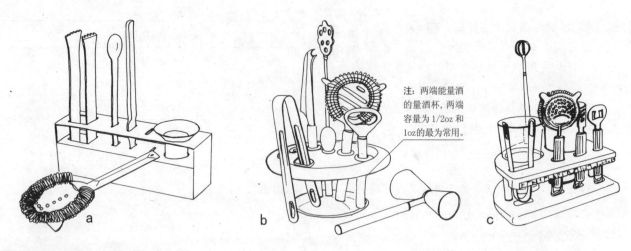

注：两端能量酒的量酒杯，两端容量为 1/2oz 和 1oz 的最为常用。

[1] 鸡尾酒调制 7 套件

冰酒器

　　冰酒器分加冰和中空的两种，中空的是用电冷却、降温。电子冰酒器就像个小冰箱一样，它能在常温下迅速将酒冷却。

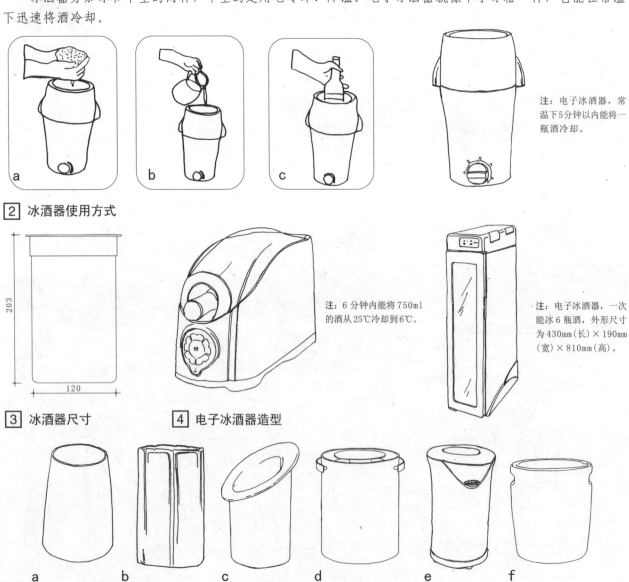

注：电子冰酒器，常温下5分钟以内能将一瓶酒冷却。

[2] 冰酒器使用方式

注：6 分钟内能将 750ml 的酒从 25℃冷却到 6℃。

注：电子冰酒器，一次能冰 6 瓶酒，外形尺寸为 430mm（长）×190mm（宽）×810mm（高）。

[3] 冰酒器尺寸　　[4] 电子冰酒器造型

注：a 到 f 为 1 瓶容量的冰酒器。

[5] 加冰冰酒器造型

冰酒器·冰桶 [6] 酒具

注：g 到 k 为 2 瓶以上容量的冰酒器。

1 加冰冰酒器造型（续）

冰桶

冰桶 Ice Bucket：用冰桶盛冰可减缓冰块融化的速度。

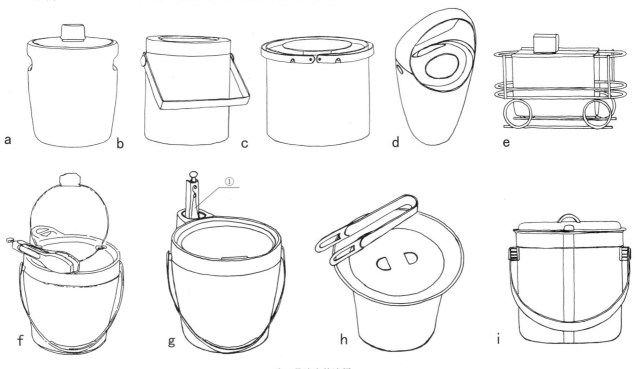

注：带冰夹的冰桶。

注：冰夹存放处。

2 冰桶造型

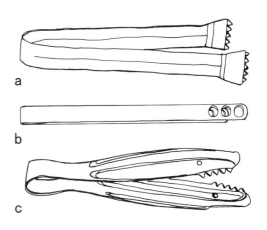

3 冰夹造型

酒具 [6] 摇酒器·其他附件

摇酒器

波士顿摇酒器，为两件式，下方为玻璃摇酒杯，上方为不锈钢上座，使用时两座一合即可。标准型摇酒器则为三件式：下座、隔冰器、上盖，用时一定要先盖隔冰器，再加上盖，以免液体外溢。

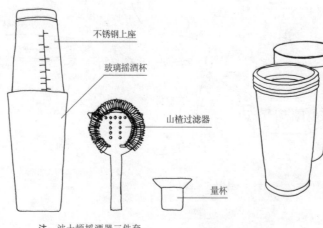

注：波士顿摇酒器三件套。

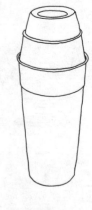

注：标准摇酒器，不锈钢材料，高为228mm，容量18oz。

1 波士顿摇酒器造型

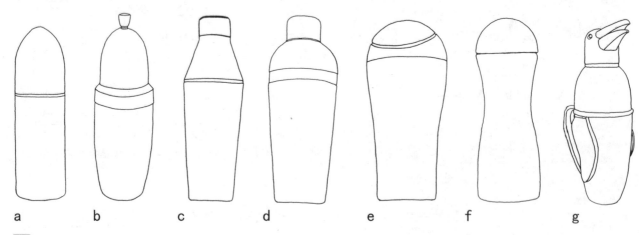

a　　b　　c　　d　　e　　f　　g

2 标准摇酒器造型

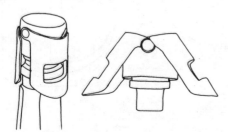

其他附件

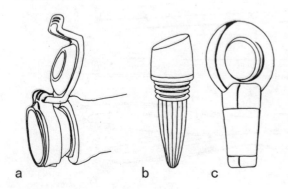

a　　b　　c

3 香槟及汽酒瓶盖的造型

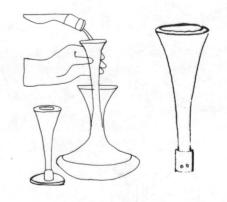

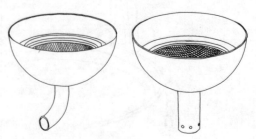

注：直径89mm。

4 过滤器的使用方式及造型

其他附件 [6] 酒具

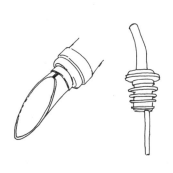

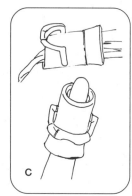

1　注酒器的使用

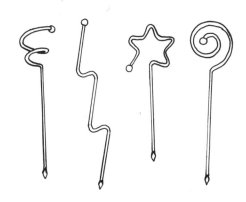

注：鸡尾酒酒签。

注：水果刀，长249mm。

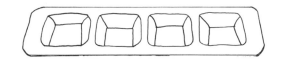

注：不锈钢鸡尾酒托盘，外形尺寸为 406mm(长)×120mm(宽)×25mm(高)。

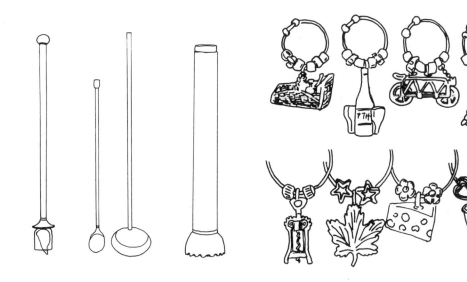

注：搅拌棒。　注：调酒勺。　注：水果捣碎器。　注：酒瓶装饰物。

2　其他鸡尾酒调制配件

茶具 [7] 茶具套件

茶具套件

茶具：古代茶具，泛指制茶、饮茶使用的各种工具，包括采茶、制茶、贮茶、饮茶等四大类。现在则特指与饮茶有关的专门器具。茶具的造型与千百年来形成的茶文化密切相关，是科学性与人文性，餐饮文化与茶文化相结合的产物。茶具一般均以套件的形式出现。对材料和工艺的选择都以能保证茶的色、香、味最佳为前提。在器件的组合上都以茶文化的规范为依据。在形式上注重格调的和谐统一。茶具分中式和西式两种。

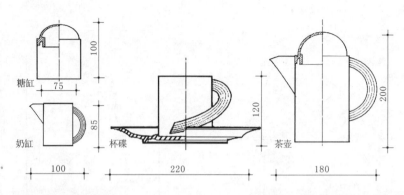

1 茶具套件的尺寸

注：中式茶具套件一般由茶壶（带滤茶器）、茶杯（碗）、杯碟、托盘（茶盘）组成，每组套件中茶杯数量分别有4件、6件、8件等组合。每个茶杯均配有杯碟。西式茶具还需配有糖罐、奶缸。

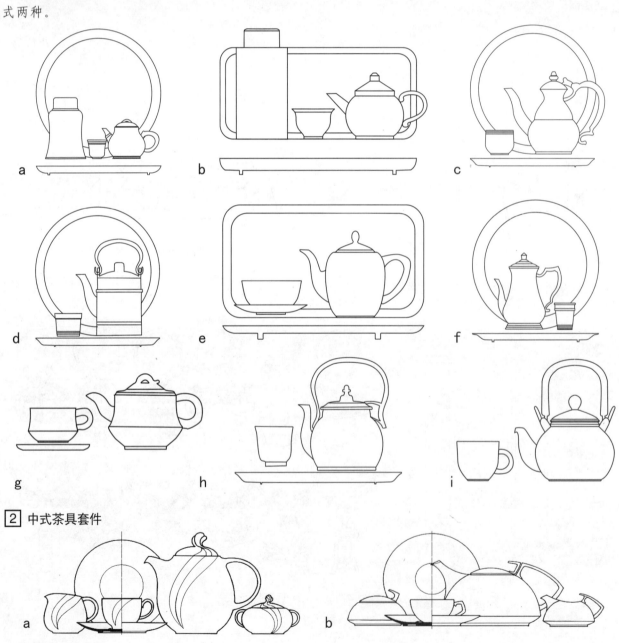

2 中式茶具套件

3 西式茶具套件

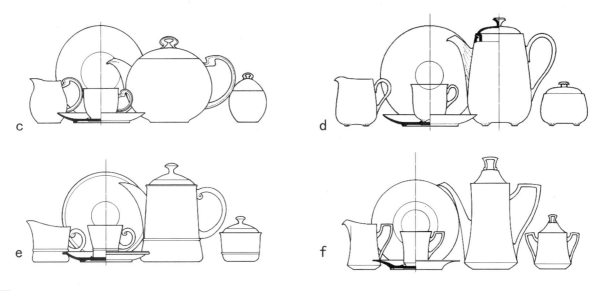

[1] 西式茶具套件（续）

茶壶

茶壶是用来泡茶的器具。由壶盖、壶身、壶底和圈足四部分组成。壶盖有孔、钮、座、盖等细部。壶身有口、延（唇墙）、嘴、流、腹、肩、把（柄、板）等细部。由于壶的把、盖、底、形的细微部分的不同，壶的基本形态就有近200种。

茶壶以"形状"分可分为几何形壶和仿生形壶。几何形壶：以几何图形为基本形的造型，如正方形壶、长方形壶、菱形壶、球形壶、椭圆形壶、圆柱形壶、梯形壶等。仿生形壶：又称自然形，仿各种动、植物造型，如南瓜壶、梅桩壶、松干壶、桃子壶、花瓣形壶等等。

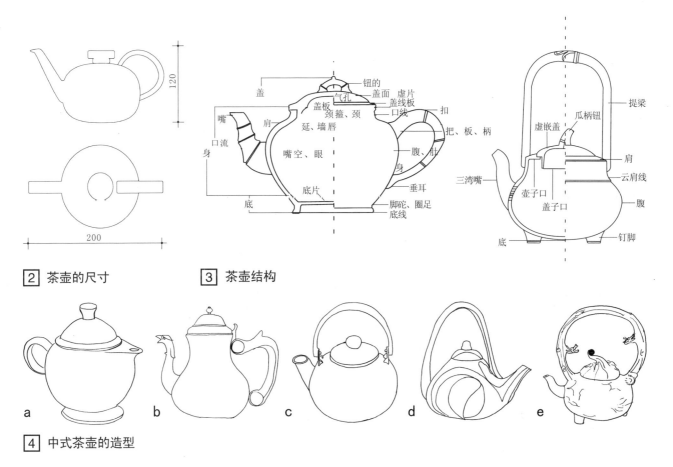

[2] 茶壶的尺寸　　[3] 茶壶结构

[4] 中式茶壶的造型

茶具 [7] 茶壶·茶杯

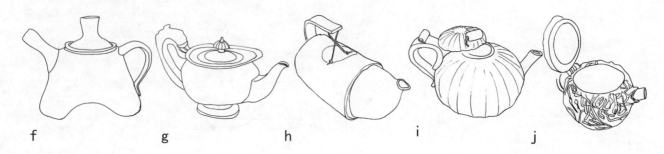

1 中式茶壶的造型（续）

2 西式壶的造型

茶杯

茶杯（茶碗）是盛放泡好的茶汤并饮用的器具。套装的茶杯（茶碗）均配有杯（碗）碟。

茶杯按杯口形状可分为：

1. 翻口杯：杯口向外翻出似喇叭状。
2. 收口杯：杯口小于杯底，也称鼓形杯。

茶杯的功能是用于饮茶，要求持拿不烫手，啜饮方便。杯的造型丰富多样，材料一般为陶瓷、玻璃，也有少量为锡、食品级塑料或不锈钢制造。现代使用的一次性纸杯不属于茶具的范畴。不同的材料和制作工艺派生出了丰富多彩的茶杯造型。

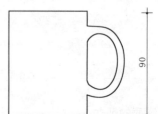
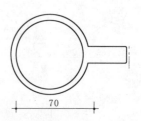

3 茶杯的尺寸

茶杯·茶盘 [7] 茶具

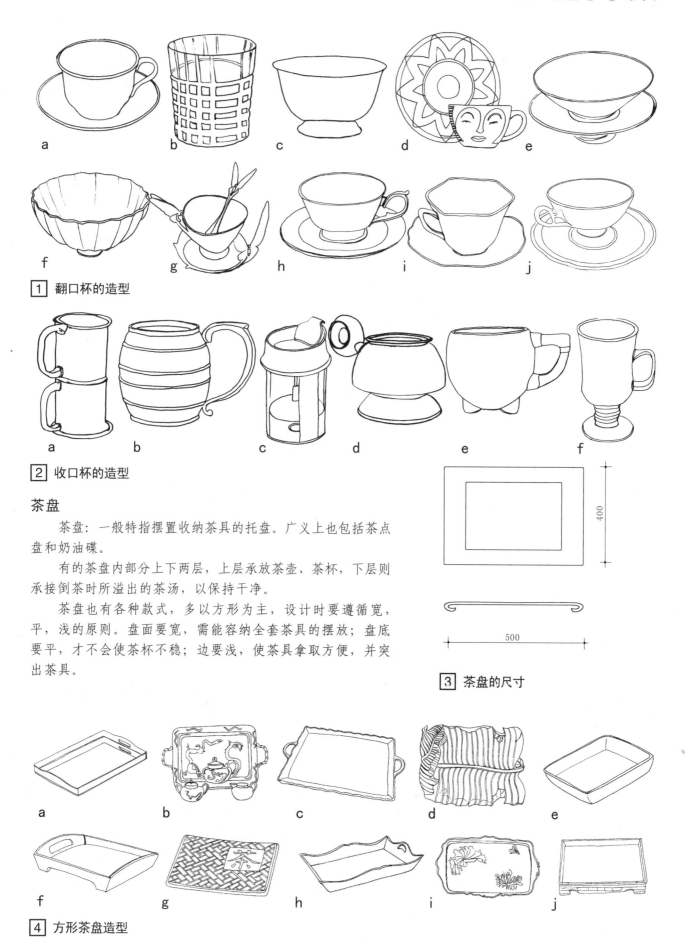

1 翻口杯的造型

2 收口杯的造型

茶盘

茶盘：一般特指摆置收纳茶具的托盘。广义上也包括茶点盘和奶油碟。

有的茶盘内部分上下两层，上层承放茶壶、茶杯，下层则承接倒茶时所溢出的茶汤，以保持干净。

茶盘也有各种款式，多以方形为主，设计时要遵循宽，平，浅的原则。盘面要宽，需能容纳全套茶具的摆放；盘底要平，才不会使茶杯不稳；边要浅，使茶具拿取方便，并突出茶具。

3 茶盘的尺寸

4 方形茶盘造型

茶具 [7] 茶盘

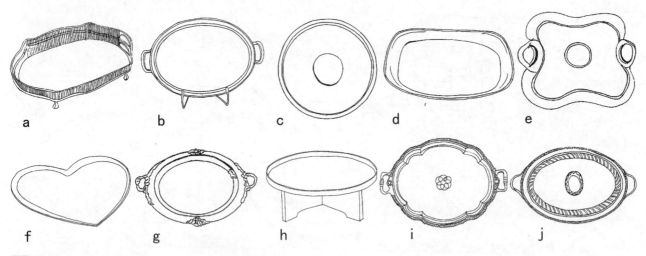

1 其他形式的茶盘造型

茶点盘（碟）·奶油碟

喝茶时吃点心和休闲食品，是茶文化的一部分，点心盘也成了茶具的配套用品，一般都为尺度较小的碟。奶油碟是用来盛放奶油的，一般在西式茶具中出现。

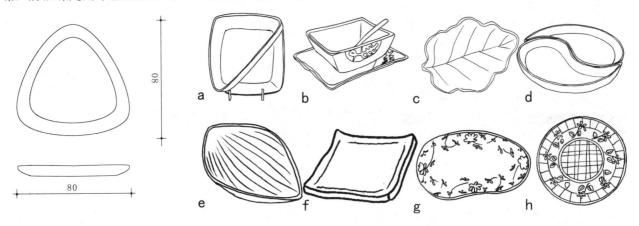

2 茶点盘、奶油碟的尺寸　　3 奶油碟的造型

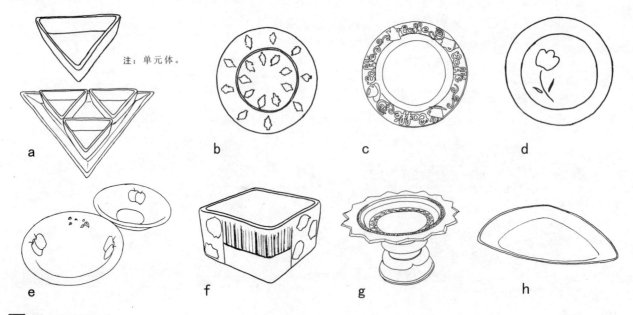

4 茶点盘的造型

茶炉

茶炉又称"风炉"，用于烹茶。唐陆羽《茶经·四之器》对其有精确描述。古时的茶炉一般是用铜铁铸造的，也有陶瓷制作的，形状多采用古鼎形，有三脚用于支撑，茶炉上的纹饰多以莲花、垂蔓、流水或铭文为主，还有些用三足的托盘托住茶壶用作茶炉。茶炉经多年发展至明清时，种类和做工都更加精细丰富起来，直至暖壶（俗称热水瓶）被普及后才减少使用。

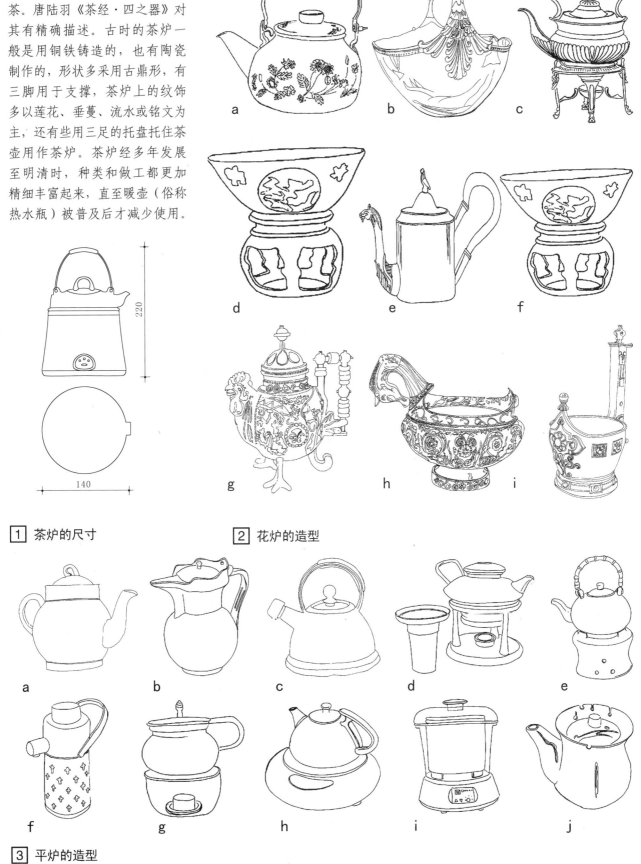

1 茶炉的尺寸

2 花炉的造型

3 平炉的造型

茶具 [7] 滤茶器·糖罐

滤茶器

滤茶器是与茶壶配套使用的过滤茶叶的工具，有内置式和滤网式两种。内置式是将茶叶包容起来再伸入到茶壶中冲泡，类似于袋泡茶的形式。一般由金属网制成容器状。滤网式是指在茶壶口加一层过滤网，以阻止茶叶被倒出的一种过滤方式。也有单独使用的滤茶器，其实是一个独立的过滤器。滤茶器的功能是将细小的茶渣滤去，它能滤去将近95%的茶渣，让品茶者品到更香、更纯的茶。

1 带内置式滤茶器的茶壶

　　a　　　　　　　b　　　　　　　c　　　　　　　d　　　　　　　e

2 茶壶中的滤茶器

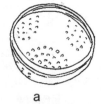 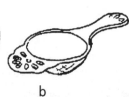 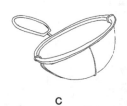  
　　a　　　　　　　b　　　　　　　c　　　　　　　d　　　　　　　e　　　f

3 其他形式的滤茶器

糖罐

糖罐是西式茶具的配套器具。

在喝西式奶茶时需要加入适量的方糖，糖罐则是用来盛放方糖的容器。一般要用糖夹来夹取。糖罐的设计必须与茶具风格配套统一。

　　a　　　　　　　b　　　　　　　c　　　　　　　d

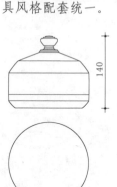

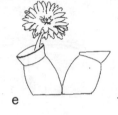   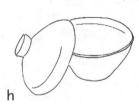
　　e　　　　　　　f　　　　　　　g　　　　　　　h

   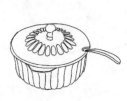
　　i　　　　　　　j　　　　　　　k　　　　　　　l

4 糖罐的尺寸　　5 糖罐的造型

茶具附件

茶具附件是指茶具套件以外的与茶饮相关的用品。主要包括：茶叶罐、茶匙·茶匙小盘、茶点刀、点心夹、茶具架等。这些用品大部分在其他章节有过详细介绍，这里只作简略说明，其中罐、匙、盘、刀、夹一般都是餐具的通用件。也有专门为茶具而配套设计的。

一、茶叶罐

茶叶罐是储存茶叶的容器，必须无杂味、能密封且不透光，其材料有马口铁、不锈钢、锡合金及陶瓷等。

茶叶罐的材料不可使用易受光线照射的玻璃瓶。锡瓶密封性佳，极为适宜用作储藏茶叶。铁制的茶叶罐要有内、外双重盖，以增加密封性。相关资料请参阅"厨房盛具·罐"。

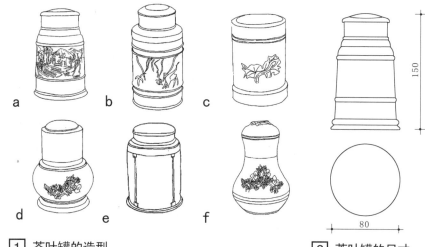

[1] 茶叶罐的造型

[2] 茶叶罐的尺寸

二、茶匙、茶匙小盘

茶匙：用来从茶叶罐中取茶的小匙，分平匙、弯匙两种。有的茶匙是两端均可用的，使用时分干湿两边，尾部尖细一端，用来取茶（干用），宽的部分则掏茶渣（湿用）。

茶匙小盘：就是放茶匙的盘子，可以放置各式各样的茶匙和茶夹，一般与茶匙、茶夹配套使用。

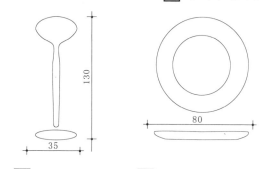

[3] 茶匙的尺寸　　[4] 茶匙小盘的尺寸

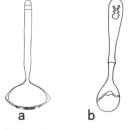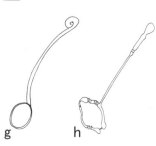

[5] 茶匙的造型

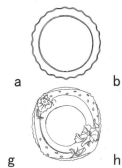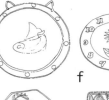

[6] 茶匙小盘的造型

茶具 [7] 茶具附件

三、茶点刀

茶点刀与西餐刀相似（详见食具中的餐刀）。

四、点心夹

点心夹是用来夹瓜果、蛋糕等茶点休闲食品的夹子（详见食具中的食品夹）。

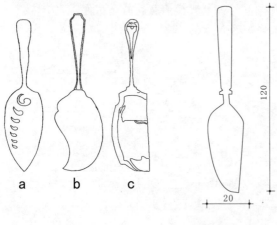

① 直刀的造型　　② 茶点刀的尺寸

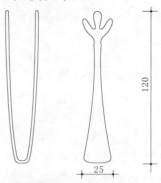

③ 点心夹的尺寸

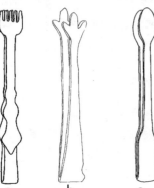

④ 直夹的造型

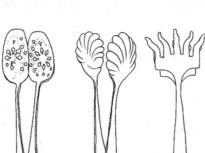

⑤ 大头夹的造型

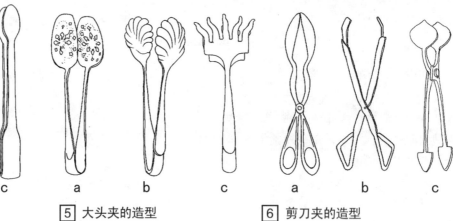

⑥ 剪刀夹的造型

五、茶具架

茶具架的种类较多，可分为茶壶架、茶杯架、茶匙架、茶碟架、茶托架等等，还有组合式的多功能茶具架，既可以放茶杯、茶壶，也可以放茶匙、茶碟、茶托等。

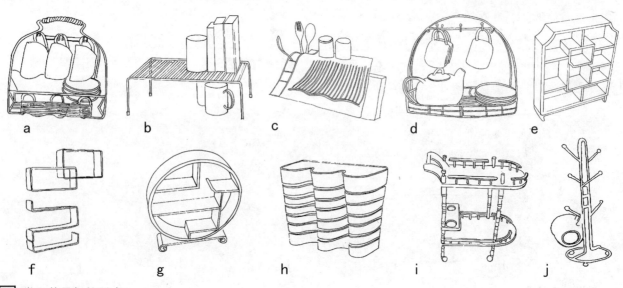

⑦ 常见茶具架的形式

咖啡杯 [8] 咖啡具

咖啡具是指在加工和饮用咖啡时所使用的器物的总称。咖啡具主要由咖啡杯、杯碟、咖啡匙、咖啡壶、糖缸、奶缸、糖夹、糖勺等组成。咖啡具有着悠久的文化历史，发展至今已形成了独特的咖啡文化。咖啡具通常以成套的形式出现。但每一件都有它独特的功能。

咖啡文化是西方文化，咖啡具的形式有明显的西方风格，但在内容上它与茶具有许多共同之处。特别是现代风格的茶具与咖啡具更是相似。

咖啡杯

咖啡杯主要由陶瓷材料或食品级塑料制成。手柄的设计多带弧形，杯形略为矮胖。咖啡杯的一般规格有：
100cc 以下的小型咖啡杯
200cc 左右的一般咖啡杯
300cc 以上的马克杯或法式欧蕾专用牛奶咖啡杯

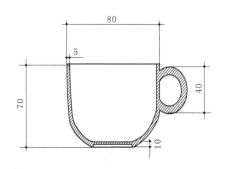

[1] 常用咖啡杯的基本尺寸

[2] 咖啡杯造型一

咖啡具 [8] 咖啡杯·杯碟

注：咖啡杯属于器皿类的造型，除了在容量上有不同的大小外，外观的线型风格变化及表面的装饰是设计的重点。

① 咖啡杯造型二

② 咖啡杯与杯碟的组合

杯碟

杯碟是与咖啡杯配套使用的，使杯子有个定位，避免杯底水渍沾湿桌面。也可将搅拌咖啡过后的咖啡匙置于杯碟上。

③ 杯碟

咖啡匙·奶杯·糖罐 [8] 咖啡具

咖啡匙

咖啡匙是咖啡具中的重要器物，是专门用来搅拌咖啡的，饮用咖啡时应当把它取出。按礼仪不应该用咖啡匙舀咖啡喝。咖啡匙也可用于拿取方糖。咖啡匙在设计时应与咖啡杯相配合，多采用柄部细长，勺部较小的造型。其上经常搭配精巧的纹理。

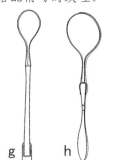     
a　　b　　c　　d　　e　　f

g　h　i　j　k　l　m　n　o　p

[1] 咖啡匙造型

奶杯

奶杯是咖啡具中的配套器件。调制咖啡一般要加入奶和糖，奶杯用以盛放奶。杯口造型为导流式，整体大小与咖啡杯相近。

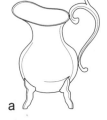 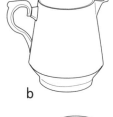  
a　　b　　c　　d

e　　f　　g　　h　　i

[2] 奶杯造型

糖罐

糖罐是咖啡具中的配套器件，糖罐用以放置咖啡调味品——糖。糖罐的造型风格应与咖啡具的其他产品和谐统一。相关介绍请参阅"茶具·糖罐"。

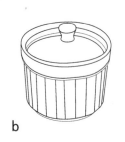 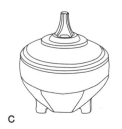 
a　　b　　c　　d

e　　f　　g　　h

注：糖罐用以存放方糖，在糖罐设计时缸盖与罐体连接处的配合要严密，以防止受潮。

[3] 糖罐造型

咖啡具 [8] 咖啡壶

咖啡壶

咖啡壶（机）是一种冲煮咖啡的工具。（注：大型全自动商用的为机，小型半自动家用的为壶）常用于宾馆、酒吧、办公室等，喜欢自己冲煮咖啡的家庭也常使用。咖啡壶作为咖啡文化的代表，大大提高了人们的生活情趣。常用的咖啡壶有四种：

一、滴漏式：用水浇咖啡粉，让咖啡液体经过滤布或滤纸，流入容器。能冲泡出干净且色泽明亮的咖啡。

二、虹吸式：利用虹吸原理，在酒精的燃烧加热下，下层容器中的水温达92℃时，水流被吸到有咖啡粉的上层容器中，通过浸泡、搅拌后，制成的咖啡再原路返回。

三、滤压式：属于滤泡式的冲煮工具，有浸泡过程，形成较复杂的口感。

四、蒸馏式：利用加压的热水穿透填压密实的咖啡粉，产生较浓稠的咖啡。

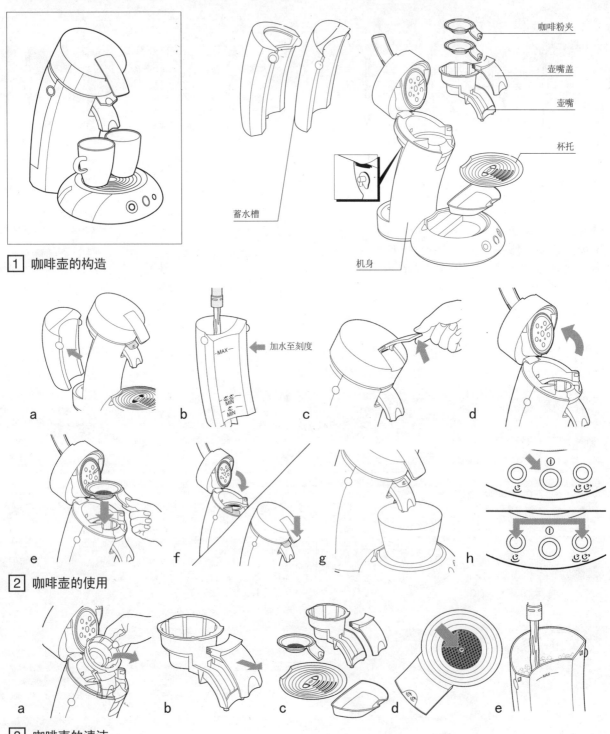

1 咖啡壶的构造

2 咖啡壶的使用

3 咖啡壶的清洁

咖啡壶［8］咖啡具

1 咖啡壶的基本尺寸

2 咖啡壶造型

105

咖啡具 [8] 咖啡壶

1 咖啡壶造型

注：根据咖啡壶的功能，可以将咖啡壶分为自动和半自动咖啡壶。

水槽

随着人们消费水平和审美观念不断提高，传统的水泥和陶瓷水槽已从现代家庭厨房中逐渐引退，取而代之的是实用美观、轻便耐用的多功能不锈钢水槽。在发达国家不锈钢水槽已成为厨房洗涤容器的主流，而在中国，由于传统烹饪和饮食习惯，以及洗涤物品含有泥砂杂质特点，家庭中配备一个好的不锈钢水槽尤其显得重要。

水槽分单体（单盆）水槽和连体多盆水槽。

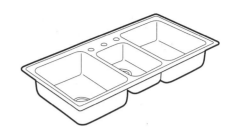

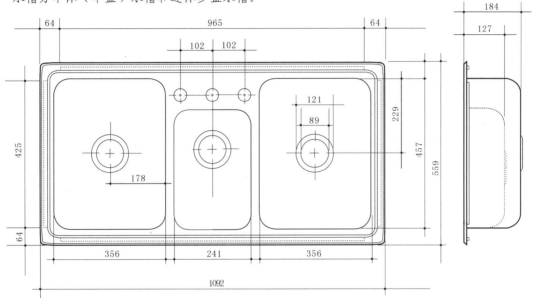

1 连体水槽主要尺寸

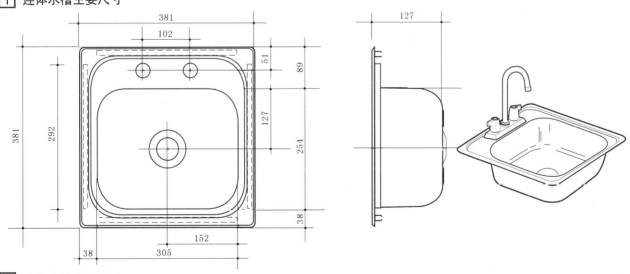

2 单体水槽主要尺寸

注：
1. 用料以不锈钢板为佳，材料厚度适中，以0.8~1.0mm为宜，过薄影响水槽使用寿命和强度，过厚失去弹性容易损害洗涤的餐具。
2. 通常情况下，清洗容积较大的水槽实用性好，深度以200mm较好，这样可以有效防止水花外溅，同时，深度也是反映水槽档次的重要指标，大于180mm深度的双槽水槽属于高档次产品。
3. 水槽表面处理以亚光为好，不仅无刺目的反光，而且能经受瓷器、餐具的反复磨损，清洗方便，常用如新。
4. 根据中国家庭的洗涤特点，以选择大口径，且采用不锈钢制作，带集圾篮的为最佳，此外重要的必须具有台控的排水功能，这样能解决洗涤中需排水时必须将洗涤物捞起放水的不便。
5. 根据厨柜台面宽度决定水槽宽度，一般水槽的宽度应为厨柜台面减去100mm左右。同时根据国内厨柜台面尺寸在500~600mm这一特点，可以得出水槽的合理宽度在430~480mm。

3 水槽的一般知识

厨房设施 [9] 水槽

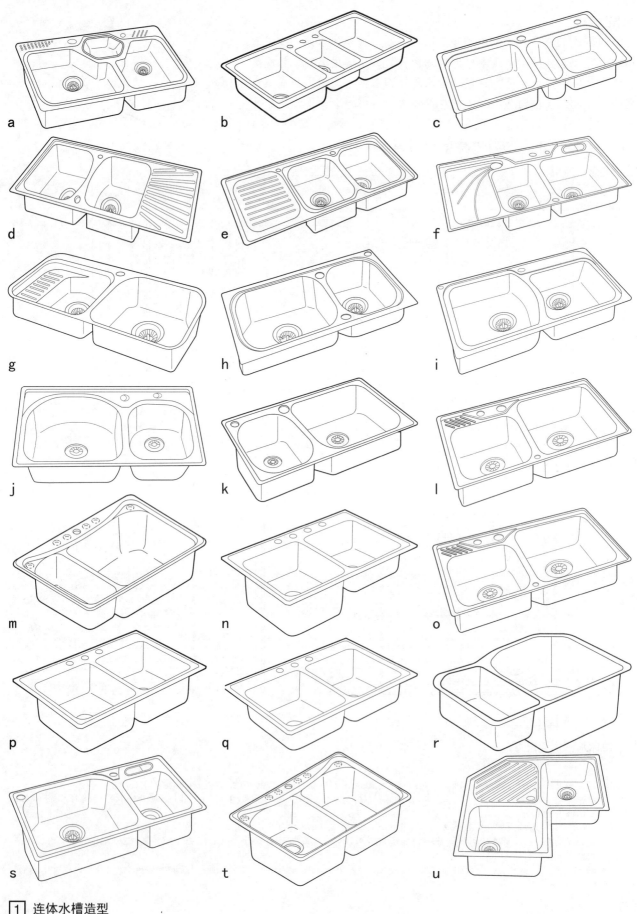

1 连体水槽造型

水槽 [9] 厨房设施

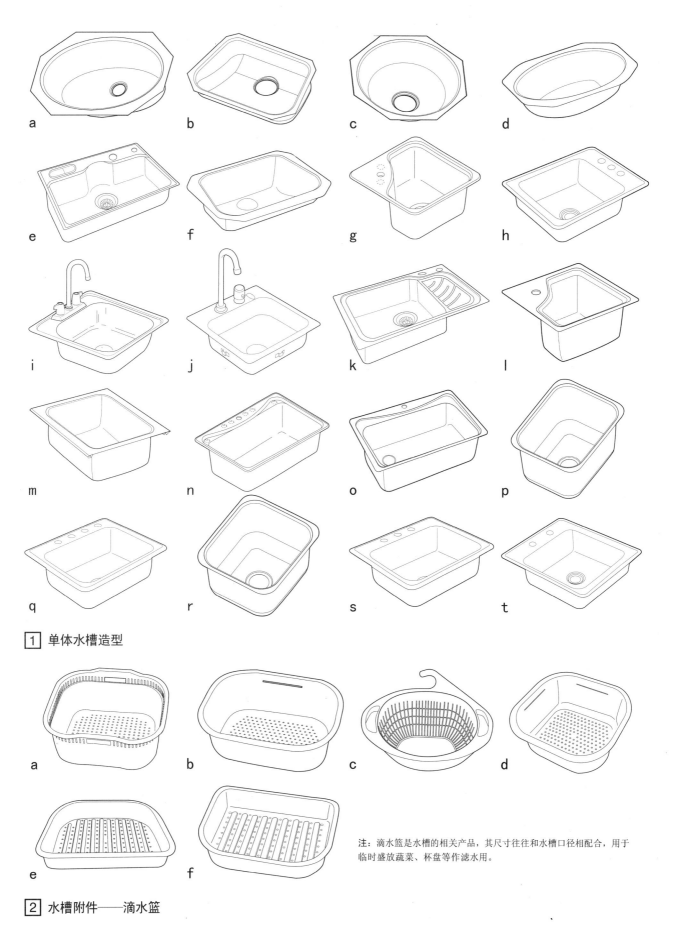

1 单体水槽造型

注：滴水篮是水槽的相关产品，其尺寸往往和水槽口径相配合，用于临时盛放蔬菜、杯盘等作滤水用。

2 水槽附件——滴水篮

厨房设施 [9] 拉篮、活动篮

拉篮、活动篮

橱柜拉篮是厨房中必不可少的组成部分。不同种类的拉篮分类收纳各类杂物，使厨房更加整洁、一体化。目前整体厨房中的橱柜多采用缓冲自动关闭技术的阻尼抽屉，它可以让盛满物品的抽屉在滑轨上到达5cm回弹点时自动缓冲后关闭，有效避免篮内物体的相互碰撞以及抽屉的反弹。在滑轨上，多采用三折承重消音滑轨，有效增加了拉篮的拉伸长度。

一般来讲拉篮的材质多为不锈钢、黑铁电镀处理或是炭素结构钢。拉篮在形式上一般分为普通拉篮、连动拉篮、转篮和活动篮。

普通拉篮是厨房最普及的拉篮，并按其功能细分。如调料拉篮专门设在调料柜里，一般为双层或是多层结构，许多产品侧面滑轨可平行抽拉，设有挂架，可放置菜板。而灶台拉篮通常设置在灶台柜下。

连动拉篮以德国的"大怪物"、"小怪物"系列产品为代表有效地解决了转角空间的利用问题。

转篮一般出现在L形或U形厨房中，它可以180度、270度、360度自由转动，充分利用了柜体拐角处的空间。

活动篮则更加自由，一般用于堆放杂物和蔬菜。

随着绿色设计的提倡，木材和竹材的运用重新受到重视。

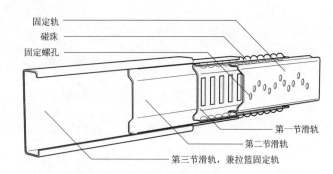

注：三节承重侧滑轨多用于比较宽的橱柜拉篮上，如灶台拉篮和碗筷拉篮，对于重型滑轨最高可承重100kg。收缩最短长度为500mm，大小可根据实际情况选配。

a 三节承重侧滑轨

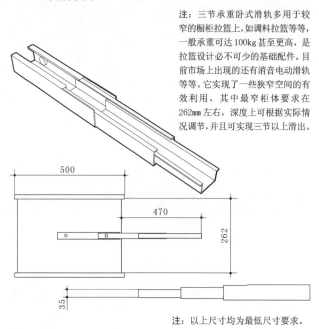

注：三节承重卧式滑轨多用于较窄的橱柜拉篮上，如调料拉篮等等，一般承重可达100kg甚至更高，是拉篮设计必不可少的基础配件。目前市场上出现的还有消音电动滑轨等等。它实现了一些狭窄空间的有效利用，其中最窄柜体要求在262mm左右，深度上可根据实际情况调节，并且可实现三节以上滑出。

注：以上尺寸均为最低尺寸要求。

b 三节承重卧式滑轨

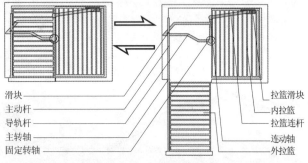

注：上图为外拉篮进出活动示意图，此期间连杆和内篮均保持原状。

表1

1	"主动杆"通过"主转轴"向外运动，同时"滑块"在"导轨杆"上滑动，并通过"拉篮连杆"带动内拉篮向外运动	4	内拉篮收拢时，"导轨杆"和内拉篮暂时保持④的状态不动，"主动杆"回转直至碰到"导轨杆"上部
2	"滑块"在"导轨杆"上滑向第二级轨道，使内拉篮进一步向外运动	5	此时，"导轨杆"上部分充当了"滑块"的导轨，在"滑块"推动"导轨杆"运动的同时，内拉篮向内收拢
3	"滑块"在"导轨杆"上滑回第一级轨道，内拉篮全部被拉出	6	"导轨杆"上部折角起到了缓冲作用，使内拉篮平稳被推回

c 连动拉轨活动示意图

1 滑轨与连动拉轨

拉篮、活动篮 [9] 厨房设施

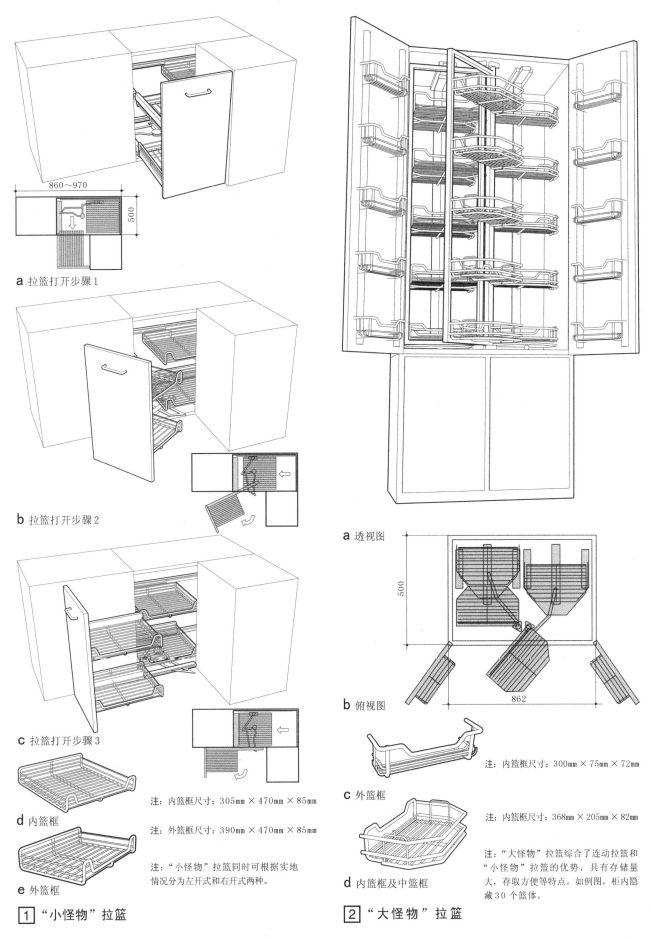

a 拉篮打开步骤1

b 拉篮打开步骤2

c 拉篮打开步骤3

d 内篮框

e 外篮框

注：内篮框尺寸：305mm×470mm×85mm

注：外篮框尺寸：390mm×470mm×85mm

注："小怪物"拉篮同时可根据实地情况分为左开式和右开式两种。

1 "小怪物"拉篮

a 透视图

b 俯视图

c 外篮框

注：内篮框尺寸：300mm×75mm×72mm

d 内篮框及中篮框

注：内篮框尺寸：368mm×205mm×82mm

注："大怪物"拉篮综合了连动拉篮和"小怪物"拉篮的优势，具有存储量大，存取方便等特点。如例图，柜内隐藏30个篮体。

2 "大怪物"拉篮

111

拉篮、活动篮 [9] 厨房设施

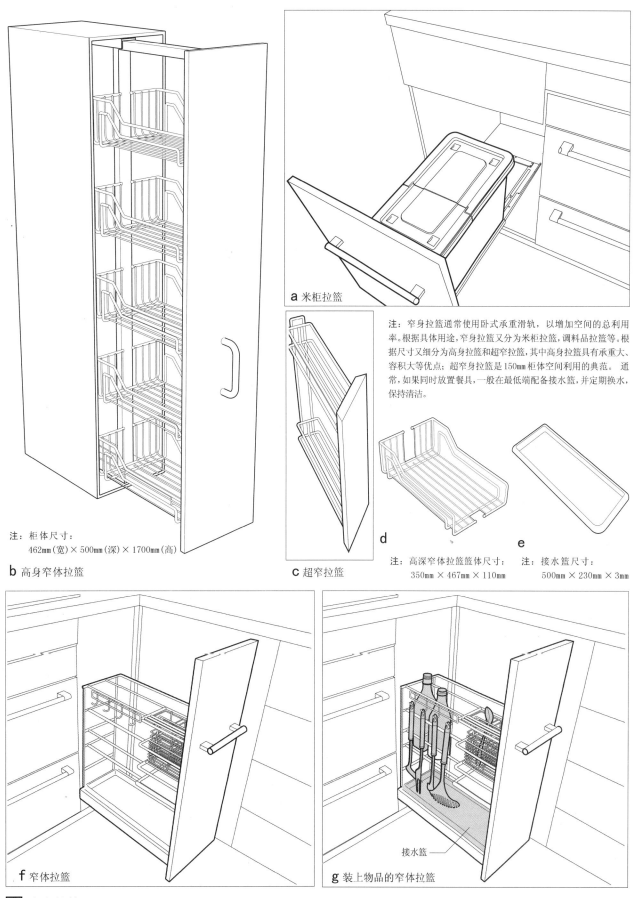

注：柜体尺寸：
462mm(宽)×500mm(深)×1700mm(高)

b 高身窄体拉篮

a 米柜拉篮

注：窄身拉篮通常使用卧式承重滑轨，以增加空间的总利用率。根据具体用途，窄身拉篮又分为米柜拉篮，调料品拉篮等。根据尺寸又细分为高身拉篮和超窄拉篮，其中高身拉篮具有承重大、容积大等优点；超窄身拉篮是150mm柜体空间利用的典范。通常，如果同时放置餐具，一般在最低端配备接水篮，并定期换水，保持清洁。

c 超窄拉篮

d

e

注：高深窄体拉篮篮体尺寸：
350mm×467mm×110mm

注：接水篮尺寸：
500mm×230mm×3mm

f 窄体拉篮

接水篮

g 装上物品的窄体拉篮

[1] 窄身拉篮

厨房设施 [9] 拉篮、活动篮

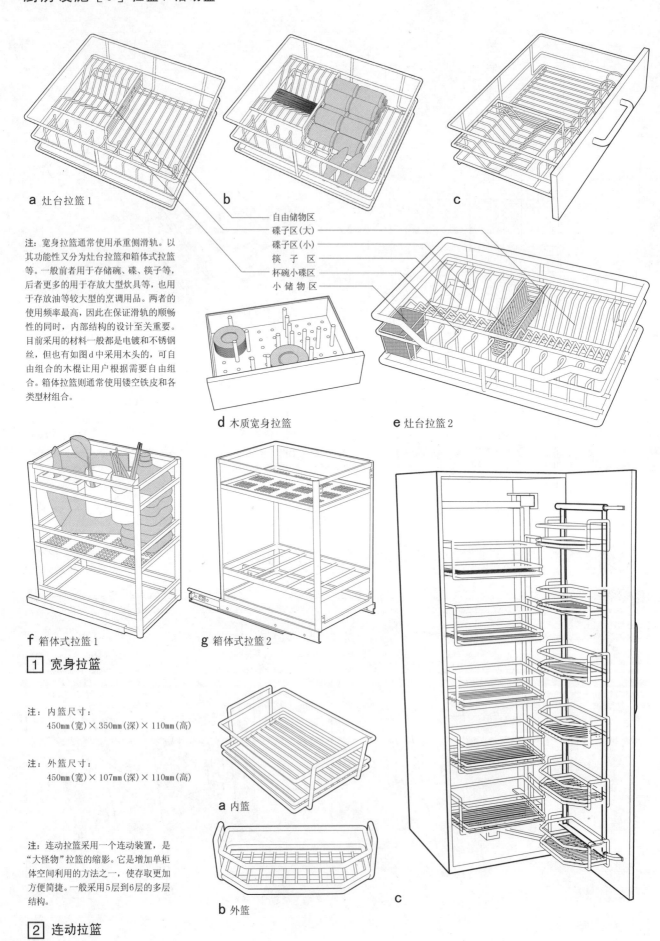

a 灶台拉篮1

b

c

自由储物区
碟子区(大)
碟子区(小)
筷 子 区
杯碗小碟区
小 储 物 区

注：宽身拉篮通常使用承重侧滑轨。以其功能性又分为灶台拉篮和箱体式拉篮等。一般前者用于存储碗、碟、筷子等，后者更多的用于存放大型炊具等，也用于存放油等较大型的烹调用品。两者的使用频率最高，因此在保证滑轨的顺畅性的同时，内部结构的设计至关重要。目前采用的材料一般都是电镀和不锈钢丝，但也有如图d中采用木头的，可自由组合的木棍让用户根据需要自由组合。箱体拉篮则通常使用镂空铁皮和各类型材组合。

d 木质宽身拉篮　　e 灶台拉篮2

f 箱体式拉篮1　　g 箱体式拉篮2

[1] 宽身拉篮

注：内篮尺寸：
　　450mm(宽)×350mm(深)×110mm(高)

注：外篮尺寸：
　　450mm(宽)×107mm(深)×110mm(高)

a 内篮

b 外篮

c

注：连动拉篮采用一个连动装置，是"大怪物"拉篮的缩影。它是增加单柜体空间利用的方法之一，使存取更加方便简捷。一般采用5层到6层的多层结构。

[2] 连动拉篮

拉篮、活动篮 [9] 厨房设施

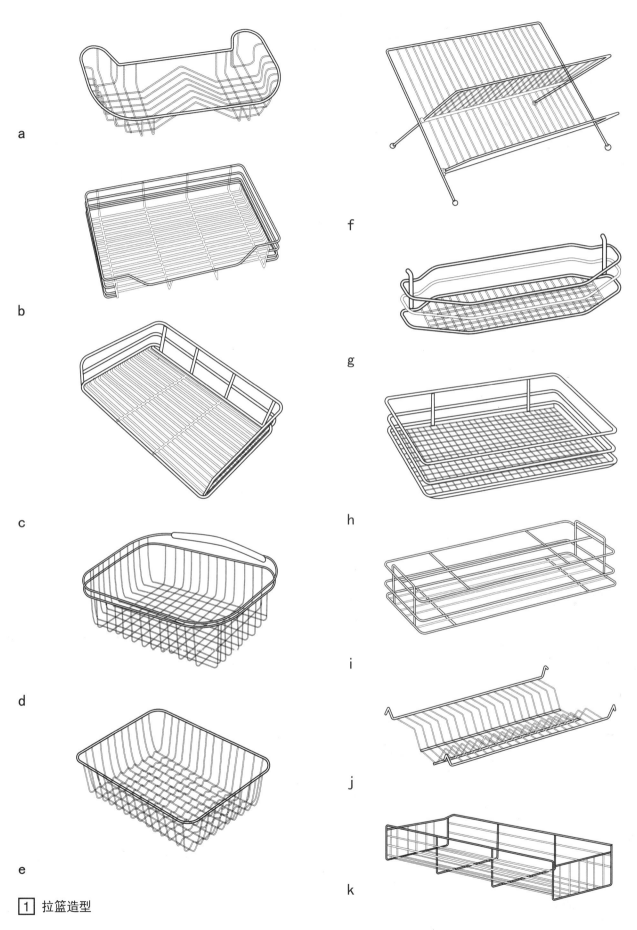

1 拉篮造型

厨房设施 [9] 刀具架

刀具架

刀具架是用来收纳备放各式厨刀的器具，有摆放式、插入式和吸铁式三种。刀具架按材料一般可分为木质刀具架、金属刀具架以及特殊的磁铁刀具架。

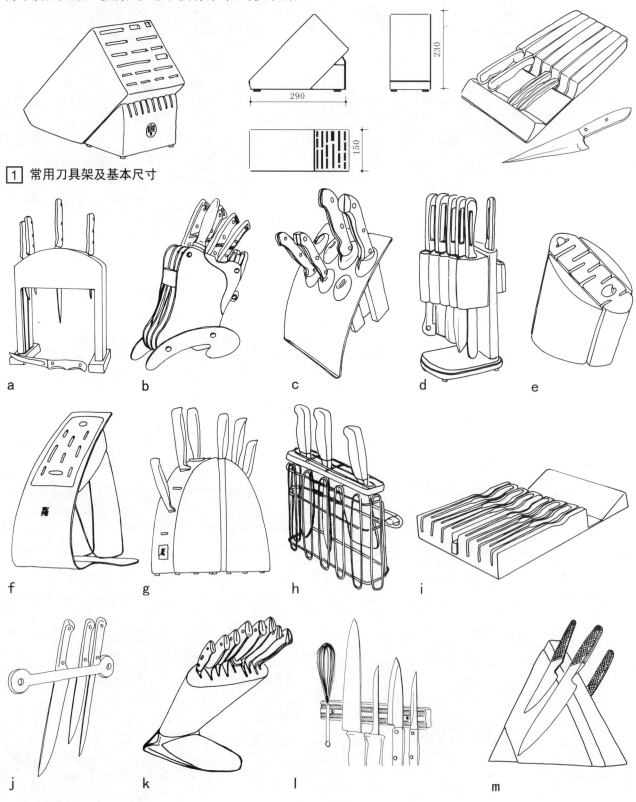

1 常用刀具架及基本尺寸

2 刀具架的各种造型

注：l 和 m 是磁铁刀具架。

勺架·刀叉架 [9] 厨房设施

勺架

勺架的基本材料为金属，造型元素简单，形式有台式、壁挂式、旋转式。

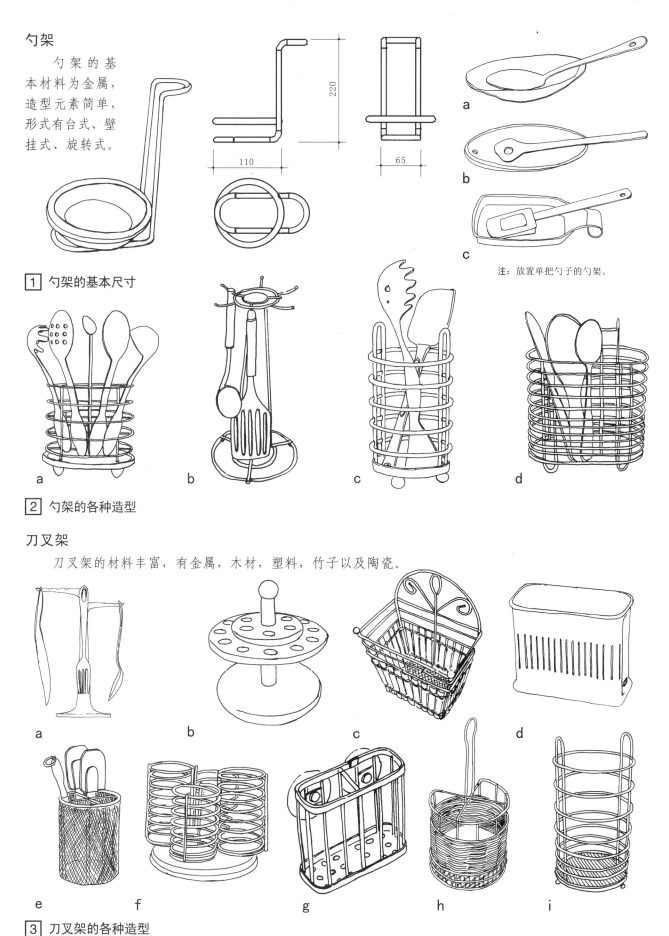

注：放置单把勺子的勺架。

1 勺架的基本尺寸

2 勺架的各种造型

刀叉架

刀叉架的材料丰富，有金属，木材，塑料，竹子以及陶瓷。

3 刀叉架的各种造型

厨房设施 [9] 杯架

杯架

杯架的基本材料为金属，少数为木材，分为壁挂式和落地式两种。

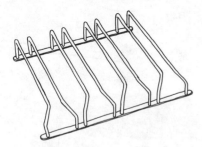
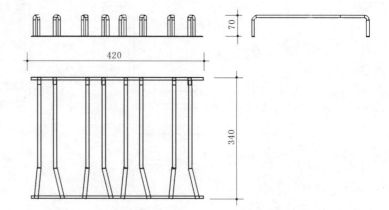

1 杯架的基本尺寸

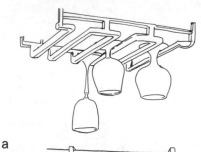
a

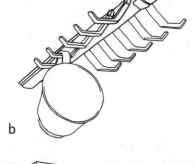
b

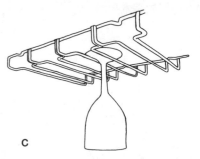
c

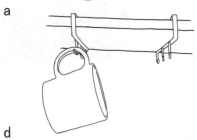
d

e

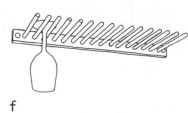
f

2 悬挂式杯架的造型

a

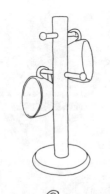
b

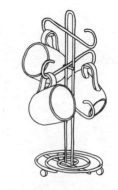
c

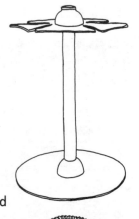
d

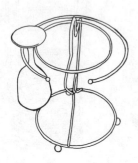
e

f

g

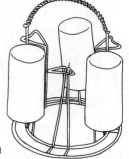
h

3 台式杯架的造型

碟架

碟架的常见材料为金属、木材，有台式、壁挂式两种形式。

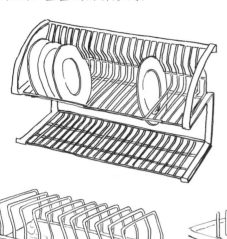

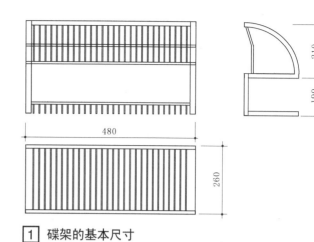

1 碟架的基本尺寸

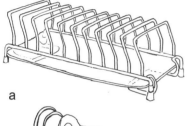
a

b
注：单层台式碟架。

c

d

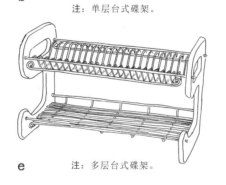
e
注：多层台式碟架。

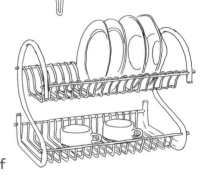
f

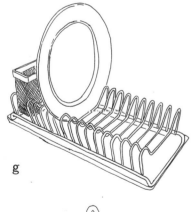
g

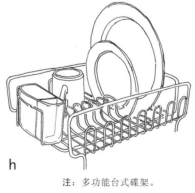
h
注：多功能台式碟架。

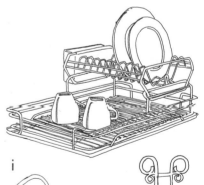
i

j

2 碟架的各种造型

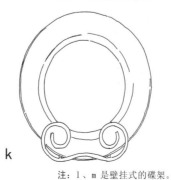
k
注：l、m 是壁挂式的碟架。

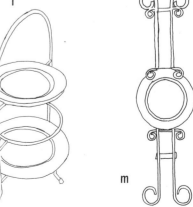
l　　m

个人日常用品 [10] 服饰品·耳饰

服饰品

自有人类那天起，就有了对美的向往和追求，也就有了对装饰物品的需要。人类自蒙昧时代就开始装饰自己，服饰和每个人的生活息息相关。人们的穿着打扮总是形象地揭示出其身份和个性。史前时期，人们在身上刺花纹或刺破皮肤系上装饰性的材料，以此来装扮自己。古代印加人刺穿少年的耳朵，插进黄金制成的饰板；有的民族则是刺透鼻子或嘴唇插进木棍、金属条或动物骨头来作装饰。不过更常见的是，将他们认为漂亮的物件吊挂在身上。这些物件或天然而成或手工制作，它们就是服饰品的雏形。

材料有PVC、TPU、低毒PVC、植绒、真皮等。

服饰品中"服"表示衣服、穿着；"饰"表示修饰、饰品。"饰"有两层含义，一是作为动词，释为装饰、打扮，增加人物形貌的华美；二是作为名词，也指装饰品，如首饰。用简单的语言概括，"服饰"即人身上除了衣裳之外的所有装饰品和装饰手段。包括：发型、化妆、珠宝、帽饰、眼镜、巾带、鞋袜、箱包、雨伞、手套、扇子、假发、纹身等等。随着人类社会的发展，不断有新的装饰品和装饰形式加入其中。

服饰品分类

服饰品的种类繁多，它的分类方法也有多种，从大的范围来说，可分为装饰和实用两种。使用方面主要是服装配饰，如：围巾、披肩、绳带、箱包、手袋、另外有其他特殊功用的配饰如：手杖、手机。

服饰品的分类

按装饰部位分类
头饰：各种帽饰、簪钗梳篦、发夹、发带发网、花冠头巾等
面饰：面罩、钿、美人贴、鼻饰（多见印度饰物）
耳饰：耳环、耳钉、耳坠、耳花、耳珰
颈饰：项链、项牌、项圈、领带、领结、围巾等
胸饰：胸花、胸针、手巾、徽章、领带夹、链牌、吊坠等
腰饰：各种材质的腰带、腰链、腰牌、皮带扣等
手饰：戒指、手镯、手链、手铃、手套、手表、袖章、袖扣等
足饰：鞋、袜、脚链、脚铃等

耳饰

耳饰有耳钉、耳坠、耳环三种形式。根据耳饰佩戴的方式，可将它们分为夹持型、旋钮型和穿耳型三种。夹持型和旋钮型是通过夹持耳朵佩戴，而穿刺型则是用小螺钉悬挂在穿过耳眼的小杆上。耳饰设计的款式主要有纽扣式、耳坠式、枝形吊灯式三种，每一种都有不同的款式和造型。

一、纽扣式：也称耳钉，贴附于耳垂上的样式，造型较精巧，有花朵形、钻石形、珠形、圆形、菱形等。

纽扣式（耳钉）直径一般为5～15mm。

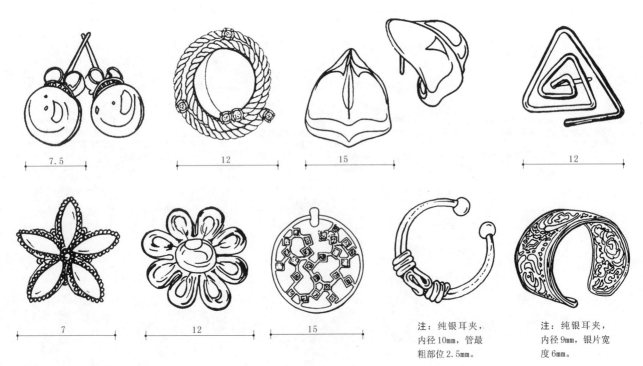

1 纽扣式耳饰常见尺寸

耳饰 [10] 个人日常用品

a 耳钉直径5～15mm 镶嵌珍珠直径5～8mm

b 耳钉直径5～15mm 镶嵌珍珠直径5～8mm

c 耳钉直径5～15mm 镶嵌珍珠直径5～8mm

d 耳钉直径5～15mm 镶嵌珍珠直径5～8mm

1 纽扣式耳饰造型

二、耳坠式：也称耳坠，从耳扣悬挂挂坠的样式，造型各异、装饰华丽。有圆坏形、椭圆形、水滴形、心形、梨形、花形、串形、枝形吊灯式、链式等。耳坠的长度跨越比较大，总长在10～160mm不等，常见的长度在15～60mm之间，坠子的直径约为7～30mm。

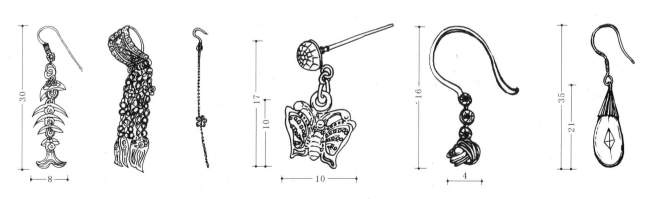

2 耳坠式耳饰常见尺寸

个人日常用品 [10] 耳饰

a 耳坠总长 10～40mm

b 耳坠总长 10～40mm

c 耳坠总长 40～60mm   d 耳坠总长 70～160mm

1 各式耳坠式耳饰造型

三、耳环式：也称耳环，用穿耳方式将环状饰物装饰耳垂的样式，造型基本以几何形为主，可以精致小巧，可以粗犷硕大。

耳环在选材上有金银、琥珀、玛瑙、翡翠、钻石、水晶、玉石、珍珠等，从20世纪90年代起，非贵重金属的合成材料开始流行。现在，使用的材料范围进一步扩大，有陶瓷、塑料、玻璃、贝壳、木制的等。

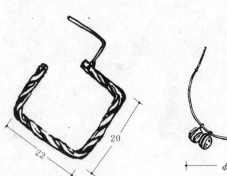

注：外径16mm，内径13mm，宽度7mm。

2 耳环式耳饰尺寸

耳饰·颈饰 [10] 个人日常用品

a 耳环直径10～30mm 环粗1.5mm

b 耳环直径10～21mm 宽度5～8mm

[1] 各式耳环式耳饰造型

颈饰

项链为颈部装饰物，基本款式有链条式和带坠式。从项链的材料来分，有金属项链和珠宝项链两大类。项链的尺寸从380～406mm，至710～914mm不等。

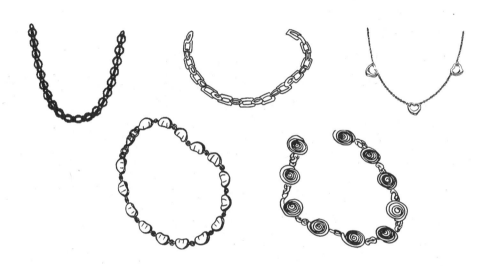

a 项链尺寸范围短的380～406mm，长的710～914mm

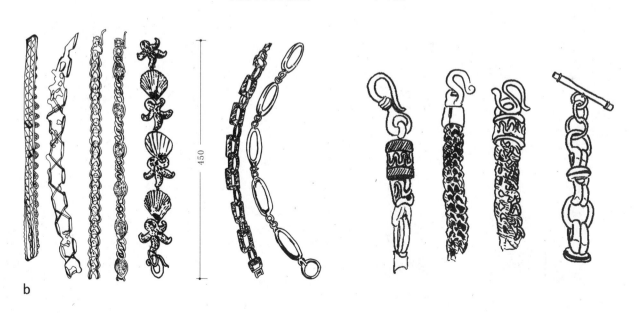

b

[2] 各式项链造型　　　　　　　　　　[3] 各式项链汇合圈设计

123

个人日常用品 [10] 胸饰

胸饰

胸饰分项牌、吊坠和胸针三大类。

1. 项牌：项牌是套挂在脖颈上的饰品，可理解为大型的项链，也可理解为挂在颈上的胸饰，这类首饰主体尺寸较大，其两侧向侧上方伸展，连接部与项链类似。

2. 吊坠主要分为三类：

1）带"瓜子耳"的吊坠。

2）无"瓜子耳"的吊坠。无"瓜子耳"的吊坠多以直接焊接在吊坠顶部的金属环或镶有宝石的金属环来取代"瓜子耳"的作用。

3）多层吊坠，两层及两层以上单吊坠叠合在一起，构成多层吊坠。

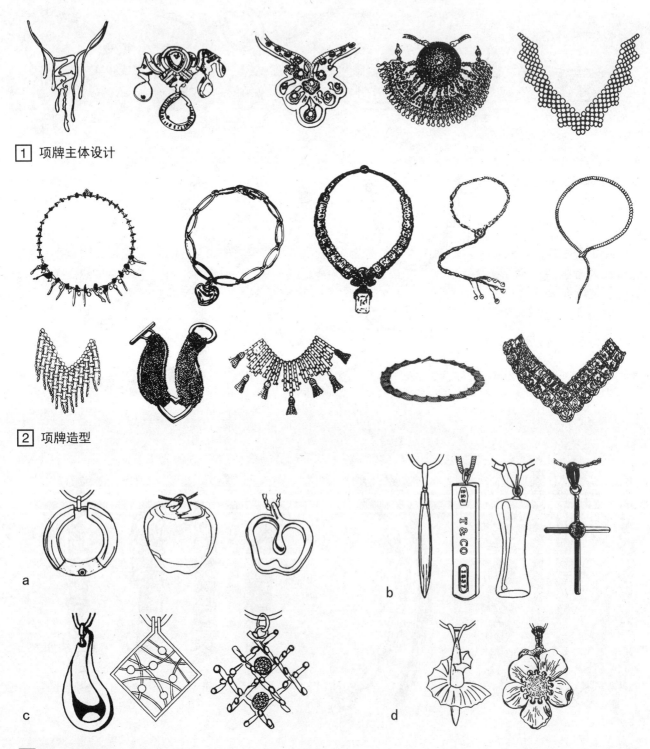

1 项牌主体设计

2 项牌造型

3 带"瓜子耳"的吊坠造型

胸饰 [10] 个人日常用品

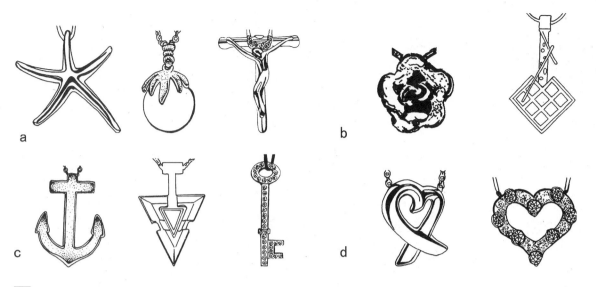

[1] 无"瓜子耳"的吊坠造型

3. 胸针，又名别针，是一年四季可以佩戴的装饰品。设计的题材多为动植物、花卉、昆虫及抽象几何符号。胸针常用的材料为黄金、白金、白银、合金等金属镶嵌宝石、水钻、珍珠、人造宝石、彩石等。胸针有大、小之分，大型胸针直径在50mm左右，小型胸针直径在20mm左右。

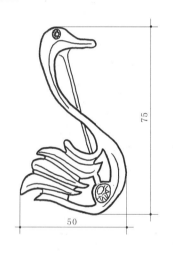

注：胸针一般佩戴在服装的前胸部位，可以在正中，也可以偏于一侧。可以佩戴在西服式衣领处，也可以佩戴在前胸袋口处，有较大的随意性。

[2] 胸针的尺寸及分类图

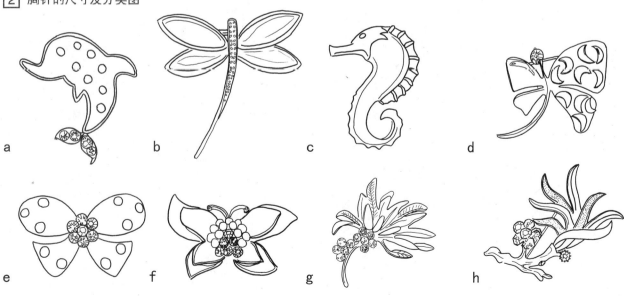

[3] 胸针造型一

125

个人日常用品 [10] 胸饰

1 胸针造型二

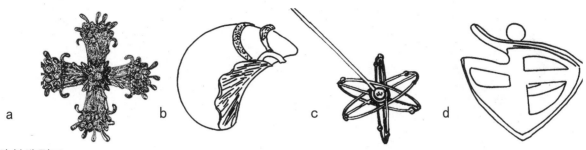

1 胸针造型三

手饰

手饰有戒指、手链、手镯等。

1. 戒指由于佩戴在手指上，其大小及形状的局限性很强，须在一个指节的范围内设计布局。戒指依佩戴对象不同可分为男装戒和女装戒。

戒指尺寸对照表

号数	6	7	8	9	10	11	12	13	14	15	16	17
直径(mm)	14	14.5	15.1	15.3	16.1	16.6	16.9	17	17.7	18	18.2	18.3
周长(mm)	45	46	47.5	48	50.5	52	53	53.5	55.5	56.5	57	57.5

2 戒指的规格

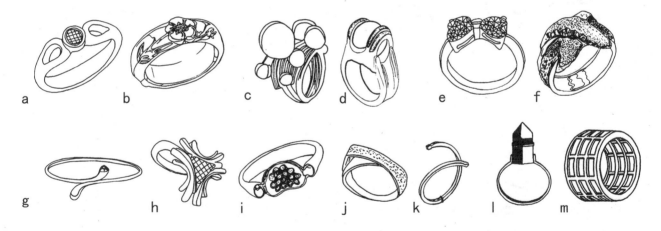

3 戒指造型

2. 手链是佩戴于手腕上的饰品，结构与项链类似，较项链粗大。有的收紧结构，许多手链嵌有珠宝饰物，设计时应注意连接结构的合理性，保证连接的稳固牢靠。

注：总长180mm，每节管径4mm。

注：纯银手链总长170mm，水滴长12mm，宽11mm。

注：总长180mm，叶子长8mm。

注：手链面宽3～10mm。

4 手链尺寸

个人日常用品 [10] 手饰

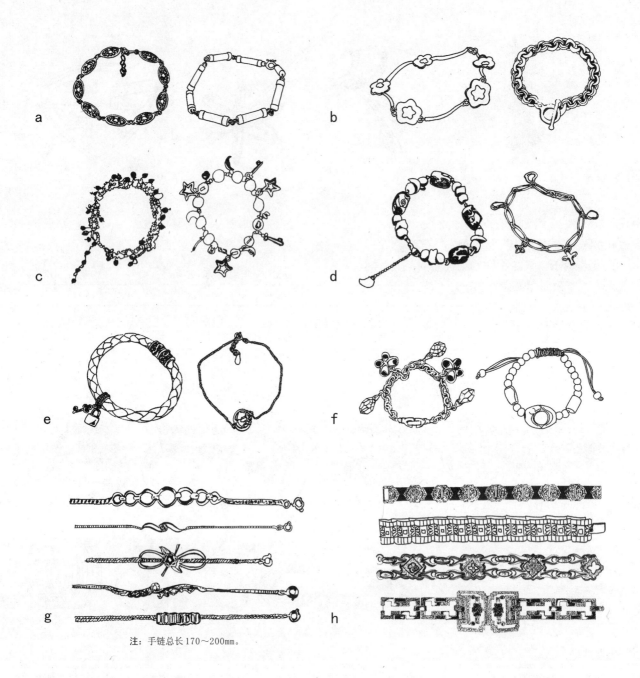

注：手链总长170～200mm。

1 手链造型

手镯

手镯指封闭或半封闭状固定的手饰（腕饰），其大小以手收紧时正好放入，而正常情况下又不易脱落为宜。

2 手镯造型

注：手镯直径50～65mm，面宽4～55mm。

手饰·丝巾扣 [10] 个人日常用品

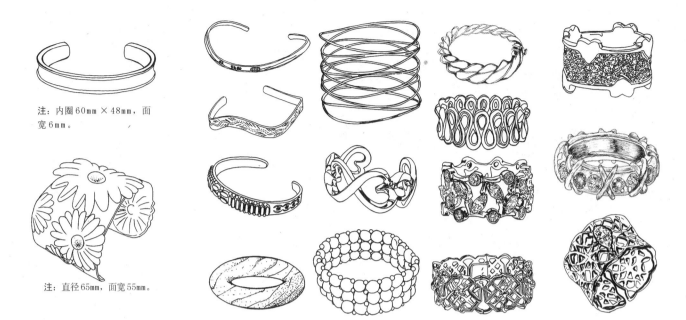

注：内圈60mm×48mm，面宽6mm。

注：直径65mm，面宽55mm。

[1] 手镯造型（续）

丝巾扣

丝巾扣是将系好后的丝巾固定的一种饰品，丝巾扣多以金属材质为主。造型以动植物图案居多。典型的丝巾扣为金属丝构架，上有仿水钻缀饰。

 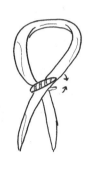 

a 将丝巾的两端伸入丝巾扣中　　b 将丝巾扣推上扎紧丝巾　　c 扣上丝巾扣

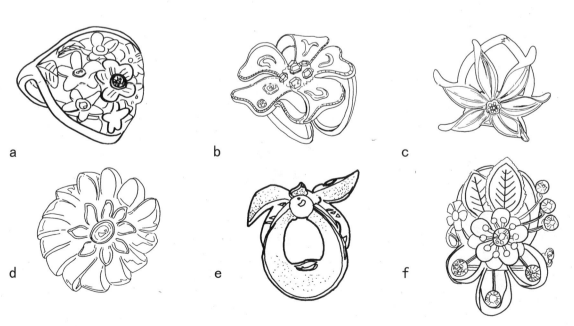

a　　b　　c

d　　e　　f

[2] 仿植物造型丝巾扣

129

个人日常用品 [10] 丝巾扣

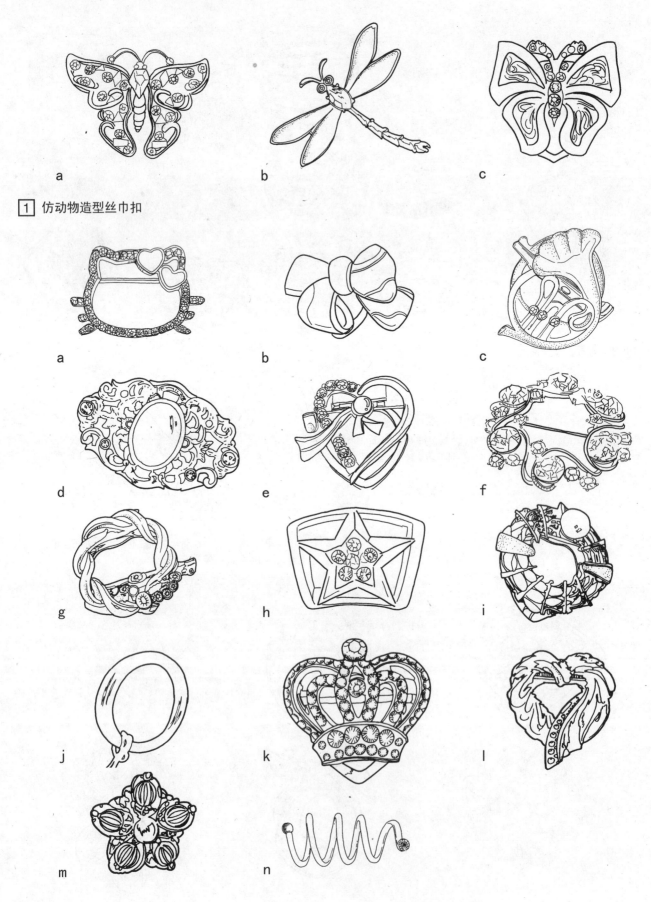

1 仿动物造型丝巾扣

2 丝巾扣造型

领带夹 [10] 个人日常用品

领带夹

领带夹是男性的专用饰物，是佩戴领带时的配套装饰品。领带夹的主要作用是固定内外两层或把领带固定在衬衣上。使用领带夹要求造型与色彩同领带协调统一。一般佩戴在领带下部。

领带夹的质料，有镀金的，仿金的，K金的和白银的。目前，用的最常见的是镶有有机玻璃或仿宝石的立方氧化锆，而镶有真正珠宝的还只是作为收藏的工艺品。立方氧化锆硬度大，不易被刻伤或磨毛，又可以配有多种颜色，故深受男士的青睐。

1 领带夹的佩戴

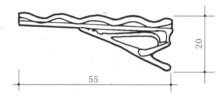

2 领带夹的功能和尺寸

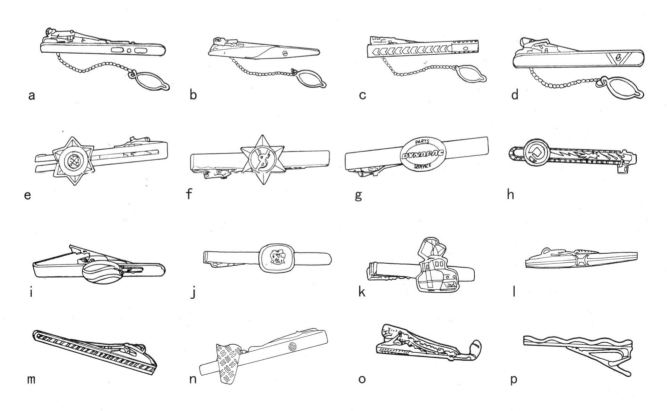

3 常见的领带夹造型

个人日常用品 [10] 皮带扣

皮带扣

皮带扣是皮带的连接扣，它起到连接皮带，调整皮带长度的作用，也是皮带的主要装饰部位。

皮带扣有：针扣、内穿扣、外穿扣、自动扣、二节扣、二节激光扣、时装扣、中转扣、伸缩扣、双转扣等，多为铜、不锈钢、铸铝、合金等金属材料制造。从造型上，皮带扣的设计丰富多样，一般在满足基本结构的同时配合服装进行装饰点缀，并注重细节的变化。

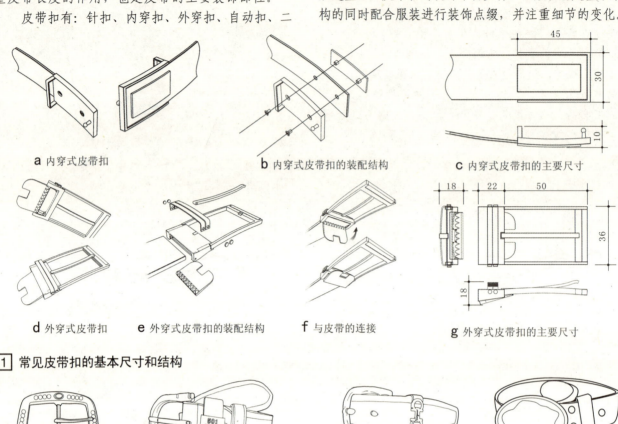

a 内穿式皮带扣　　b 内穿式皮带扣的装配结构　　c 内穿式皮带扣的主要尺寸

d 外穿式皮带扣　　e 外穿式皮带扣的装配结构　　f 与皮带的连接　　g 外穿式皮带扣的主要尺寸

1 常见皮带扣的基本尺寸和结构

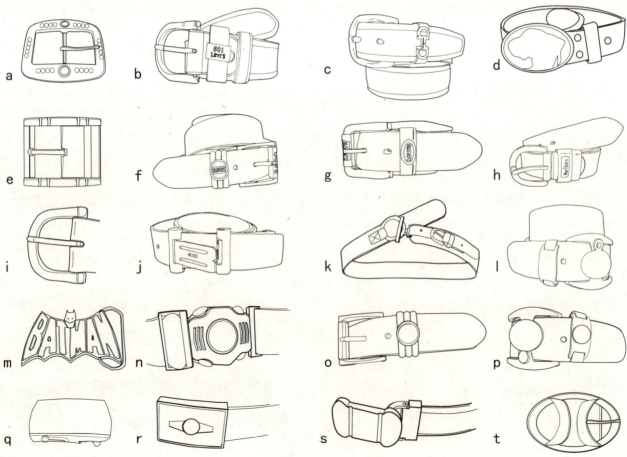

2 常见的皮带扣

手机饰品

手机饰品是随着手机的普及化发展而产生的专用饰物,有绳链式和吊坠式,通过绳扣与手机相连。吊坠的制作材料有TPU、立体软胶(滴胶)、塑胶、玉石、铜、铝、不锈钢、银等。

手机擦是最为常见的手机饰品,一般用TPU材料配合麂皮绒或超细纤维布制成,形式多样,其功能除装饰外还可擦拭手机的液晶屏幕,清洁手机表面。

手机饰品的尺寸一般不超过手机的长度。在材料的使用上主要以TPU、滴胶、塑胶为主,当使用金属等硬质材料时应避免棱角造型,以免手机表面受到磨损。

[1] 吊坠式手机擦造型

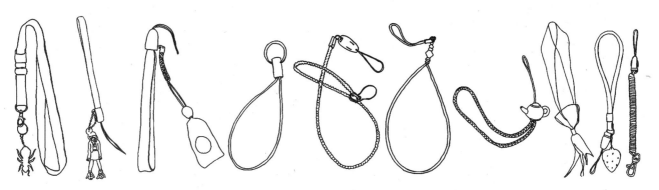

[2] 绳链式手机饰品

个人日常用品 [10] 光学眼镜

一、眼镜概述

"眼镜"一词早在1285年便有文字记载,说威尼斯玻璃厂生产适于阅读用的眼镜。眼镜的外形最早是手提单镜式,到后来才装上镜框和镜腿搁在鼻梁上,成为现代眼镜的最早形式。

最早的眼镜片,大多用水晶或浅绿色的玉石磨成,非常名贵。不过当时戴眼镜的人,大都是上了年纪的,而且眼镜笨重难看,有碍观瞻。

15世纪之后,笨拙的镜架已逐渐改进为轻便的蝶形式样,而支持眼镜架子的质料,也变得非常多样化,除了原有的骨制,铜制,铁制之外,又再加上有皮制,金和银制的框子,各种新材料也开始应用到眼镜产品上。19世纪中叶以后,眼镜已成为一种大量生产的普及用品。

中国在20世纪80年代,极具个性化、色彩纷呈、形态各异的眼镜就以服装饰品的身份登上了社会流行榜,造型风格与服装等流行趋势互相吻合,眼镜已成为了流行商品。

随着对地球资源开发的深入,潜水员成为正式的职业,他们所需的特殊工具潜水镜也就同时为眼镜市场开拓出另一片天空。

20世纪八、九十年代欧洲出现变色功能镜,其突出特点是工艺的进步:减重后的塑料与合金金属丝的精确结合,表明国际眼镜制造水平又上了一个新台阶,为日后各种材料在眼镜上的搭配使用打下基础。

1994年,无框眼镜出现。这不仅是眼镜架形态的一次变革,也是镜片的突破性进展:合成树脂镜片产生,不易碎裂,安全性更高;重量极轻,更利于人长时间配戴而不易疲劳。

1995年玩具型眼镜登场。夸张的色彩,顽皮的造型满足了"拒绝长大"的一代青少年的心理,同时也得到偶像明星们的钟爱。这种眼镜的问世并得到广泛认可也表明眼镜作为饰物的观念已经在人们头脑中成熟。

1996年生产的造型奇特,前卫新潮的太阳镜吸收了功能镜随和稳重的造型元素,又吸收了家用电器的流线型风格元素,使其增添了浓厚的现代气息。

二、眼镜的分类

在一副眼镜中,镜片和镜框占有最大的比重,也处于最重要的位置,其形状是决定一副眼镜整体风格的关键因素。镜片和镜框的正面形状称为圈形。圈形的形态一般有方形、圆形、梯形、蝶形等。

按使用功能分有光学镜、太阳镜、运动镜、装饰镜、玩具镜,接触较多的是光学镜和太阳镜。

按镜片的功能分有白片镜、蓝片镜、变色镜片、其他有色镜片等;

按镜架材料分有塞璐珞镜架、蜡酸纤维镜架、注塑镜架、秀郎镜架、金属镜架、自然材料(牛角、兽骨、木、竹、皮、壳角等)和再生材料组合镜架等;

按镜架镜框款式分有无框镜架、半框镜架、全框镜架等。

镜片参数

种 类	尺寸及说明
树脂双光	尺寸:71mm / 28mm,65mm / 28mm
树脂单光	直径:56mm,60mm,65mm,70mm
变 色 镜	直径:60mm,65mm,70mm 颜色:变灰,变茶
光白镜片	尺寸:56mm,60mm,65mm,70mm 广度范围:G2 / 0-G8 / 0, G2 / 2-G6 / 2
玻璃双光	直径:60mm,65mm 颜色:光白,变色

光学眼镜

光学镜按镜框形式分为无框、半框、全框;其中半框又可分为侧半框、上半框、下半框,全框可分为镜前框、镜中框、镜后框。

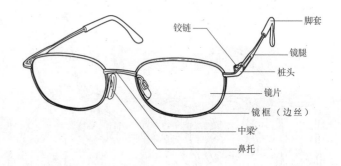

1 眼镜结构图

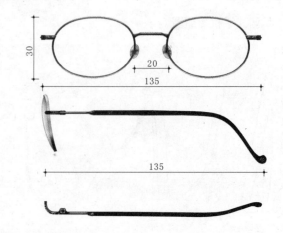

2 光学眼镜尺寸

光学眼镜 [10] 个人日常用品

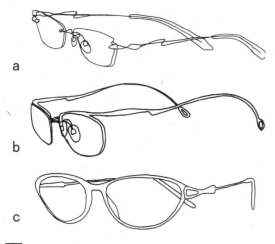

1 光学眼镜

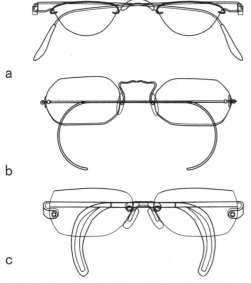

注：镜腿材料为软性塑料，全塑，无金属螺丝，方便拆卸。

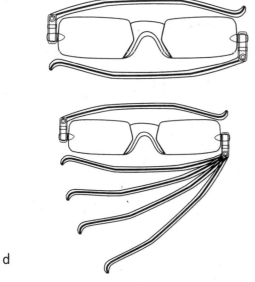

注：镜腿可旋转，便于收藏。

2 光学眼镜（无框造型）

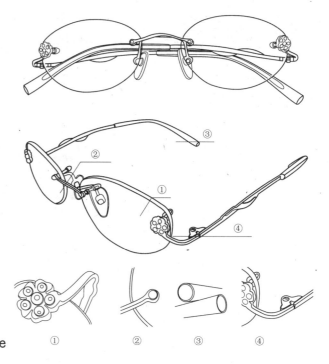

注：无框女士眼镜。尺寸：二镜脚内径：135mm，单片（长×高）：50mm×30mm。

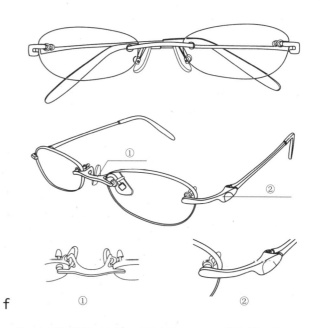

注：金属无框眼镜。尺寸：二镜脚内径：140mm，单片（长×高）：25mm×50mm。

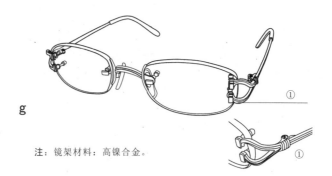

注：镜架材料：高镍合金。

135

个人日常用品 [10] 光学眼镜

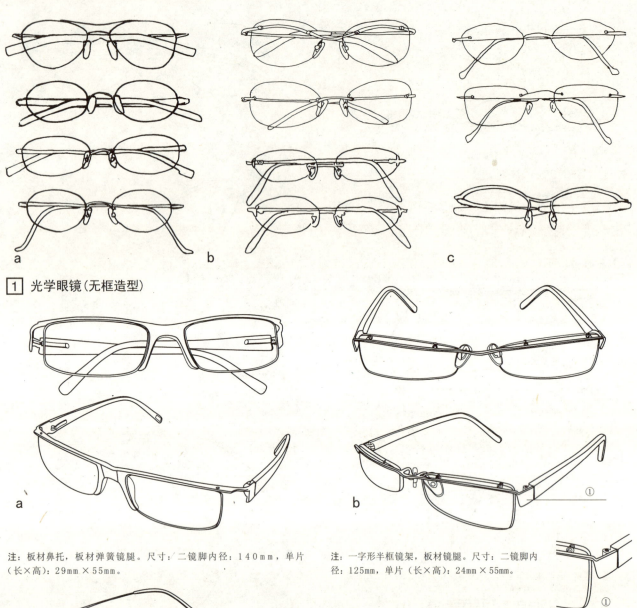

1 光学眼镜（无框造型）

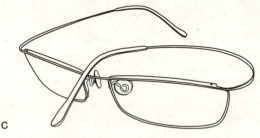

注：板材鼻托，板材弹簧镜腿。尺寸：二镜脚内径：140mm，单片（长×高）：29mm×55mm。

注：一字形半框镜架，板材镜腿。尺寸：二镜脚内径：125mm，单片（长×高）：24mm×55mm。

注：镜架材料为超弹性记忆金属，可任意弯曲。尺寸：鼻距：16mm，单片长55mm，镜腿长度145mm。

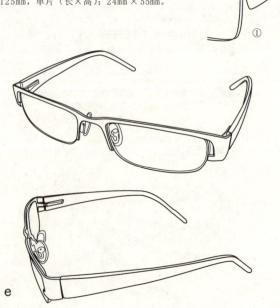

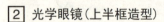

注：尺寸：二镜脚内径：140mm，单片（长×高）：28mm×54mm。

2 光学眼镜（上半框造型）

注：镜架材料为高镍合金，镜腿材料为板材。尺寸：鼻距：18mm，单片长52mm，镜腿长度140mm。

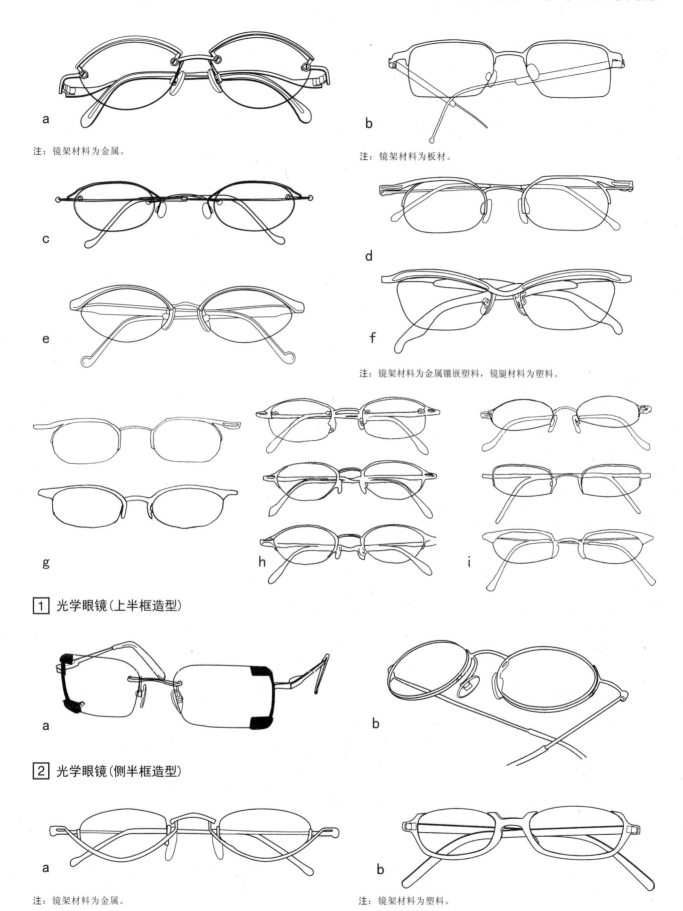

个人日常用品 [10] 光学眼镜

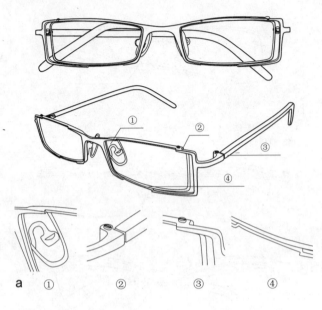

a ① ② ③ ④

注：镜腿材料为细板材。尺寸：二镜脚内径：130mm，单片（长×高）：24mm×55mm。

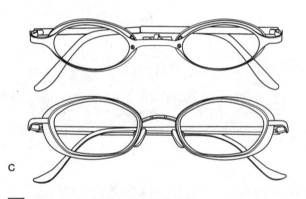

c

1 光学眼镜（全框、镜前框造型）

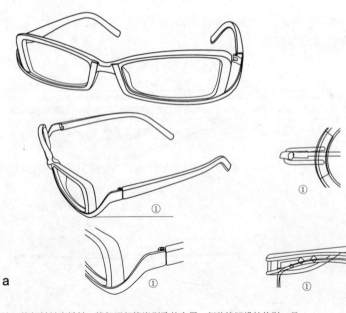

a ① ①

注：镜架材料为板材，镜架下部镶嵌别致的金属，倒装镜腿设计特别。尺寸：鼻距：18mm，单片长53mm，镜腿长度135mm。

2 光学眼镜（全框、镜中框造型）

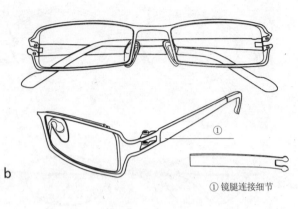

b ① 镜腿连接细节

注：运动型镜架。尺寸：二镜脚内径：130mm，单片（长×高）：26mm×60mm。

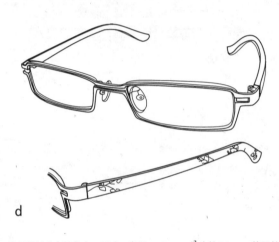

d

注：镜架材料为高镍合金。尺寸：鼻距：18mm，单片长50mm，镜腿长度138mm。

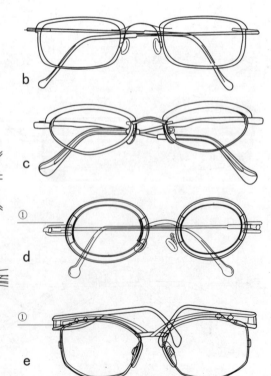

b

c

d

e

138

光学眼镜·太阳镜 [10] 个人日常用品

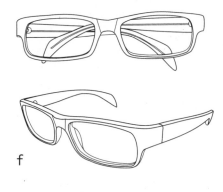

f

注：镜架材料为板材。尺寸：二镜脚内径：135mm，单片（长×高）：33mm×60mm。

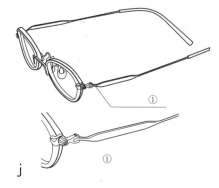

j

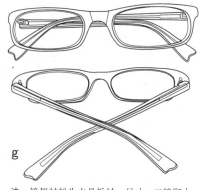

g

注：镜架材料为水晶板材。尺寸：二镜脚内径：125mm，单片（长×高）：28mm×55mm。

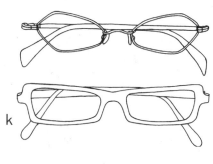

k

h

注：镜架材料为板材。尺寸：二镜脚内径：125mm，单片（长×高）：28mm×55mm。

i

注：镜架材料为高镍合金。尺寸：鼻距：18mm，单片长54mm，镜腿长度135mm。

l

[1] 光学眼镜（全框、镜中框造型）（续）

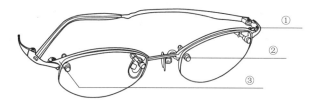

[2] 光学眼镜（全框、镜后框造型）

太阳镜

太阳镜是防止太阳光强烈刺激造成对人眼伤害的保护视力的眼镜，同时也是体现个人风格的特殊饰品。按用途可分为遮阳镜、浅色太阳镜和特殊用途太阳镜，其中特殊用途太阳镜（运动镜）指用于滑雪、爬山、海滩、赛车等情况下使用的太阳镜。

太阳镜式样较多，有大方、椭圆、六角、斜方等形式。镜片有普通塑料胶片镜片、树脂镜片及采用偏光技术的镜片。镜架有金属架、塑料架、天然有机材料架和无框架。

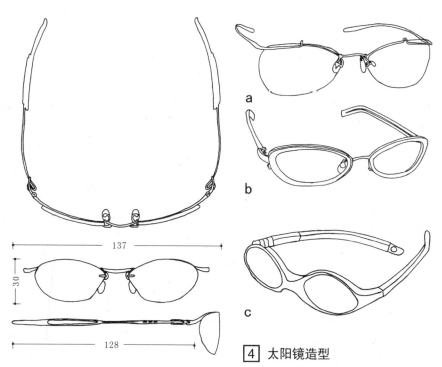

[3] 太阳镜尺寸

[4] 太阳镜造型

个人日常用品 [10] 太阳镜

1 太阳镜造型（续）

特殊用途太阳镜（运动镜）具有很强的遮挡太阳光的功能，常用于滑雪、爬山、冲浪、游泳、赛车等运动中保护眼睛。材料多为高强度防爆树脂，安全性高，不易碎裂，其抗紫外性能等指标较高。

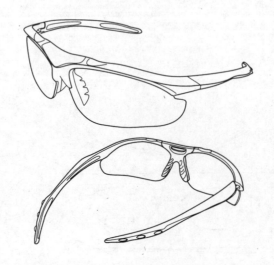

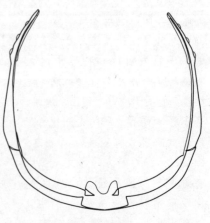

注：专业运动眼镜，镜框材料为PMCT弹性树脂，镜片材料为PC防爆材料。

2 特殊用途太阳镜造型

太阳镜 [10] 个人日常用品

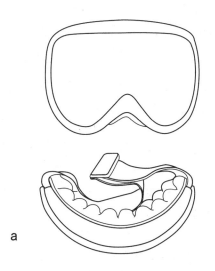

a

注：滑雪镜分为高山镜、跳台镜、越野镜、自由镜等。由于雪地上阳光反射很厉害，加上滑行中冷风对眼睛的刺激很大，所以需要滑雪镜来保护滑雪者的眼睛。滑雪镜应具备以下几个功能：第一，防止冷风对眼睛的刺激；第二，防止紫外线对眼睛的灼伤；第三，镜面不能起雾气；第四，跌倒后滑雪镜不应对脸部造成伤害。

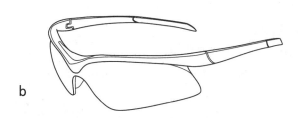

b

注：骑行眼镜，镜框材料为板材 TR90，镜片材料为 PC 宇航片。

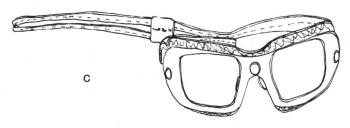

c

注：泳镜的设计应遵循人体工程学原理，要符合人体面部、头部和眼睛周围的解剖结构。一般泳镜的鼻桥、头带都能够轻松调节，以适合每个人的需要，同时泳镜要有良好的防雾性能。

1 特殊用途太阳镜造型

a

注：镜圈上半部分串珠装饰。

d

注：塑料装饰板材。

b

注：塑料板材激光雕刻花纹装饰。

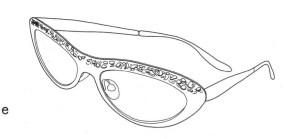

e

注：镜圈上半部分金属板材镂空装饰。

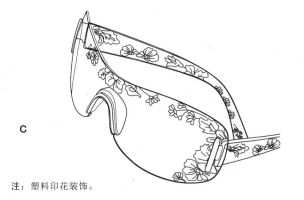

c

注：塑料印花装饰。

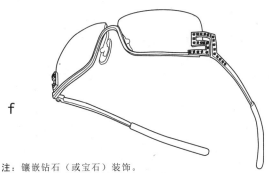

f

注：镶嵌钻石（或宝石）装饰。

2 装饰眼镜造型

个人日常用品 [10] 打火机

打火机

打火机的历史

最原始的打火机是从燧石点火衍生出来的。带强弹簧的扳机扣动时，击打在火石上产生火花，点燃树叶。

1823年德国化学家德贝莱纳在实验室发现：氢气遇到铂棉会起火。这一发现引发了他试制打火机的念头。德贝莱纳用一只小玻璃筒盛上适量的稀硫酸，筒内装一内管，内管中装入锌片，玻璃筒装一顶盖，顶盖上有喷嘴、铂棉和开关，内管中锌片与硫酸接触生成氢气。一定量的氢气产生的压力将内管中的硫酸排入玻璃筒内，打开开关时，内管的氢气冲到铂棉上起火；内管与玻璃筒内的压力重新平衡，硫酸再次进入内管，与锌片反应又产生氢气。如此世界上第一只打火机便告诞生。但它有体积大不便携带、玻璃壳易碎、硫酸溢出有危险等缺点，没能普及。

1920年法国出现了灯芯式打火机，灯芯是用硝石粉浸过的，容易被火花点燃。后来，改成将灯芯浸在苯中的苯打火机，这种打火机有时会漏燃料，且要经常更换灯芯，非常不便。

第二次世界大战后，出现气体燃料打火机，逐渐取代了苯灯芯打火机。将从天然气中提取的丁烷气压缩到打火机中。使用时，丁烷气体从打火机的顶端喷嘴喷出，由点火装置点燃，火焰的大小可通过调节喷气量来控制，丁烷气体用尽后，可从打火机底部的活门充入。

打火机的点火系统经长期改进，日益完善。老式的点火系统由火石和火石轮组成，火石是铁和铈做成的合金。机盖上铁轮锉磨击使火石产生火花。

第二次世界大战期间，弹药专家使用压电效应引爆炸弹。在炸弹的前端装上像酒石酸钾钠和一些陶瓷类的晶体，受到强力冲击时，会在瞬间产生高压电荷，引爆炸药。战后，日本成功将压电效应用在打火机上，在三、四万分之一秒内产生6000～8000 V高压，使产生的火花点燃丁烷，省去了干电池或火石。

另一类以干电池为动力点火的打火机：一、是使用9～12 V层状锰电池。打开开关时，盒内的微型变压器将电压升到9000 V，产生火花，点燃燃料。二、是打火机内装水银电池和集成电路，产生高压火花。这类打火机只要定期更换电池和补充燃料即可。

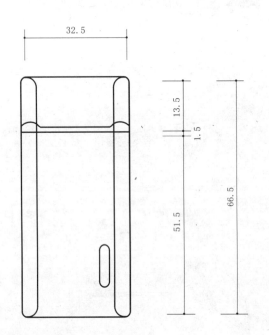 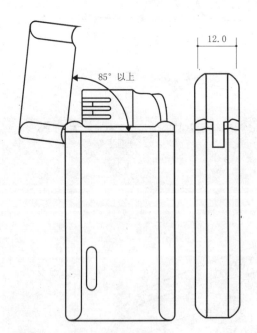

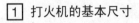
打火机的基本尺寸

一次性打火机结构简单。由机身、机头两大部分组成。机身一般由透明塑料或不透明塑料，经压膜成型，成型的机身里面可充装一定体积的"透明液体"，即液化了的丁烷气体，机头主要由打火石、打火轮、出气孔及出气孔控制开关组成。

打火机 [10] 个人日常用品

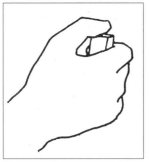

1 普通打火机的使用手型

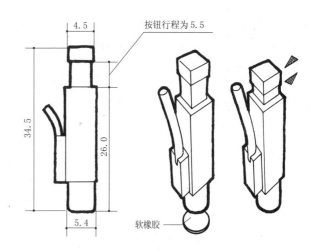

注：电子夹、在打火机内部的位置可竖直也可以水平放置。点火行程为5.5mm，导线可任意弯曲。在电子底部有一片软橡胶片，点火时可增加手的舒适感。电子点火打火机的机体厚度受电子和出火口的限制。

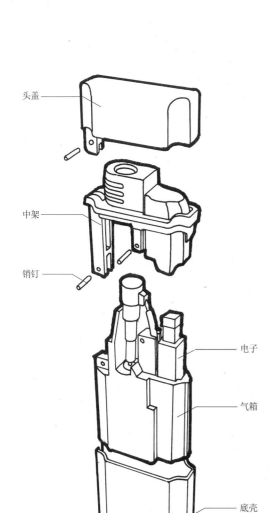

2 气体打火机结构

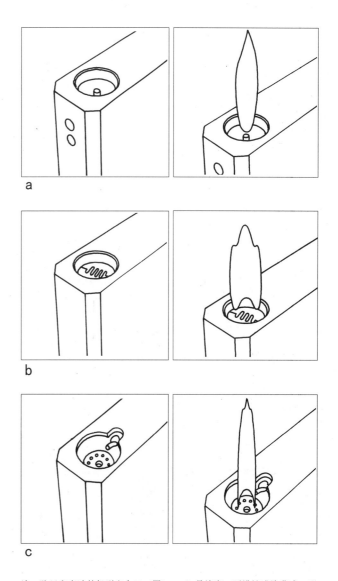

注：防风和直冲的机型出火口（图b、c）易堵塞，要设计成隐藏式。明火机型的出火口（图a）可以是外露式。出火口的直径不能小于4.5mm。必要时在出火口下部增加气孔（图a），根据头部内结构而定。

143

个人日常用品 [10] 打火机

日常生活中打火机的使用越来越广泛，款式和功能也越来越多，有仿生型、运动型、时尚型、卡通型等。从出火方式上分，有明火、防风、直冲三类；从点火方式上分，有电子点火和火石摩擦点火两类；从使用的燃料上分，有液体打火机和气体打火机两类。

一、打火机的整体造型应适合人体手形尺寸，避免锐边、锐角的出现，保证舒适的使用状态。

二、增加的附属功能，不能影响打火机的基本点火功能，不能增加生产时的组装难度。

三、打火机的材质运用多样灵活，有金属（纯铜、不锈钢、纯金银贵金属、镍合金、钛合金、锌合金）、金属与皮革组合、金属与塑料组合、塑料、陶瓷、复合材料等等。

四、打火机外壳表面处理有金属拉丝、金属磨砂（亚光）、电镀、喷漆、镶嵌、材料包裹（皮革及纺织品）、印刷、镭射、人工雕刻等等，也可以将多种处理方式进行组合。

五、在设计上还应当考虑安全性。例如加重点火的力度，以避免儿童在玩耍时，因误触开关而受伤。

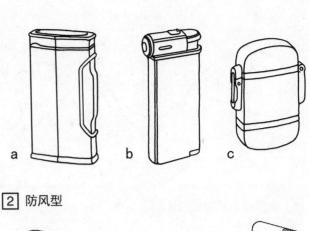

2 防风型

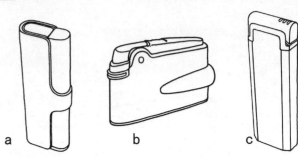

3 直冲型

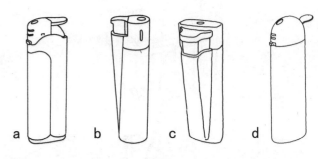

4 一次性

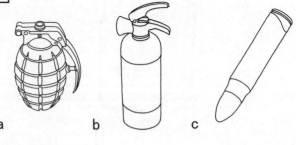

5 仿生型

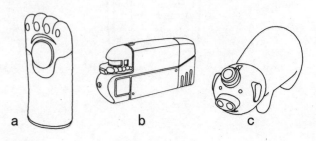

6 卡通型

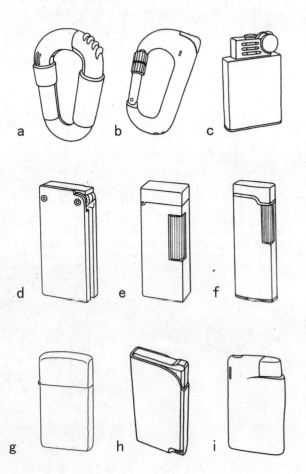

1 明火型

打火机 [10] 个人日常用品

1 半结构型

2 翻盖型

3 连体型

4 多功能型

145

个人日常用品 [10] 牙刷

牙刷

随着人们生活水平的不断提高，清洁口腔的工具也日渐增多。主要有：牙刷（普通牙刷、电动牙刷、屋形牙刷、牙缝刷等）、牙膏、牙线、牙签、漱口水等等。

牙刷，按照它的使用人群，又可分为成人牙刷和儿童牙刷。

一、牙刷的组成分3个部分：刷头（方形、菱形、梯形、椭圆形、钻石形）、刷毛（平整形、波浪形或V形）、刷柄（直柄、曲柄、弹性手柄、防滑手柄）。

二、刷头与刷柄材料丰富多样，有PP、PC树脂、塑料、木质、金属与塑料组合、复合材料、以及多种材料组合等等。表面处理有：喷漆、镶嵌、金属磨砂（亚光）、电镀、材料包裹等等。

三、单头牙刷的刷头较细小。屋形牙刷的刷头设计为三个刷头合而为一。牙缝刷的刷头设计为不同大小的刷头适用于不同宽度的牙缝。

四、儿童牙刷刷头较小，适合儿童口腔。外型通常设计成卡通造型，配上鲜艳的色彩。

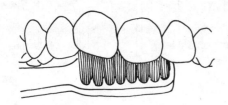

注：刷头大小以牙刷横放，刷头放在门牙约二～三颗牙距内为适合大小。0～2岁用刷头为15mm，2～6岁用刷头为19mm，6～12岁用刷头为22mm，12岁以上用刷头为25mm。

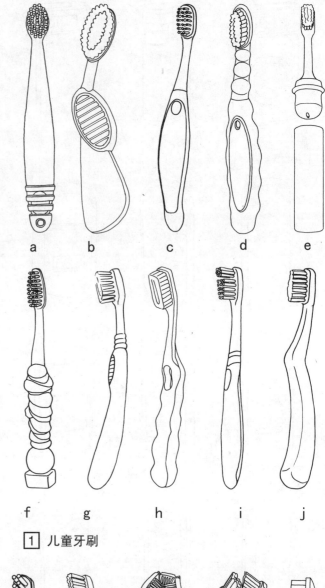

a　b　c　d　e

f　g　h　i　j

1 儿童牙刷

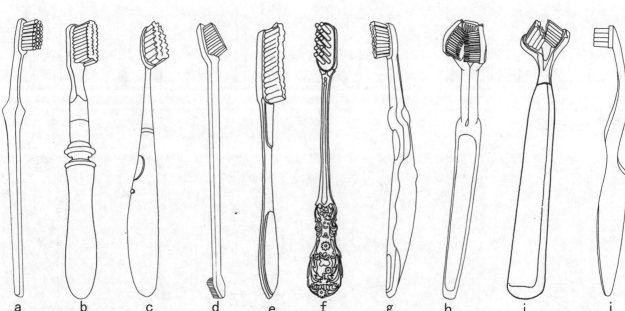

a　b　c　d　e　f　g　h　i　j

2 普通牙刷（普通牙刷刷头一般有2～4排刷毛，每排5～12束，牙刷头前端为圆钝形。）

牙刷 [10] 个人日常用品

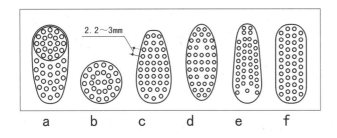

1 普通牙刷刷毛的几种排列方式-正面

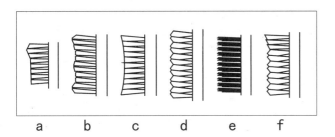

2 普通牙刷刷毛的几种排列方式-侧面

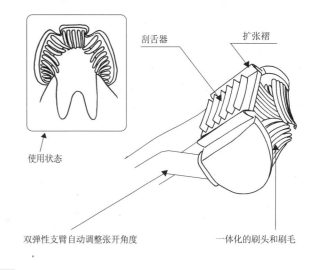

4 屋形牙刷的结构和特点

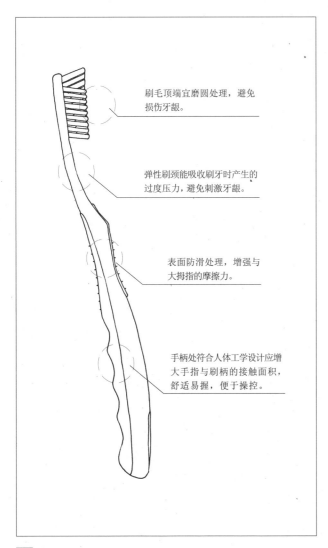

3 普通牙刷的结构

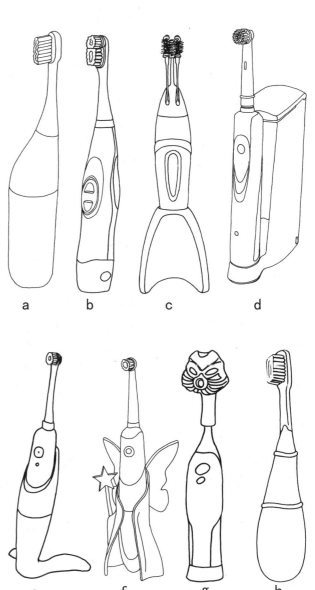

5 电动牙刷

147

个人日常用品 [10] 牙刷·牙线

为了方便、节约，很多成人用电动牙刷都采用刷头与刷柄分体式设计，以便于经常更换刷头。电动牙刷刷头转动方式有：刷头左右前后摆动、每束独立刷毛自动旋转、整个刷头左右摆动（电动牙刷一定要具有良好的密封性，以便延长机体寿命）。

儿童电动牙刷的设计：刷头与刷柄采用一体化设计增强安全系数。通常带有定时装置。不刷满两分钟，牙刷不会停，这也有助于儿童充分清洁牙齿。

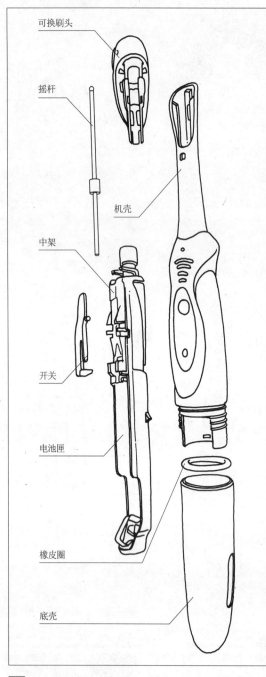

1 电动牙刷结构图

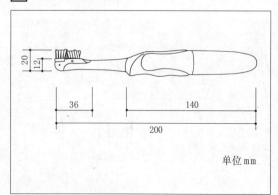

2 电动牙刷基本尺寸

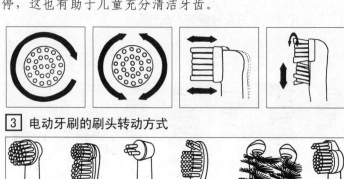

3 电动牙刷的刷头转动方式

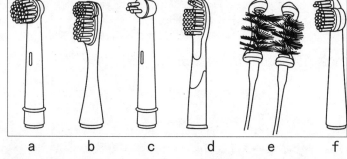

4 电动牙刷的几种刷头类型

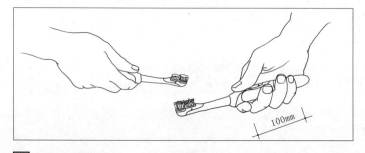

5 电动牙刷的持握

牙线

即洁齿线，多用棉、麻、丝、尼龙或涤纶制成，用于去除牙齿上的食物残渣和牙菌斑。一般分为含蜡和不含蜡两种，也有含香料或含氟的。好的牙线外形为扁宽带状，这样一不会增宽牙缝，二可增大与牙缝的接触面积。使用时，可直接用手指执线，也可用执线器，即牙线器来操作。

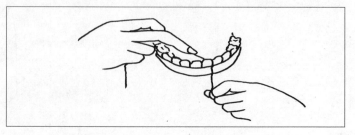

6 普通牙线的使用状态

牙线·牙签 [10] 个人日常用品

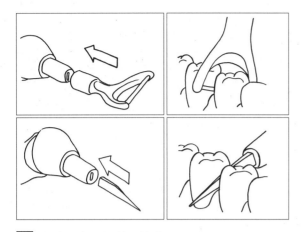

1 电动牙线器的多用接头

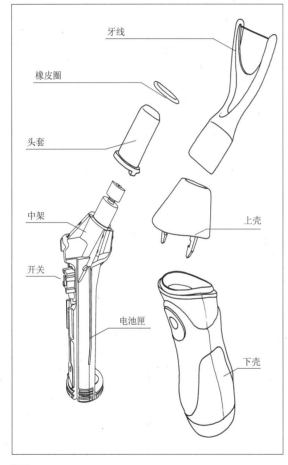

2 电动牙线器结构图

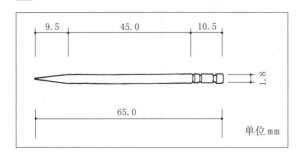

3 牙签的基本尺寸

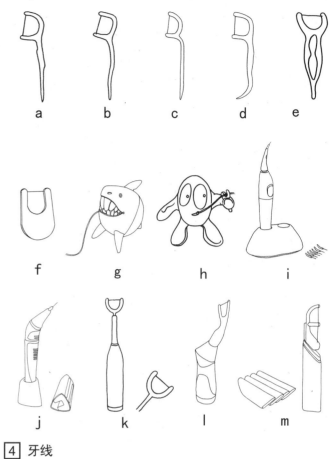

4 牙线

牙签

牙签，是一种重要的口腔卫生工具，有超过2000年的历史。它体积细小，制作材料通常是木材、竹子，也有塑料和金属，或者是多种材料组合。

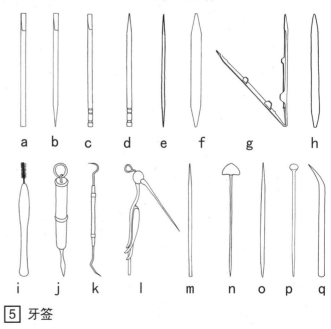

5 牙签

149

个人日常用品 [10] 手动剃须刀

剃须刀从使用方式分，可分为湿式剃须刀（传统手动剃须刀，也称刮胡刀）和干式剃须刀（电动剃须刀）两种。现代技术的发展，一些电动剃须刀也能配合爽肤乳液使用了。

手动剃须刀

手动剃须刀的优势是剃须比较彻底，缺点是比较耗时，刀片对皮肤刺激较大，往往需要使用剃须乳液等辅助产品，而且使用不当会伤害皮肤（剃须部位长有青春痘的皮肤不宜采用手动剃须刀）。

手动剃须刀的使用过程：
一、清洗剃须刀和双手，把面部（尤其是胡须所在部位）洗干净。
二、在脸上拍点温水，这样可以让毛孔张开些，也可以让胡须软化，然后用剃须乳液或剃须膏产品涂在须上（这样是为了减少刀片对胡须的刺激），等待2～3分钟以后，再开始剃须。
三、刮胡须的步骤通常是从左右两边的上脸颊开始，然后是上唇的胡子，接着是脸上的棱角部位，一般的原则是从胡须最稀疏的部位开始，最浓密的部位放在最后。
四、刮完之后，用温水洗干净，轻轻拍打刮后部位，用毛巾吸干水分，不要用力摩擦，然后可以使用不含酒精成分的保养乳液或含有滋润配方的须后膏涂抹。
五、使用后把刀片冲洗干净，放在通风处晾干，为避免细菌滋生，应定期换刀片，用水冲洗后，也可在酒精中浸泡一下。

手动剃须刀的设计主要在刀头的贴面舒适度、安全性、刀片更换的便利性上做充分考虑。手柄的设计要有一定的角度（与刀头），并注意手柄的防滑处理。

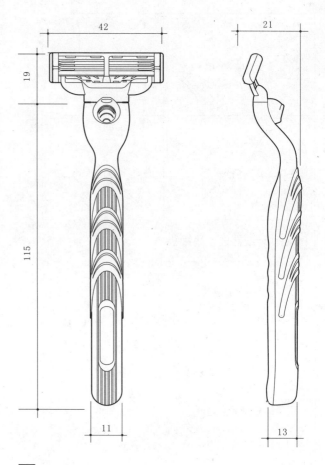

[2] 手动剃须刀的一般尺寸

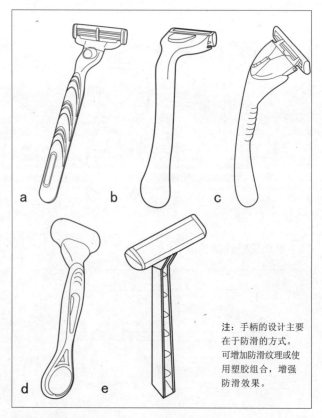

注：手柄的设计主要在于防滑的方式。可增加防滑纹理或使用塑胶组合，增强防滑效果。

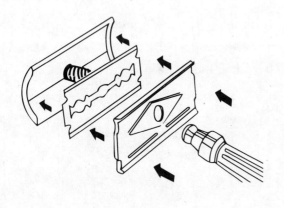

[1] 传统手动剃须刀的刀头结构

[3] 手动剃须刀造型

电动剃须刀

电动剃须刀一般有"往复振荡式"和"中心旋转式"两种工作方式。

电动剃须刀的设计要点：

一、整体光滑易于清洁，禁止出现明显的孔隙。
二、把手的持握舒适、灵活，适合人的手型。
三、电器部分应紧凑密封，最好有防水结构设计。
四、开关位置操作方便、灵活，最好有开关锁定装置。
五、刀头的拆卸结构简单合理，定位清晰，易于操控，刀头拆装指示清晰，语意明确。

往复振荡式剃须刀

往复振荡式剃须刀，刀头在往复运动中不断加、减变速，噪声和振动都较大。网膜很薄，能深入面部剃须，因而剃须效果较好，但网膜较易损坏。其振动方式利于皮肤的按摩。

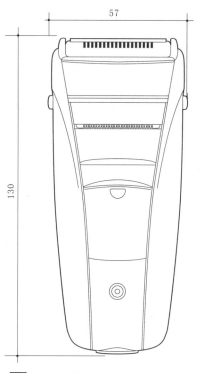
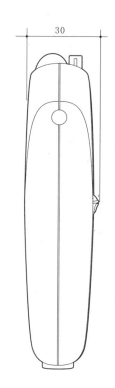

② 往复振荡式剃须刀一般尺寸

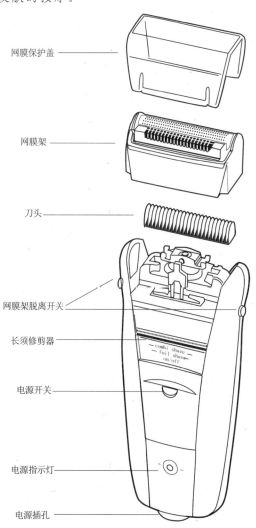

① 往复振荡式剃须刀一般结构

取下网膜保护盖

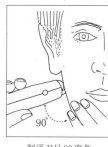
剃须刀呈90度角紧贴脸颊皮肤剃须

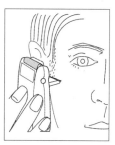
用长须修剪器修剪鬓发和长须

③ 往复振荡式剃须刀使用方式

取下网膜

去除网膜上胡渣

用清洁刷清洗刀头

取下刀头

用清洁液清洗刀头

润滑网膜

④ 往复振荡式剃须刀清洁方式

个人日常用品［10］电动剃须刀

1 往复振荡式剃须刀造型一

电动剃须刀 [10] 个人日常用品

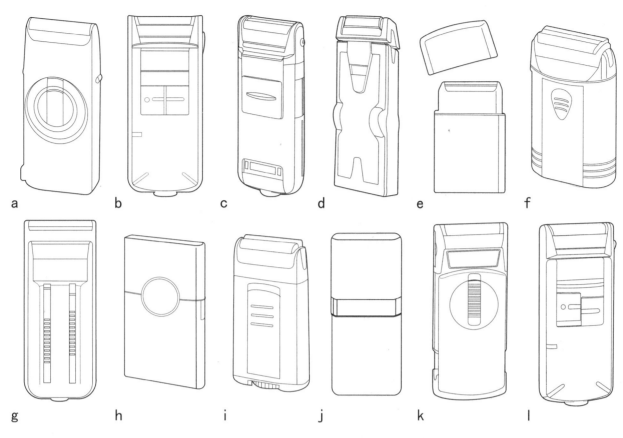

a　　b　　c　　d　　e　　f

g　　h　　i　　j　　k　　l

1 往复振荡式剃须刀造型二

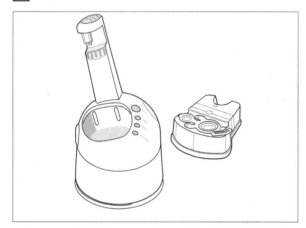

2 往复振荡式剃须刀附件

中心旋转式剃须刀

　　中心旋转式剃须刀，使用时刀头以轴为圆心，不停地作圆周旋转运动，操作时较安静、振动小，不会拉扯胡须，剃须感受较为舒适。一些剃须刀的刀头还具有自动研磨功能，使得刀头能长期保持锋利，多刀头的设计使其更为贴合面部曲线，剃须效果更佳。但其网罩稍厚，对浓密胡须的剃须效果稍差。旋转式剃须刀一般分单刀头、双刀头和三刀头三种。

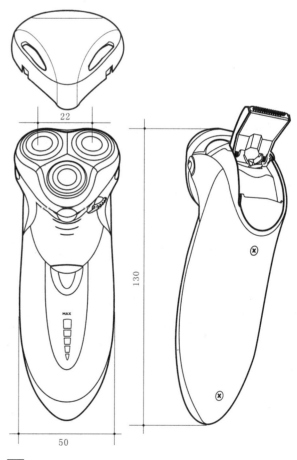

3 中心旋转式剃须刀外部结构

个人日常用品 [10] 电动剃须刀

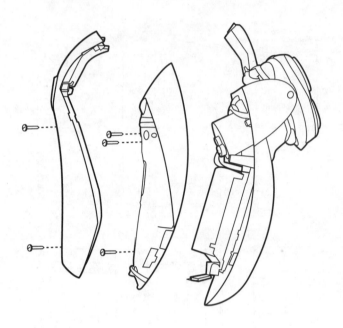

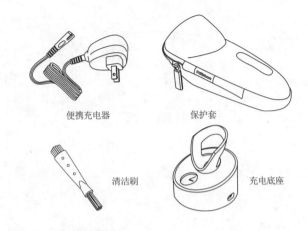

便携充电器　　保护套

清洁刷　　充电底座

4 中心式旋转式剃须刀附件

1 中心旋转式剃须刀内部结构

2 中心旋转式剃须刀刀头结构

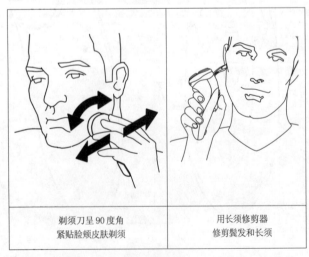

剃须刀呈90度角　　用长须修剪器
紧贴脸颊皮肤剃须　　修剪鬓发和长须

3 中心旋转式剃须刀使用方式

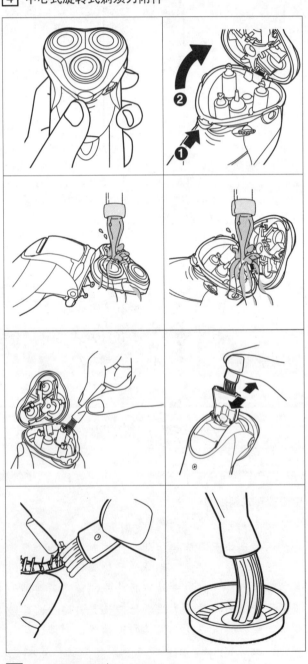

5 中心旋转式剃须刀清洁方式

电动剃须刀 [10] 个人日常用品

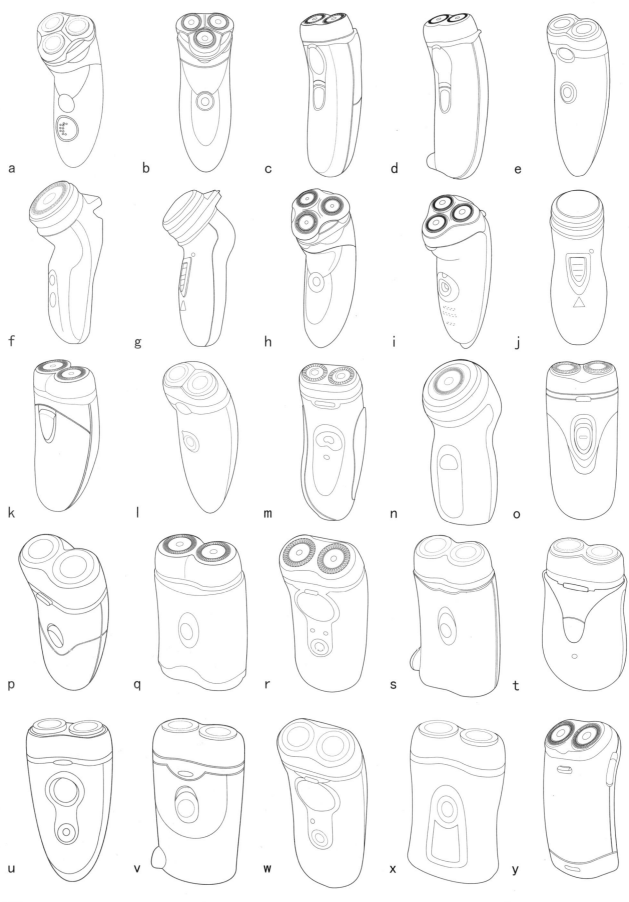

1 中心旋转式剃须刀造型

个人日常用品 [10] 理发推剪

理发推剪

理发推剪可以分为手推剪和电推剪两类，前者是手动理发的常用工具，是最早出现的推剪，现在已不多见；后者可以分为干电池式、带线式、充电式等几种，其中充电式电推剪越来越受人们的欢迎，其市场前景也越来越广阔。目前市场上电推剪款式很多，但其外部的材质和内部结构存在问题：噪声大、发热快、刀齿不锋利、震动厉害。设计时应尽量避免这些问题。

一、电推剪使用时是与人的头部直接接触的电动器具，因此，对其电气性能要求特别严格，绝缘必须良好可靠，不应有漏电现象。

二、电推剪是用手握操作的，其主机体大小必须适合人的手形尺寸。

三、刀头的设计要考虑到安装与拆卸的方便性。

四、塑料和电镀零件表面要色泽鲜艳光洁，无麻点、斑纹、气泡、变形等现象。

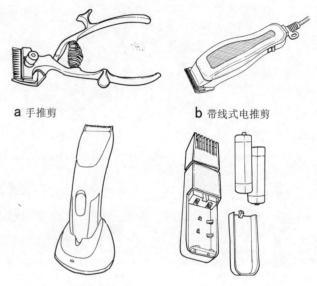

a 手推剪　　b 带线式电推剪

c 充电式电推剪　　d 干电池式电推剪

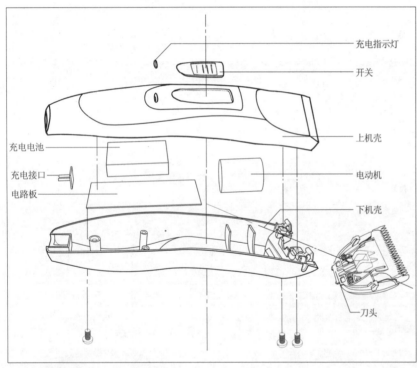

[1] 常用电推剪的基本结构

注：刀头的基本结构。

手 推 剪	电 推 剪	
专门用于修剪头发，是手动理发的常用工具 规格： 刀片硬度：碳钢、渗碳钢为HRC58-HRC64，不锈钢为大于HRC56 把手挡开部位内最大宽度(mm)　　70±5 推剪合拢时所需静压力(N)　　≤25	适用理发和类似理发的美容美发工具，是理发行业必备的用具之一 规格： 有电磁振动式(Z)和电动机式(D) 刀片硬度(HRC)：碳钢58～64；不锈钢≥55 额定频率(Hz)：50	额定往复次数应不小于1700次/min 额定电压(V)：24, 36, 220 额定功率(W)：12(Z式), 5(D式)

[2] 推剪的规格

理发推剪 [10] 个人日常用品

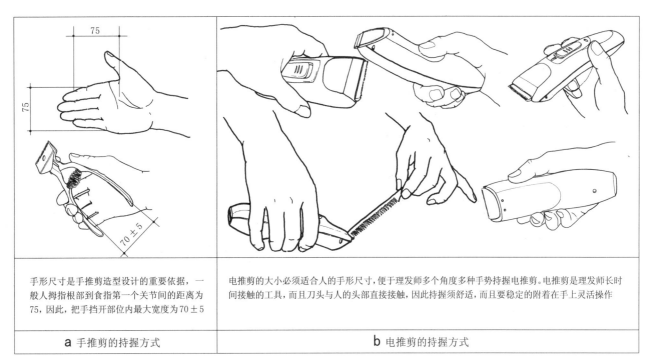

a 手推剪的持握方式

手形尺寸是手推剪造型设计的重要依据，一般人拇指根部到食指第一个关节间的距离为75，因此，把手挡开部位内最大宽度为70±5。

b 电推剪的持握方式

电推剪的大小必须适合人的手形尺寸，便于理发师多个角度多种手势持握电推剪。电推剪是理发师长时间接触的工具，而且刀头与人的头部直接接触，因此持握须舒适，而且要稳定的附着在手上灵活操作。

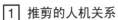
1 推剪的人机关系

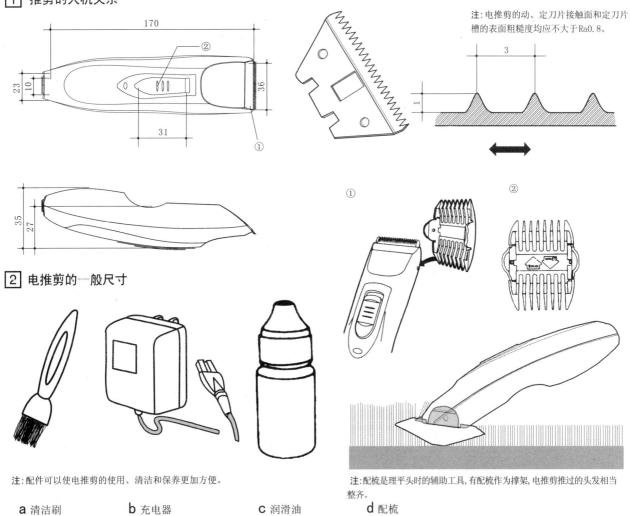

注：电推剪的动、定刀片接触面和定刀片槽的表面粗糙度均应不大于Ra0.8。

2 电推剪的一般尺寸

注：配件可以使电推剪的使用、清洁和保养更加方便。

注：配梳是理平头时的辅助工具，有配梳作为撑架，电推剪推过的头发相当整齐。

a 清洁刷　　　b 充电器　　　c 润滑油　　　d 配梳

3 电推剪的配件

157

个人日常用品 [10] 理发推剪

启动性能	符合 GB4706.9 和 GB4706.16 中第 9 章外，增加下述内容：干电池式电推剪对电机端子施加等于每个电池为 1.0V 的直流电压时能顺利启动；电磁振动器驱动的交流式电推剪在 0.85 倍的额定电压下应能顺利启动
额定往复次数	电推剪的额定往复次数应不小于 1700 次/min
刀片硬度 (HRC)	碳钢 58～64；不锈钢 ≥ 55
粗糙度	电推剪的动、定刀片接触面和定刀片槽的表面粗糙度均应不大于 Ra0.8，其他表面应不大于 Ra1.6
锋利度	每齿间均能剪断 32 支棉纱 10 根，允许根部略带毛
噪　声	电推剪工作时应运行平稳，不得有杂音，声功率级噪声应不大于 80dB
电源开关	电源开关的使用寿命：电源开关经 5000 次操作后，应能继续使用
连接电源用插脚	插脚推出后，插脚的前端承受 60N 的压力时，不缩进或产生异常现象；插脚经 2000 次推出和缩进后，应不产生异常并完全导通
外观要求	塑料和胶木零件表面应色泽均匀，鲜艳光洁，无气泡、碎裂、缺粉、麻点和明显缩形等缺陷 金属零部件(除上下刀片外)表面应有防腐蚀保护层，镀层必须光滑细密，不得有斑点(但允许有不明显的水渍和污点)、麻点、针孔、气泡、脱壳和露底等现象 漆膜色泽鲜艳光亮，不应有起层、剥落、开裂等现象 定刀片背槽应垂直清晰，无缺口，齿距均匀，齿间应光滑、圆润，无毛刺，表面应无明显划痕和黑斑

1 电推剪制造技术要求

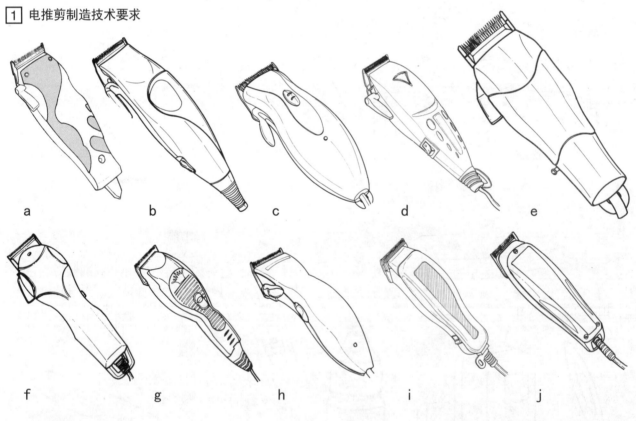

a　　b　　c　　d　　e

f　　g　　h　　i　　j

2 带线式电推剪造型

注：设计带线式电推剪时要特别注意电源线的长度，合适的长度会给理发师带来很大的方便。

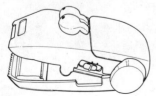

3 儿童电推剪造型

注：儿童电推剪是专门为儿童设计的，一般都带有储屑盒，剪后发屑尽收其内，避免发屑刺痒宝宝。

理发推剪 [10] 个人日常用品

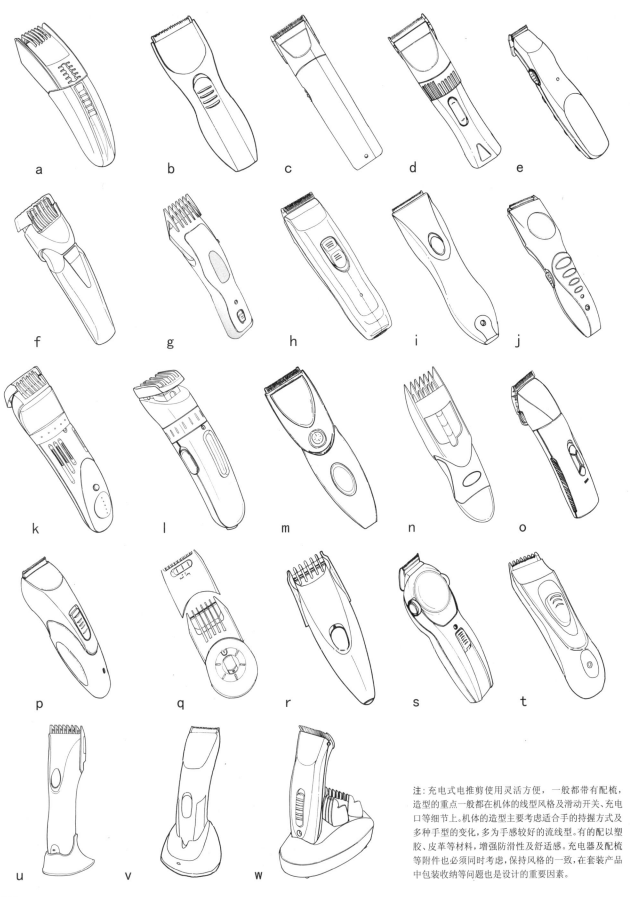

注：充电式电推剪使用灵活方便，一般都带有配梳，造型的重点一般都在机体的线型风格及滑动开关、充电口等细节上。机体的造型主要考虑适合手的持握方式及多种手型的变化，多为手感较好的流线型。有的配以塑胶、皮革等材料，增强防滑性及舒适感。充电器及配梳等附件也必须同时考虑，保持风格的一致，在套装产品中包装收纳等问题也是设计的重要因素。

1 充电式电推剪造型

个人日常用品 [10] 理发刀·理发剪、削发剪·理发梳

理发刀

理发刀是在理发的过程中用于剃须和修面的工具。由于刀刃异常锋利，必须是折叠可收，刀尖部分必须是圆形钝口。为保证操作的灵活性，一般为细长型且不宜过长。理发刀的用材一般有全钢理发刀、夹钢理发刀。

规格　硬度：合金钢为HV713~HV856，不锈钢≥HV688
　　　型号：FDQ系列、FDJ系列

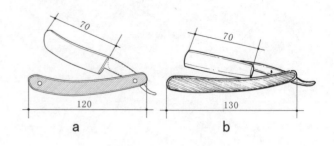

[1] 常用理发刀的尺寸

理发剪、削发剪

理发剪在塑造发型过程中，用作修剪头发之用，是理发过程中非常重要的工具。按形状分有尾式（Y）和无尾式（W），前者常见，使用时尾部有梳理挡护的功能。理发剪的刃口部分较长，利于修剪头发。由于剪发用力强度不高，持握手柄一般有两指或三指套握。套孔不宜过大，否则剪刀不贴手，影响使用的灵活性。理发剪的尖部也必须是钝口。

规格　硬度：碳钢为HRC56~HRC62，不锈钢为≥HRC52
　　　型号：FJY系列、FJW系列

削发剪在美发过程中用以剃疏浓发以及修剪造型的特制剪刀。按形状分有尾式（Y）和无尾式（W），削发剪在使用方式上与理发剪相近，剪齿的齿间间距一般为2~3mm，等距分布。

规格　硬度：碳钢为HRC56~HRC62，不锈钢为≥HRC52
　　　型号：FXY系列、FXW系列

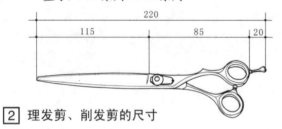

[2] 理发剪、削发剪的尺寸

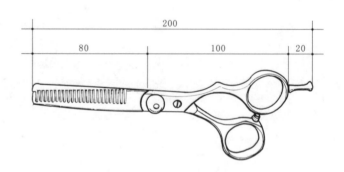

理发梳

在理发过程中用以理顺头发以及辅助电推剪、理发剪和削发剪修剪造型的理发配套工具。

[3] 理发梳的一般尺寸

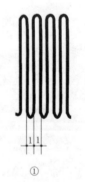

注：理发梳不仅要能够轻松理顺头发，还要能够将头发提起，因此理发梳的齿宽和齿间距不应太大或太小。

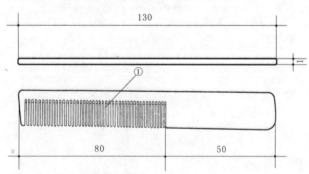

[4] 理发梳的持握方式

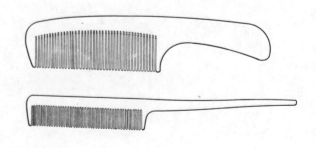

[5] 常用理发梳

脸部上妆用品

脸部上妆是化妆过程中非常重要的步骤，上妆工具主要有粉扑、腮红刷、眼影棒、唇刷。主要功能是：擦粉底、刷腮红、涂眼影、勾唇线。现在的脸部上妆工具功能趋向于多样化，例如腮红刷不仅可以刷腮红，还可以在脸部提亮高光。

擦	刷	涂	勾
使用粉底海绵擦粉底，使用时在脸部上涂上粉底液，在脸部轻轻擦拭即可	在脸颊处用腮红刷刷腮红，用腮红刷还可以在脸部提亮高光	在眼部涂眼影，用眼影棒在眼皮上轻轻地涂抹即可	用狼毫制小刷子蘸化妆唇彩，在嘴唇上轻抹，勾出唇线

1 脸部上妆工具的功能

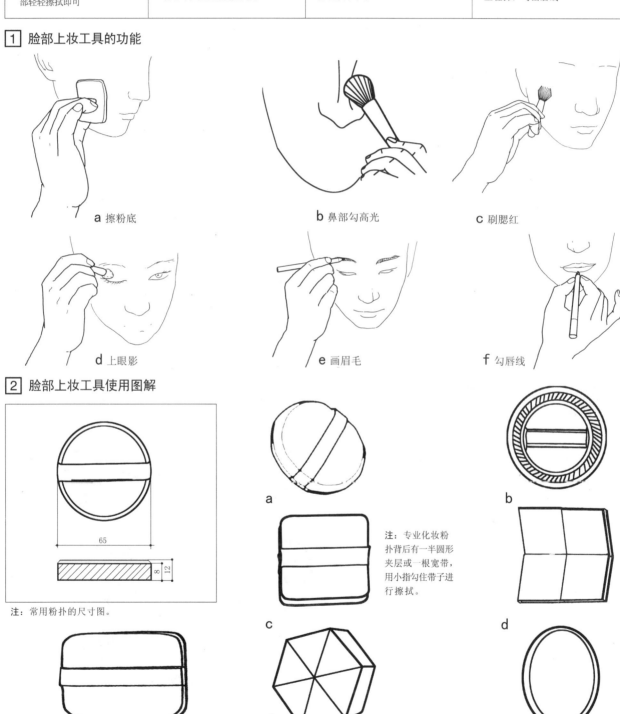

a 擦粉底　　b 鼻部勾高光　　c 刷腮红
d 上眼影　　e 画眉毛　　f 勾唇线

2 脸部上妆工具使用图解

注：常用粉扑的尺寸图。

注：专业化妆粉扑背后有一半圆形夹层或一根宽带，用小指勾住带子进行擦拭。

3 各类粉扑的造型

个人日常用品［10］脸部上妆用品

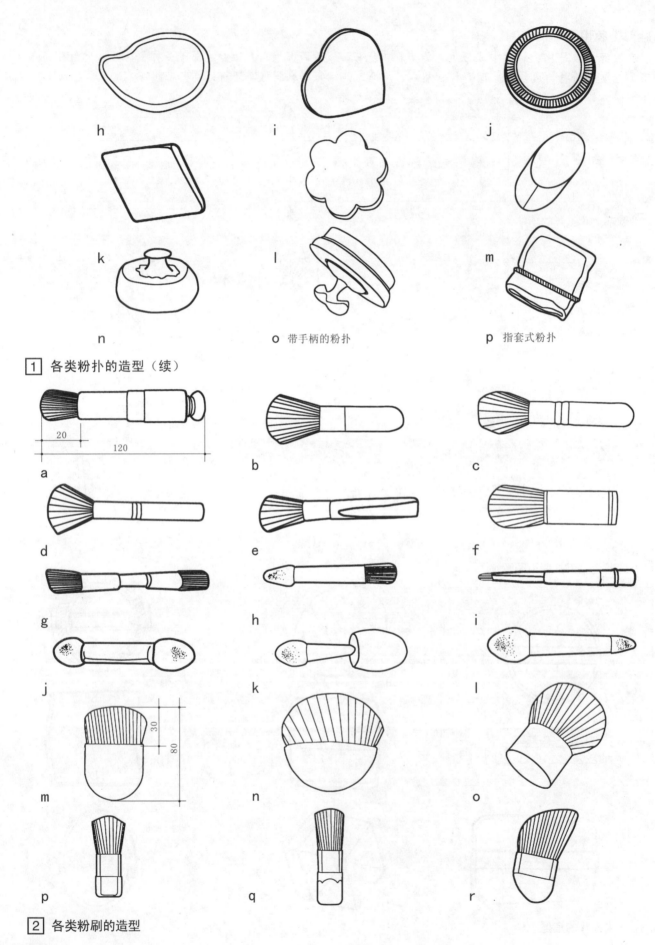

o 带手柄的粉扑　　p 指套式粉扑

1 各类粉扑的造型（续）

2 各类粉刷的造型

眼部化妆工具

眼部化妆工具主要有睫毛夹、眉钳、眉刷和修眉刀。它们是眼部化妆的重要工具，功能各异。睫毛夹是使睫毛卷曲上翘的工具。眉钳是拔除多余的眉毛，修整眉型的。眉刷是用来理顺眉毛，以及刷去脏物的。修眉刀是用来修刮眉毛，使眉毛修出各种造型。

拔	修	刷	夹
用眉钳精确拔除多余的眉毛	用修眉刀刮去多余的眉毛，修出眉形	修剪眉毛后，使用眉刷可以理顺杂乱的眉毛	利用外加的压力使睫毛变弯，达到上翘的效果

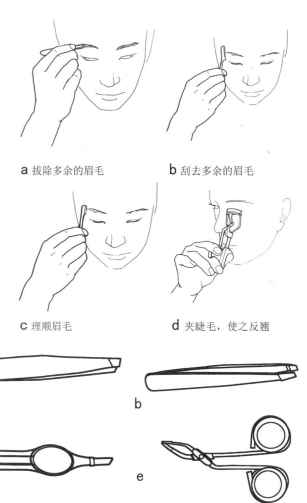

a 拔除多余的眉毛　　b 刮去多余的眉毛

c 理顺眉毛　　d 夹睫毛，使之反翘

1 眼部各化妆工具的使用功能

2 各种眉钳的造型

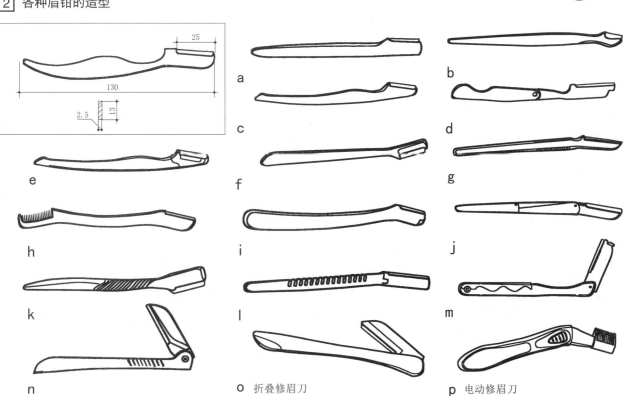

o 折叠修眉刀　　p 电动修眉刀

3 各种修眉刀的造型

个人日常用品 [10] 眼部化妆工具

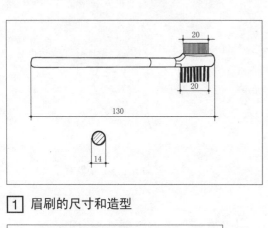
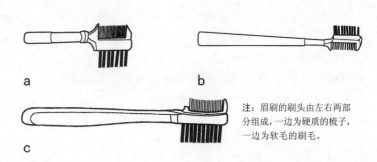

注：眉刷的刷头由左右两部分组成，一边为硬质的梳子，一边为软毛的刷毛。

[1] 眉刷的尺寸和造型

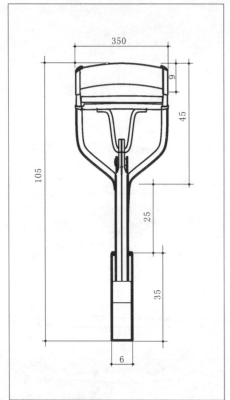

[2] 睫毛夹的尺寸图

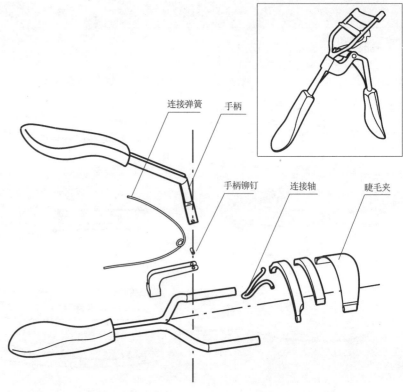

[3] 睫毛夹的组成部件

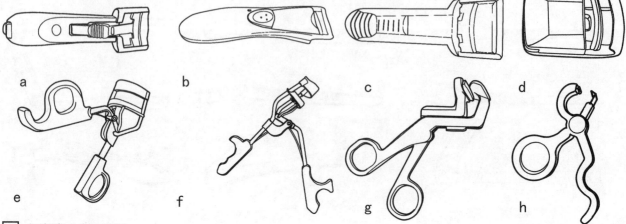

[4] 各类睫毛夹的造型

美甲工具

美甲工具主要有修剪器、打磨器、去除根部死皮的工具、以及清洁指甲缝隙的小工具,它们的主要功能是:修剪较长的指甲;打磨指甲;去除死皮;抠去指甲缝隙内的脏物。这些美甲工具既有功能单一的,也有多功能组合的。

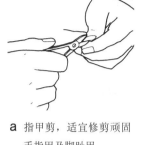

a 指甲剪,适宜修剪顽固手指甲及脚趾甲

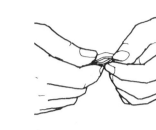

b 指甲钳,修剪指甲四周

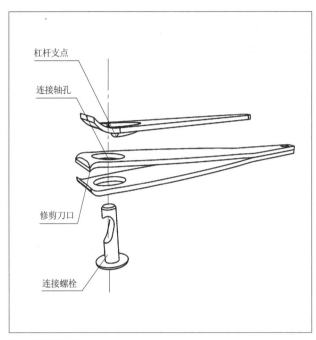

注:常用指甲钳结构。

c 指甲锉,手动打磨指甲

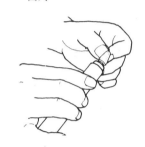

d 电动打磨指甲

注:电动打磨与手动打磨功能相同

e 细指甲锉,精细修磨指甲表面

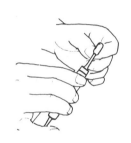

f 精细打磨指甲表面

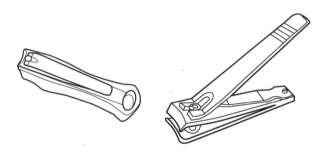

[1] 常用指甲钳

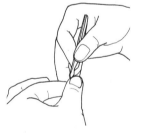

g 带锋利刀刃的镊子,去除多余表皮

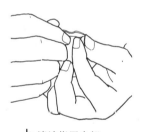

h 清洁指甲内部

美甲工具的使用功能分解表

剪	粗磨	细磨	饰磨	切	抠
在美甲过程中主要完成修剪的功能,指甲钳的刀口能适应不同尺度及软硬的指甲	在美甲过程中主要完成初步打磨的功能,工作区表面有沙砾,用于打磨修剪好的指甲	在美甲过程中主要完成细磨的功能,在粗磨之后,更加细致地打磨指甲表面	工作区表面有更细的沙砾,便于在细磨后抛光,使指甲表面更光滑,更光亮	带有凹槽设计的刀头,更容易切除指甲根部凸起的死皮	圆滑的三角头部,便于抠除指甲缝隙的脏物,且不易损伤手指

[2] 各种美甲器的功能

个人日常用品 [10] 美甲工具

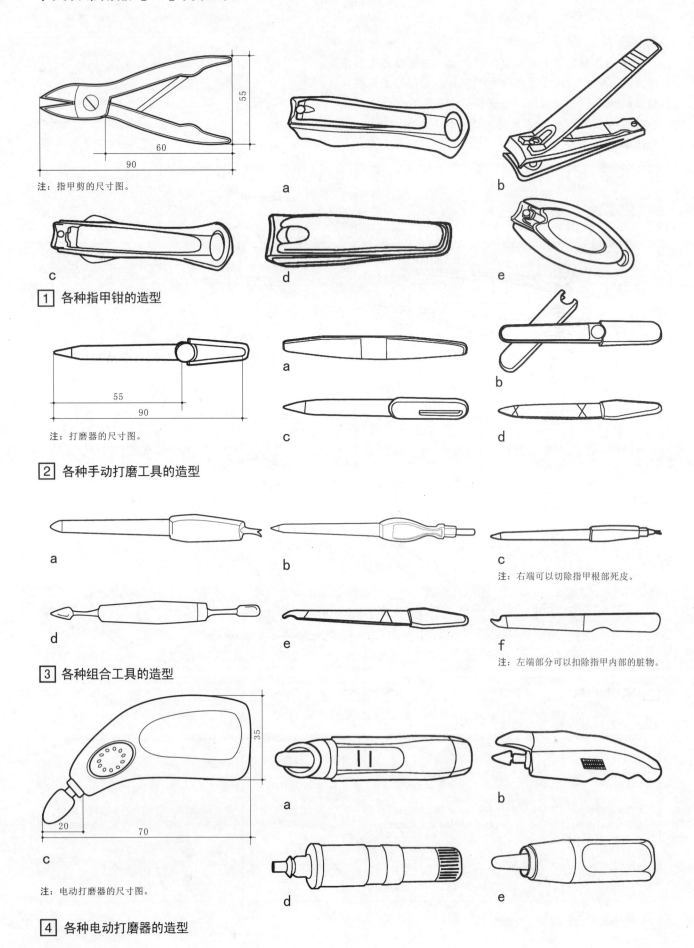

注：指甲剪的尺寸图。

1 各种指甲钳的造型

注：打磨器的尺寸图。

2 各种手动打磨工具的造型

注：右端可以切除指甲根部死皮。

注：左端部分可以扣除指甲内部的脏物。

3 各种组合工具的造型

注：电动打磨器的尺寸图。

4 各种电动打磨器的造型

其他类化妆工具

其他类化妆工具包括剃毛器、脚皮锉、分趾器、刮舌器、指甲烘干机、梳妆镜等。该类化妆工具种类较多，功能、形态、结构、材料、工艺等方面都各具特色。其中脚皮锉大都是木材和粗细砂构成；分趾器大多是泡沫塑料，质感较软；刮舌器一般是塑料或不锈钢制成；梳妆镜的边框多是塑料和金属材料构成，这类化妆工具设计的重点在形状的变化和对其特殊功能的开发上。

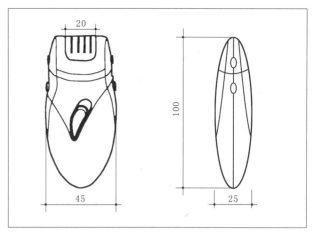

[2] 剃毛器的尺寸

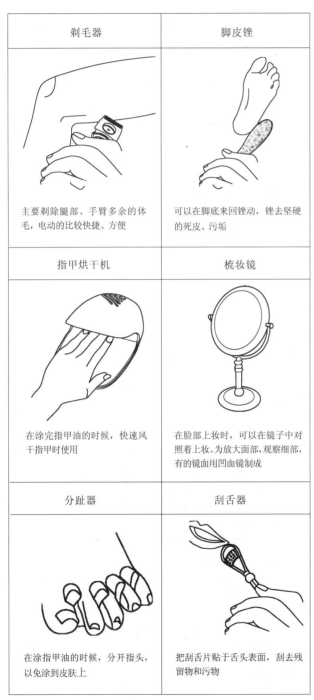

[1] 其他各类化妆工具的功能

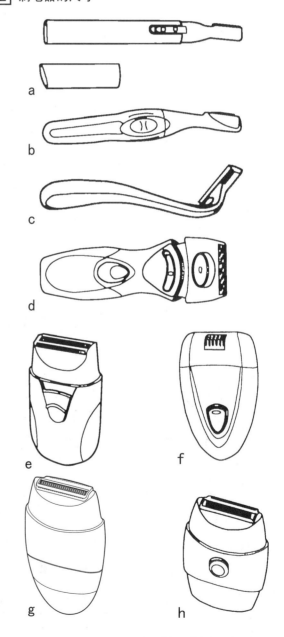

[3] 剃毛器的造型

注：剃毛器的基本形式和构造和电动剃须刀相似。参阅"电动剃须刀"。

个人日常用品 [10] 其他类化妆工具

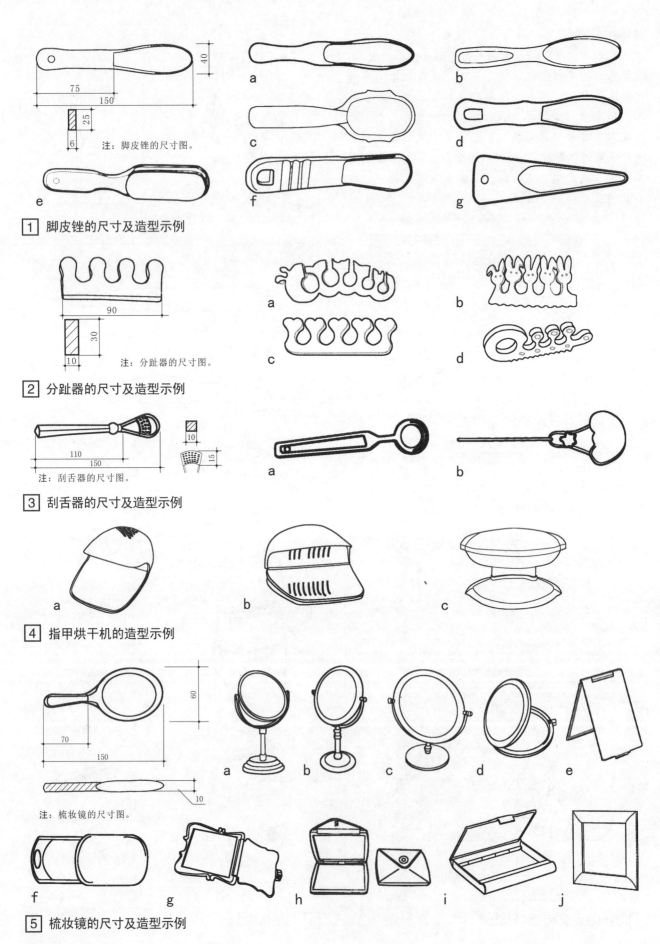

1 脚皮锉的尺寸及造型示例

2 分趾器的尺寸及造型示例

3 刮舌器的尺寸及造型示例

4 指甲烘干机的造型示例

5 梳妆镜的尺寸及造型示例

化妆包、化妆箱 ［10］个人日常用品

化妆包、化妆箱

　　化妆包、化妆箱都是用于盛装化妆工具的。化妆包较小便于随身携带，而化妆箱体积较大，一般是放在家中，或是专业化妆人员携带。小体积化妆包用于存放日常化妆用品，常使用装饰性强的面料制作，并用花边、缎带、珠子等装饰。大体积化妆包用于存放日常化妆用品和护肤品，内有专用格档以便分区放置不同物品，此类化妆包一般用硬性材料制成，装饰简单造型多样，有提把和背带，独立使用。

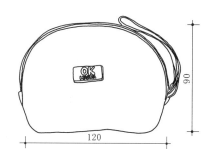

③ 化妆包的基本尺寸

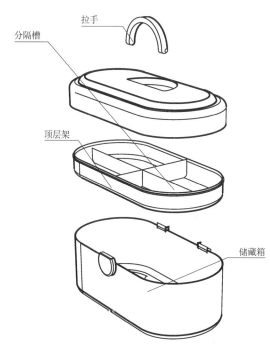

① 化妆箱的构造

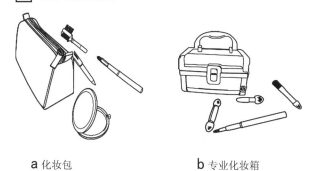

a 化妆包　　　b 专业化妆箱

② 常用化妆包、化妆箱

注：旁边有挂带，携带更方便。

④ 化妆包的造型示例

169

个人日常用品［10］化妆包、化妆箱

a

b

c

d

e

注：材料：灰色光面PU。

f

注：透明材质厚实，外边牛津布缝边，手感好。
尺寸：250mm×150mm。

g

注：主要用于化妆品的组合包装，材料选取可以多样性，有PVC，尼龙等。

h

注：材料：尼龙+PVC，软PVC蓝色内衬，拉链开关。

i

注：采用420D尼龙面料，内附透明PVC作里子。
尺寸：150mm×80mm×105mm。

j

注：印花帆布面料，颜色鲜艳，适合都市女性休闲时携带。

k

注：网布面料。

l

注：时尚化妆包，颜色鲜艳活泼，造型简约。

m

注：帆布及牛仔布等面料。

n

注：PVC材质，总高260mm×直径130mm。

o

注：反光色丁PVC面料，柔软舒服。

p

注：小手袋，尺寸160mm见方，抽绳系口。

① 化妆包造型

a

注：黑色铝条铝片，银色铝合金圆边框，赤色包角，内笼黑色尼龙布，4个化妆托盘（铝条包边），2个锁。

b

c

注：表面黄色亚克力板，银色铝合金方边框，电镀银色梅花形包角，银色手把，1个锁，内笼1个铝边框的化妆托盘。

d

注：彩色PVC胶皮面，小锁，内笼绒布，尺寸155mm×120mm×100mm。

② 化妆箱造型

箱包

一、箱包的历史

箱包具有悠久的历史。从远古时期起，人们就把狩猎得来的动物皮剥下，用骨针筋线缝成袋子用以盛装物品，这就是最早的包。在包出现的同时，服饰也出现了。最初的包是以实用为主，随着社会的发展及服饰文化的形成，逐渐成为服饰的组成部分。

1. 古代

最早期的箱包制品是用皮革或毛皮制成的手袋，非常实用，如图1所示。古埃及人使用植物纤维成功地织出了亚麻布，使之成为古代箱包的主要材料。

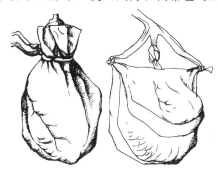

图1 最早期的包袋

罗马帝国外交频繁，中国丝绸也辗转进入了罗马，成为上流社会的珍品，用丝绸制成的钱包，华美艳丽，成为当时上流社会女子十分钟爱的物品。

2. 中世纪

在欧洲历史上一般把11~12世纪称为"罗马式时期"，当时流行在腰带上悬挂一个小口袋，如图2所示，是用丝绸或皮革制作而成的，叫做"奥摩尼埃尔"，用来盛装零钱、钥匙，有时也装零食，是当时的贵族使用的"硬币袋"。

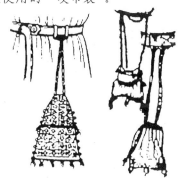

图2 罗马式时期的包

3. 15世纪前后

从15世纪起，包袋成了社会各阶层普遍携带的物品，用丝绒、金银线或小玻璃珠拼花及用珠宝等镶嵌的包袋成了奢侈的极品，如图3所示。这时贵族女性的小包袋已经开始装一些香水之类的化妆用品。

图3 15世纪前后的包

4. 近现代

从19世纪末到20世纪初开始，包袋真正成为社会各阶层普遍使用的物品，开始按不同季节，不同用途进行设计。

20世纪60年代，箱包设计追求简洁、流畅的设计，开始随着成衣业款式的变化而多样化。

20世纪70年代，此时的箱包进入了多样化的设计，不同风格的服装陪衬不同风格的箱包，设计出了拉杆箱、公文包、休闲包、街市购物包、宴会包、化妆包等品种，令人目不暇接，开始了现代箱包设计的多元化时代。

二、箱包的分类

箱包包括两方面的内容，即箱子和包袋。通常将硬质材料制品称为箱，软质材料制品称为包。

1. 箱子的分类有三种。

（1）按其体积的不同，可分为大箱子和小箱子，前者主要是指人们外出旅游、出差时所携带的各种航空箱、拉杆箱、行李箱，或家中存放器物的箱子；后者则是人们日常出门或短途出游携带的各种公文箱、工具箱等。

（2）箱子按其材质不同可分为木箱、铁箱、皮箱、ABS（苯乙烯聚合物）箱、PP（注塑）箱、EVA（高密度发泡）箱等。

（3）根据箱子的功能不同，可以分为航空旅行箱、家用贮物箱、公文箱、工具箱等。箱子的长、宽、高尺寸一般都不等。

2. 包袋一般用于携带体积相对小的物体，且多用软性材料制作。

（1）包袋按携带方式的不同可以分为：背包、腰包、手挽袋、手提包等。

（2）按用途划分有：旅行包、运动包、休闲包、时装包、公文包、书包、工具包、化妆包、运动器材包、电脑包、CD包、钱包（票夹）、文具袋、手机袋等。

家庭日常用品 [11] 箱包

三、箱包的材质

箱包的材质过去以牛皮、木质及竹编、草编及纺织品为主，现在有塑料、皮革、纸、晶片、绣珠、麦秆、绳索、玉米皮、牛仔布、牛津布、人造皮革等人造纤维布。其中，牛津布是一种新型面料，目前市场上主要有：套格、全弹、提格、纬条纹等品种。人造皮革有PVC及PU塑料皮等；人造纤维布有尼龙布、特多龙布、PP或PE编织布等；硬塑料材料有ABS、PP及PS等。

四、箱包五金配件

1. 扣具：魔眼扣、鸭嘴扣、标准挡扣、莫哈比扣。
2. 角轮：固定角轮、360度活动角轮。PA壳/PU轮、PP壳/PVC轮。
3. 手把、拉杆：转动手把、织带手把；单一拉杆、双截拉杆、多截拉杆。
4. 拉链：闭口拉链、开口拉链、逆开拉链、双拉头两头相对拉链、双拉头两头向背拉链。
5. 商标：金属材质、塑料材质、布料材质。

旅行箱

旅行箱通常有立式和卧式两种，为了增强箱的耐冲击力，多采用四周为圆角设计的流线型组合体，这样可以提高箱子的强度，也使设计更具有多样性造型。旅行箱的一端装有把手，能提能拉，运行便捷，特别适合狭窄的过道。

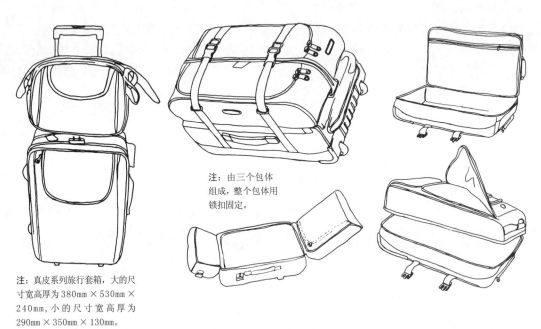

注：真皮系列旅行套箱，大的尺寸宽高厚为380mm×530mm×240mm，小的尺寸宽高厚为290mm×350mm×130mm。

注：由三个包体组成，整个包体用锁扣固定。

1 旅行箱的尺寸

2 旅行箱的使用

注：way公司Serie Improta（印迹系列），1985年设计，材料为聚酯和聚乙烯板热造型制造的半硬背包壳。

3 旅行箱的造型

注：内置式拉杆，使用者只需按动按钮，即可将拉杆分几截纵向拉出，像行李车一样拉着走。

箱包 [11] 家庭日常用品

拉杆箱

箱子尺寸主要有：小箱18英寸、19英寸；中箱20英寸、21英寸；大箱25英寸、26英寸；超大箱28英寸、29英寸等。最常用的24英寸箱子的宽高厚为420mm×610mm×200mm，26英寸的为490mm×660mm×230mm，29英寸的是570mm×735mm×250mm。

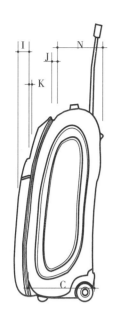
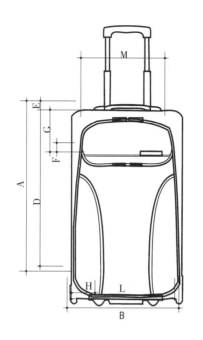

拉杆箱中英尺寸对照说明

箱子规格	A	B	C	D	E	F	G	H	I	J	K	L	M	N
19″	19″	13″	6.5″	17.5″	1″	2.8″	4″	3″	1.3″	0.6″	0.3″	12″	11″	5″
	483mm	330	165	445	25.4	71	102	76	33	15	8	305	279	127
25″	25″	17″	8.5″	23.5″	1″	3.8″	5″	3.5″	1.3″	0.6″	0.3″	16″	13″	7″
	635mm	432	216	597	25.4	97	127	89	33	15	8	406	330	178

1 拉杆箱的尺寸

注：PVC人造革箱包是箱包生产中的传统品种，其基本结构是有盖、底和墙组成，并设有锁件结构，目前，这种箱的规格呈大小套系列，为了旅行携带和运输的方便，多数装有走轮或拉杆。立式的产品走轮和泡钉装在箱子的横头一侧，而卧式设计走轮和泡钉装在箱的后墙位置。

格布旅行箱包结构与PVC旅行箱基本一致，各式各样的格子设计和颜色的变化，使得箱子的风格有了稳重、端庄、华丽、活泼的感觉。

注：ABS塑料拉杆衣箱是以ABS塑料板真空吸塑成型而成，属高档衣箱，这种衣箱结构精练简洁，颜色多种多样，外型设计流畅新潮，风格造型随意，尤其是走轮会随拉杆自动弹出，方便实用，非常受欢迎。ABS箱具有防潮防压的特点，箱体本身没有很大的伸缩度，适宜存放如摄相机、照相机等贵重物品，它的锁为带边锁的密码锁。

d

e

f

g

2 各类拉杆箱的造型

注：拉锁软箱和其他的衣箱结构不同，直接采用尼龙布或发泡性人造革制作箱壳，为软性结构，因此称为"软箱"，根据软性结构的特征，用拉锁作开关方式，这种拉杆箱自身重量较轻。

家庭日常用品［11］箱包

工具箱

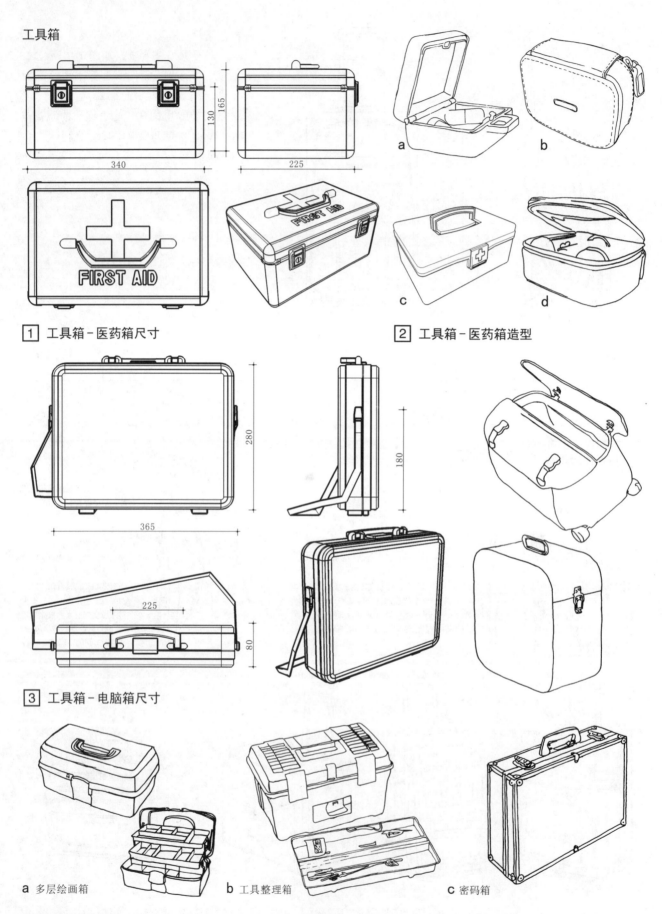

1 工具箱-医药箱尺寸

2 工具箱-医药箱造型

3 工具箱-电脑箱尺寸

a 多层绘画箱　　b 工具整理箱　　c 密码箱

4 各类工具箱造型

箱包 [11] 家庭日常用品

a

公文箱

注：way 公司 Serie Improta（印迹系列），1986 年马基奥、哈素克设计，材料为聚酯和聚乙烯板热造型制造的半硬背包壳。Improta 的款式 Z70 是不规则四边形，曾获得 1985 年的 ADI 和 SMAU 奖，它由非常轻的半硬的两半外壳组成，用拉链连接，其中的一面像刻痕一样压有公司标志 MH。这一特殊的抗震、抗撕拉、触感柔软、防水防尘的材料是用热造型的方法结合聚酯和聚乙烯薄片获得的。随着时间的推移，产品款式越来越多，以至于能应付休闲和工作的所有需要。这些产品全是采用典型的半硬包壳。

  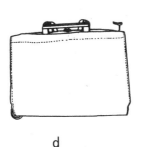 

b　　　　　　　c　　　　　　　d　　　　　　　e

f　　　　　　　g　　　　　　　h

1 公文箱的造型

登山包

一、登山包概述

一般意义上的登山包亦可称之为野营背包，设计上考虑了各种运动形式的特点和长途行军的需要，适用于登山、探险（如漂流、穿越沙漠等）和林地穿越等活动。登山专用背包是为应付极端环境的，制作考究而独特，一般包体瘦长，包的背部按人体自然曲线而设计，使包体紧贴人的背，以减轻背带对双肩的压力。这类包都经过防水处理，即使在大雨中也不会漏水。登山包面料常用的原材料是尼龙（Nylon）和聚乙烯（Poly）两种，偶尔将两种材料混在一起使用。尼龙的手感较软。

二、登山包的分类

登山包分为软背背包，外架包，内架包和带侧包的登山包。

1. 软背背包

一般来说，针对单日往返的郊游与登山活动，不用携带帐篷、睡袋、炉子等物品。这些包和学生用的双肩包差不多，功能多的包附带一个腰带。此类背包大小基本为中、小型，没有内外支架，没有良好的背负系统。

2. 外支架背包

这类背包拥有非常牢固的外部支架，在背包和肩膀、臀部之间起着良好的支撑作用。能均匀地在肩膀和臀部之间分担重量，使背负更为舒适。背包和背负系统（可调节肩带、腰带、胸带等）均固定在背包的框架上。

3. 内支架背包

这类背包将支架移至背包内部，使支架和背包更紧密地融为一体。同时也更好的将重量在肩膀和臀部之间进行分配。

4. 带侧包的登山包

此包分两类：一类是体积在 50～80 L 之间的大背包；另一类是体积在 15～30 L 之间的小背包，也称"突击包"。大登山包主要用于登山中运输登山物资，小登山包一般用于高海拔攀登或突击顶峰。

三、登山包的辅料及配件

登山包的辅料

名称	备注
线	
沿子	有两种质地,一般用在背包的包边上,如背包合缝的地方,合缝之后用沿子包上,可以防止把合缝线弄断
拉链 拉链头	
牛津带 织带	织带一般与挡扣或插扣配合使用
塔扣	一面是毛料一面是钩的辅料,两种料可以粘在一起,用在包口或其他位置。利用塔扣可以设计一些方便地拆卸的挂件
松紧带 松紧绳	
绳子	一般用直径为3.5mm或4mm规格的
泡棉	
牙子	背包上外围一圈装饰性的东西,可以起到把包支撑起来的作用
塑料板	一般用在后背上。防止包内的东西硌着后背。其他部位也用。塑料板的厚度1~3mm不等
铝条	背负系统的组成部分,有一定的弯度,可以把背包的重量转移到臀部以上

登山包扣具配件

名称	说明		图例	
插扣	一般由两部分构成：公扣（插）、母扣。插扣后面挂织带的地方有单挡或双挡的,单挡的是不可调的,双挡是可调整的	龙虾插扣		公扣的头比较圆滑,且内部的空间较大；母扣的扣处有一定的弧度,可以加强扣起后的紧度,但按压处的空间较小。如果插扣小于25mm宽,用手按开就不是很方便
挡扣	又叫梯扣,有三挡扣,四挡扣,用于拉紧织带	鸭嘴扣		鸭嘴扣名字的由来与外形有关。这个设计方便用大拇指放松织带
日字扣	又称三挡扣,是背包上的标准备件之一,用于调节织带	标准日字扣		常用在背包的外挂系统上

四、登山包的结构

登山包的结构可分为三个部分,即背负系统、装载系统和外挂系统。

1. 背负系统：保证舒适及承重

登山包的背负系统包括：双背肩带、腰带、胸带、受力调整带、背负支撑机构和调整装置。

2. 装载系统：方便分装填物

一般情况下,重的物品置于顶部,让背包的重心高些,这样行进过程中腰才能挺直；如果身体要弯曲穿行于林木间,或是行进于攀爬地形,那背包的重心须置低些,因为攀登时背包装填重心接近骨盆位置,即身体旋转的中心点,重心置低些可以防止背包重量移到肩膀；健行过程,背包装填重心可高些贴紧背部。

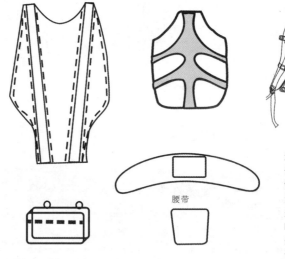

双背肩带设计

注：背负设计成可调节式,背带能自由上下调节。腰带也能够调节长度和倾斜度。整个背负面板的设计,既要考虑到人机关系,又要考虑到通风透气,同时还要兼顾形态美。因为男女生理结构不同,女性背带形状设计尤其要注意避开胸部,否则会影响身体的活动,甚至会压迫胸部,产生不良反应。

1 登山包背负系统

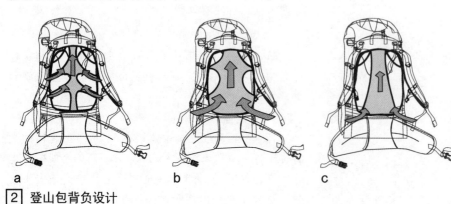

a　　b　　c　　d

2 登山包背负设计

3.外挂系统：随意固定外挂物

背包的外挂可分顶挂、侧挂、背挂、底挂等，通常采用点固定或条固定形式。点挂式一般设两个或四个对应挂点，使用时采用两点或四点捆绑固定。条挂式通常是在背包正面装两排外挂条带，每条设若干固定点，其固定物品更具有随意性，较少受形态的影响。

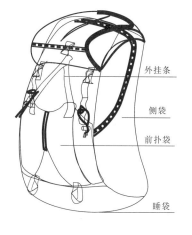

[1] 登山包外挂系统

[2] 登山包装包示意图

注：登山包装包分解——重量较重的器材（如：炉具、重的食物、雨具等）置于背包中上部。次重物品置于背包中心和下方侧带，如备用衣物（必须用塑胶袋密封且用不同的颜色标识，易辨认）、个人器具等。轻的物品绑于下方，如睡袋。营柱可置于侧袋，睡垫可置于背包后方。具体装备可以据此灵活置入。

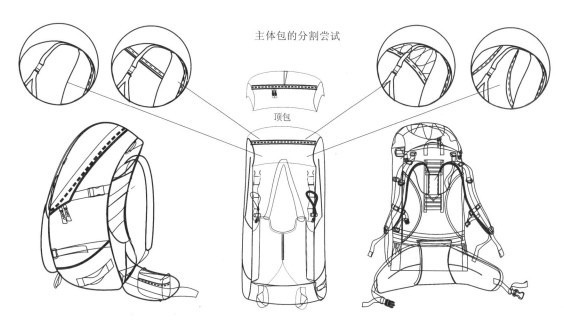

[3] 登山包部分结构分析

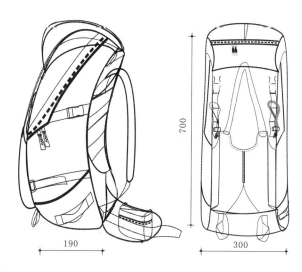

[4] 登山包尺寸

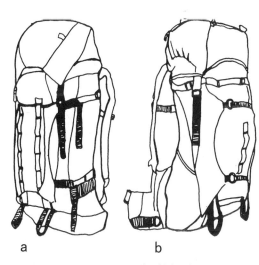

[5] 登山包造型

注：较专业的登山包。

家庭日常用品［11］箱包

1 登山包造型

注：一般意义上的登山包，短期出行所用，如野营、爬山（2～3 天）等。

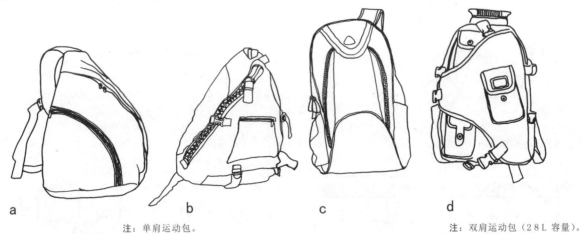

注：单肩运动包。　　　　　　　　　　　　　　　注：双肩运动包（28L 容量）。

运动包

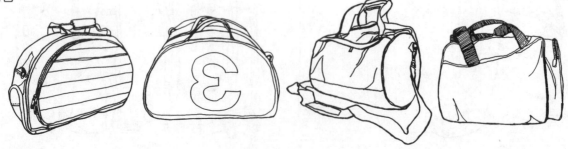

2 运动包造型　　注：运动旅行包，可拎可挎，材料为 80% 涤纶、20% 防水尼龙，大号规格的长宽高尺寸为 550mm×260mm×350mm，小号长宽高尺寸为 380mm×170mm×220mm。　　注：单肩圆筒运动休闲包，长宽高尺寸为 390mm×200mm×200mm。　　注：单肩圆筒包，圆筒直径为 380mm×250mm。

箱包［11］家庭日常用品

腰包

　　腰包：用来存放纸巾、钥匙等常用物品及一些私人小件物品。通常系在腰间，也有的配有背带，可挎可背。

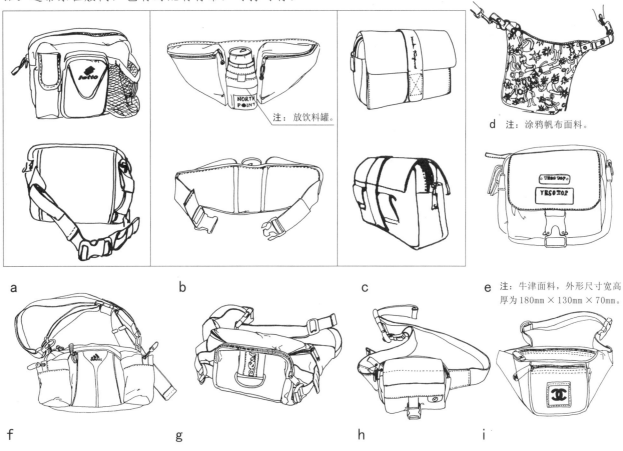

注：放饮料罐。

d 注：涂鸦帆布面料。

e 注：牛津面料，外形尺寸宽高厚为180mm×130mm×70mm。

a　　b　　c　　f　　g　　h　　i

1　牛津布、尼龙、布料材质腰包造型

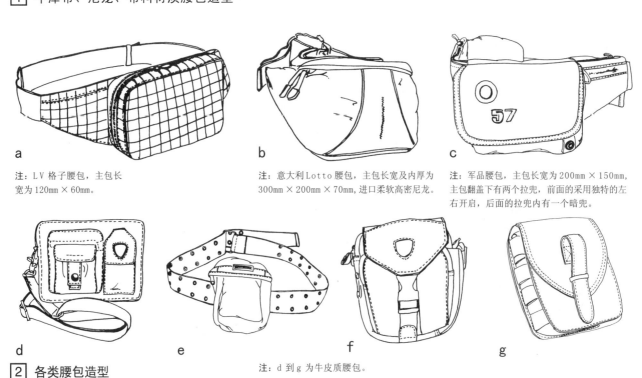

a 注：LV格子腰包，主包长宽为120mm×60mm。

b 注：意大利Lotto腰包，主包长宽及内厚为300mm×200mm×70mm，进口柔软高密尼龙。

c 注：军品腰包，主包长宽为200mm×150mm，主包翻盖下有两个拉兜，前面的采用独特的左右开启，后面的拉兜内有一个暗兜。

d　　e　　f　　g

2　各类腰包造型

注：d到g为牛皮质腰包。

179

家庭日常用品［11］箱包

旅行包

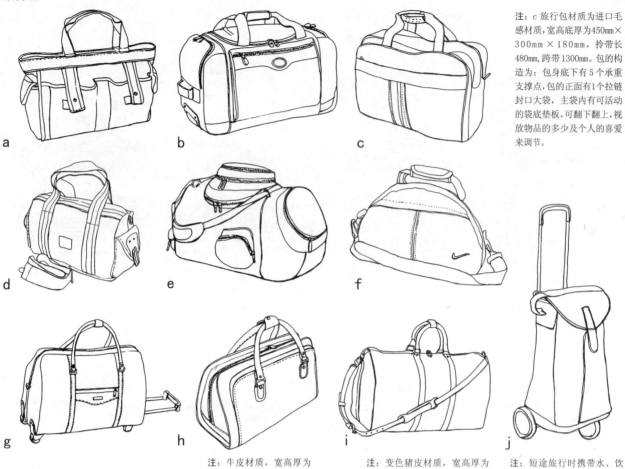

注：c 旅行包材质为进口毛感材质，宽高底厚为450mm×300mm×180mm，拎带长480mm，跨带1300mm。包的构造为：包身底下有5个承重支撑点，包的正面有1个拉链封口大袋，主袋内有可活动的袋底垫板，可翻下翻上，视放物品的多少及个人的喜爱来调节。

注：牛皮材质，宽高厚为430mm×270mm×180mm。

注：变色猪皮材质，宽高厚为550mm×310mm×240mm。

注：短途旅行时携带水、饮料、罐头等瓶装物品。

[1] 旅行包造型

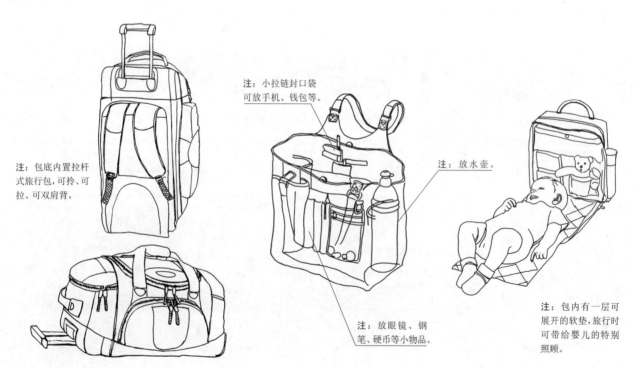

注：包底内置拉杆式旅行包，可拎、可拉、可双肩背。

注：小拉链封口袋可放手机、钱包等。

注：放水壶。

注：放眼镜、钢笔、硬币等小物品。

注：包内有一层可展开的软垫，旅行时可带给婴儿的特别照顾。

[2] 旅行包功能分析

箱包 [11] 家庭日常用品

休闲包

注：针织面料。

注：棉布质地休闲包，宽高（含手柄高度）厚尺寸为320mm×520mm×150mm。

1 拎式休闲包造型

注：进口PU皮质地，宽高厚270mm×120mm×50mm，柄高130mm。

注：十字绣棉麻布质地，口宽230mm，底宽250mm，高厚180mm×60mm。

注：漆面质地，外形尺寸宽高厚350mm×450mm×100mm。

2 可拎可挎的休闲包造型

3 单肩斜挎休闲包造型

注：a为帆布面料，宽高厚160mm×250mm×50mm。
d为牛皮材料，宽高厚310mm×220mm×90mm。

181

家庭日常用品 [11] 箱包

a

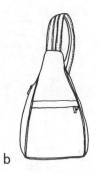
b

c

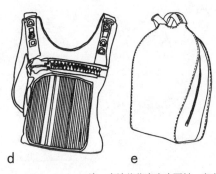
d　　　　　　e

注：水波纹仿真牛皮面料，宽高厚 235mm×280mm×90mm。

[1] 双肩背式休闲包造型

时装包

时装包：女士上班、访客、出门时用包。时装包造型强调时尚性，包体可大可小，造型、结构、颜色、材料、装饰多变，注重包与服装的整体协调。

a　　b　　c　　d

注：仿羊皮材质，外形尺寸长高 360mm×230mm。

e　　f　　g　　h

注（f）：土布质地，宽高 270mm×230mm。

注（g）：草编，外形尺寸宽高（除手柄高度）厚 300mm×150mm×80mm。

i　　j　　k　　l

[2] 拎式时装包造型

注：j、k 为半透明材质。

注：底宽 360mm，中间高 240mm，连带子 510mm。

箱包［11］家庭日常用品

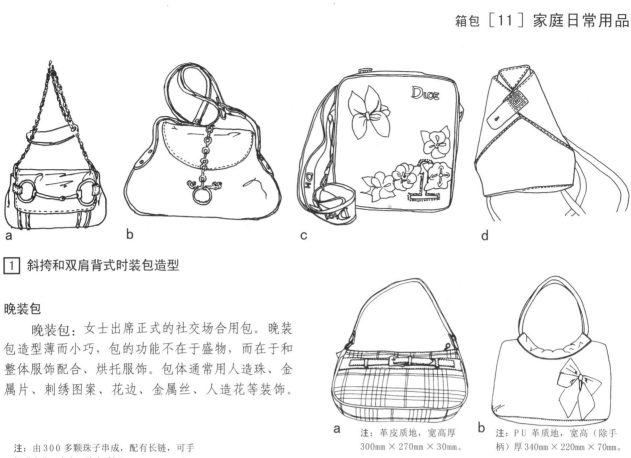

1 斜挎和双肩背式时装包造型

晚装包

晚装包：女士出席正式的社交场合用包。晚装包造型薄而小巧，包的功能不在于盛物，而在于和整体服饰配合、烘托服饰。包体通常用人造珠、金属片、刺绣图案、花边、金属丝、人造花等装饰。

a 注：革皮质地，宽高厚300mm×270mm×30mm。

b 注：PU革质地，宽高（除去手柄）厚340mm×220mm×70mm。

注：由300多颗珠子串成，配有长链，可手提或肩背，宽高（除去手柄）270mm×200mm。

f 注：全棉缎面料，配有长链，宽高（除去手柄）420mm×220mm。

2 斜挎和双肩背式时装包造型

家庭日常用品［11］箱包

CD包

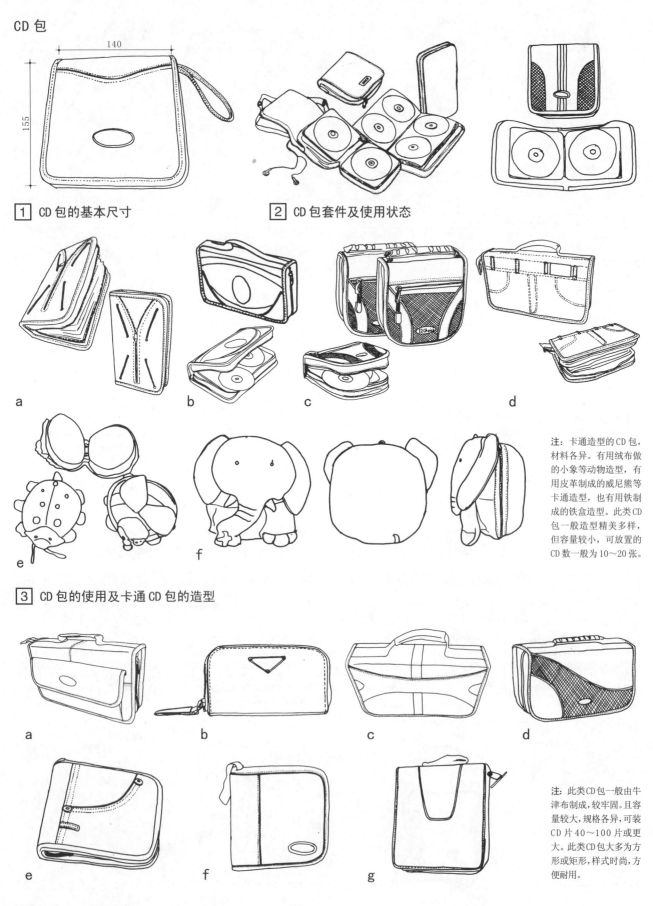

① CD包的基本尺寸

② CD包套件及使用状态

③ CD包的使用及卡通CD包的造型

注：卡通造型的CD包，材料各异。有用绒布做的小象等动物造型，有用皮革制成的威尼熊等卡通造型，也有用铁制成的铁盒造型。此类CD包一般造型精美多样，但容量较小，可放置的CD数一般为10～20张。

④ 时尚CD包的造型

注：此类CD包一般由牛津布制成，较牢固，且容量较大，规格各异，可装CD片40～100片或更大。此类CD包大多为方形或矩形，样式时尚，方便耐用。

184

箱包 [11] 家庭日常用品

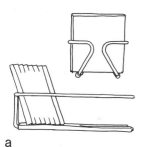
a
注：钢管制成的CD架，下方的支架附有橡胶包裹。CD取放十分方便，造型简单时尚。

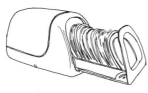
b
注：高级CD盒，外壳由塑料制成。内可存CD60片。手按可自动弹出，安全方便。有橙蓝紫绿黄褐六色。

CD包单体

单体组合

使用状态

1 特殊CD包的造型

2 MP3、CD机包的基本尺寸

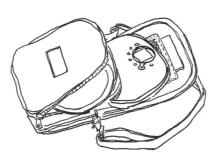

3 MP3、CD机包造型

注：圆形的造型，主要由牛皮制成。

注：涤纶面料，包分前后2个袋，前袋放置MP3机，后袋可放置12张CD片，前袋正面另有一小拉袋，可放置附设。

杂物包

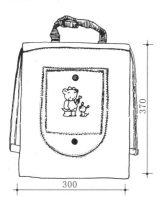

注：此款包既可逛街当购物袋，又可当时尚拎包、书包、背包，还可收纳成一个钱包式样，同时还是个很好的收纳袋。产品材料为无纺布。大小为A3或A4纸大小。

a
注：高级仿真丝面料（羽纱衬里），丝线抽带。接缝处有镶边，中间的团花为吉祥五福图案，可用来装首饰，钥匙，零钱，化妆品等。

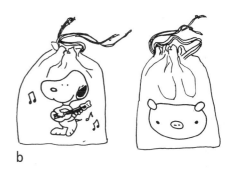
b
注：由纤维布制成，袋口有收缩绳。

4 杂物包的基本尺寸

c
注：由高级仿真丝面料制成，古色古香的荷包样式，上面绣有小碎花。

d
注：包的侧面有拉链，包内部有同样材质的小内袋一个，封口是一个长的粘条。

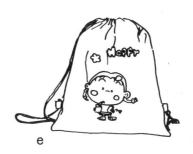
e
注：两用的包，可以当手提包，还可以把手提带放进去，两侧的绳子一缩口，就是一个小背包。

f
注：可折叠的杂物架，有各种不同大小的尺寸。可放置书籍、小零碎杂物等。

5 杂物包的造型

家庭日常用品 [11] 箱包

公文包

公文包的尺寸确定具有一定的生理依据，根据其使用目的的不同又有不同款式的设计，如简易公文包，个体较小，内设一到两个空腔，可以盛放少量的办公用品和私人用品。根据书籍文件纸张的尺寸限定，旅行用公文包，不但个体较大而且内部结构比较复杂，甚至有的包底还加设轮子以备推拉方便，它的尺寸要大得多，甚至要参考旅行包的尺寸。女性用公文包存在一个不同年龄组的负荷问题，办公用的女公文包一般应按轻体力负荷进行计算，因为这类公文包每天都需要提拿，而旅行用公文包应按中等体力负荷计算，以保证旅途工作和生活的需要。在盛放物品时，公文包应能在包内轻松码放两排物品为宜，以最大限度地利用包的容积，而简易型公文包可更灵活一些。

公文包参考尺寸（单位：mm）

包的种类	容积（mm³）	长度	宽度	高度
男式办公用公文包	10400	340～450	65～160	250～390
女式办公用公文包	7000	310～420	60～120	220～300
旅行用公文包	16000	430～450	60～200	320～400

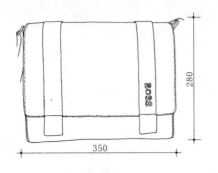

注：公文包的尺寸应与周围的物品和环境具备一定的比例。例如，提包行走时，包底距地面应大于20cm，因为在上楼梯时，一级楼梯的高度是14～18cm，而且包底与第一级台阶还有一定的距离。如将公文包放在地上，其尺寸应在长40～54cm，因为32～36cm范围内变动才能跟办公桌与座椅相协调。也就是说，与人体的身高/体重，如肩宽和指点距地面的高度有关，通过实际观察，包的底边至地面的高度在32～38cm时，公文包的高度是25～29cm，从美观和力学的角度判断是最佳配比尺寸，如果包的高度增加，则包底距地面的距离变小，而包底离地面的距离越大，提包时就越省力。

[1] 公文包的基本尺寸

a

b

c

d

注：一般的公文包都会配有配套的背带，可手拎，也可背包。

[2] 公文包-拎包造型

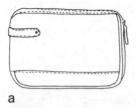
a
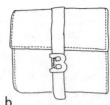
b

c
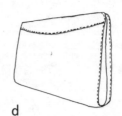
d

e

[3] 公文包-手（夹）包造型

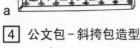
a

b

c
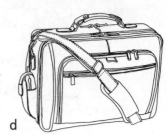
d

[4] 公文包-斜挎包造型

箱包 [11] 家庭日常用品

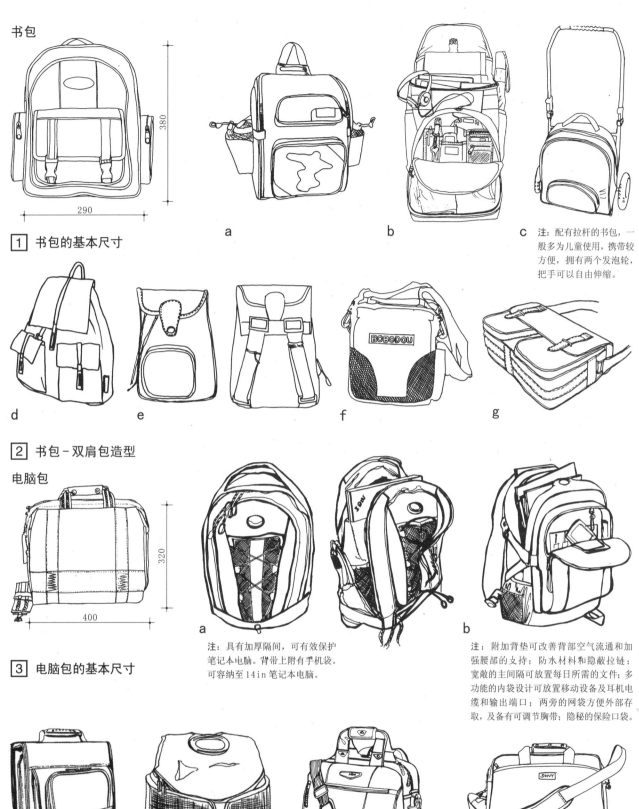

书包

1 书包的基本尺寸

a

b

c 注：配有拉杆的书包，一般多为儿童使用，携带较方便，拥有两个发泡轮，把手可以自由伸缩。

d　e　f　g

2 书包-双肩包造型

电脑包

3 电脑包的基本尺寸

a 注：具有加厚隔间，可有效保护笔记本电脑。背带上附有手机袋。可容纳至14in笔记本电脑。

b 注：附加背垫可改善背部空气流通和加强腰部的支持；防水材料和隐蔽拉链；宽敞的主间隔可放置每日所需的文件；多功能的内袋设计可放置移动设备及耳机电缆和输出端口；两旁的网袋方便外部存取，及备有可调节胸带；隐秘的保险口袋。

c

4 电脑包-拎包造型

d 注：拎包型电脑包特点是稳健可靠，设计以保护笔记本电脑为依据。提手及特大的配件间隔都加了厚垫。

e

f 注：单肩电脑包一般多为专业用电脑设计的。备有多层分袋设计，可最大限度放置物品；专业电脑保护袋设计；并带有锁定装置，可以存放鼠标和电源线。

家庭日常用品 [11] 箱包

手机包

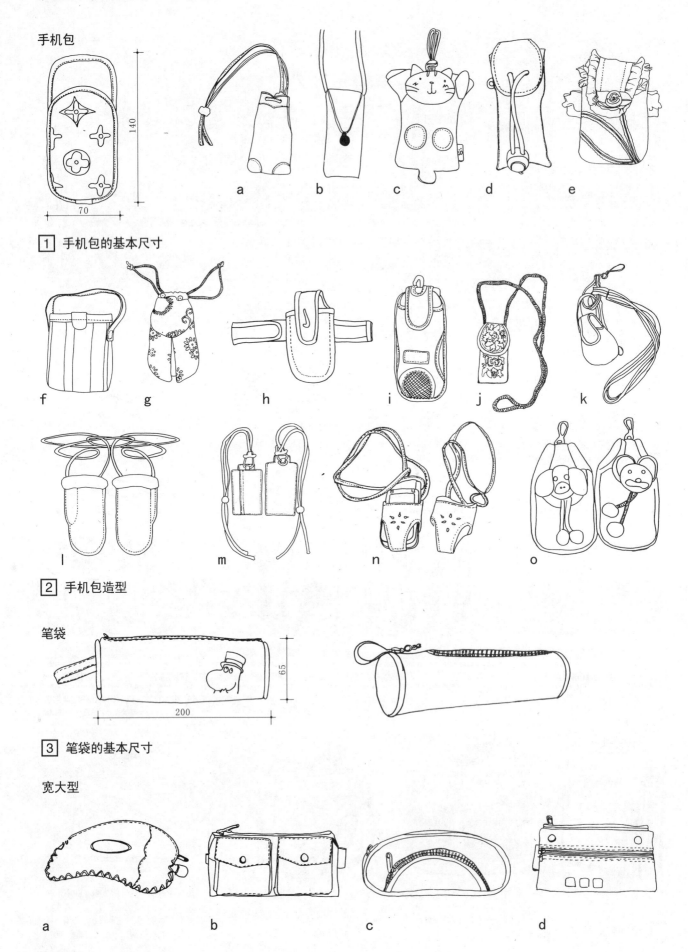

1 手机包的基本尺寸

2 手机包造型

笔袋

3 笔袋的基本尺寸

宽大型

箱包［11］家庭日常用品

中等型

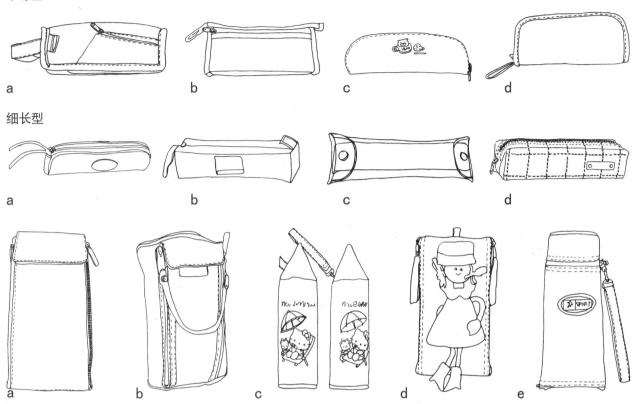

a　　　　b　　　　c　　　　d

细长型

a　　　　b　　　　c　　　　d

a　　　b　　　c　　　d　　　e

[4] 直立型笔袋造型

其他工具包

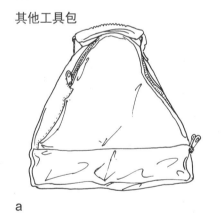

a

注：用于汽车内存放三角架、手电筒、电瓶线、手套、衣服等用品。

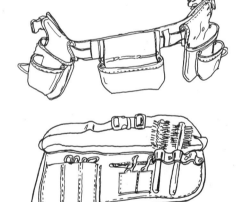

b

注：腰包样式的理发用工具包，有各种理发用具的插槽。

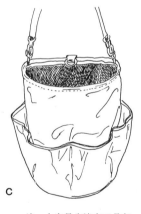

c

注：大容量牛津布工具包，600D牛津布PVC过胶面料。

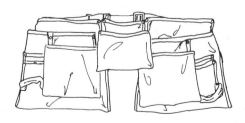

d

注：右边：钳子3个口袋，螺丝刀2个口袋，卷尺1个口袋。
左边：钳子3个口袋，螺丝刀5个口袋。

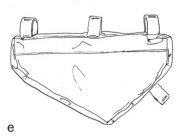

e

注：装在自行车车头或座垫后，存放小型打气筒、手电筒、螺丝刀、手套等物品。

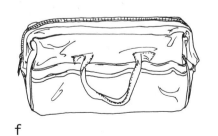

f

注：由牛津布制成，主要装钳子，扳手，卷尺，罗批，锤子等工具，共有37只口袋。

[5] 其他工具包造型

189

家庭日常用品［11］雨伞、阳伞

雨伞、阳伞

伞，是人们使用最为普遍的日常用品，有古老的传统历史。最早的伞是由古代中国人发明的。

据传，早在春秋时期，我国古代著名木工师傅鲁班常在野外作业，若遇下雨，常被淋湿。鲁班妻子云氏想做一种能遮雨的东西，她就把竹子劈成细条，在细条上蒙上兽皮，样子像"亭子"，收拢如棍，张开如盖。这就是伞的雏形。古时候，伞是用丝或布制成的。发明纸后，就由纸代替，制成纸伞。宋时称绿油纸伞。以后历代均有改进，有纸伞、油伞、蝙式伞，最后形成今天的大众用品。伞就其结构形式来分有直骨伞和折伞，折伞又有二折伞和三折伞，按表面材料分有纸伞、布伞、丝绸伞、塑料伞和尼龙伞；按使用功能分，有防雨伞、防紫外线遮阳伞、骑车专用伞、二人伞、三人伞、防风雨伞等。

伞发展到今天除了其单纯的遮雨防晒功能外，它的装饰性已成了一个重要的因素，伞成了服饰的一部分，是设计中需要重点考虑的要素。

常用规格（伞骨）	伞骨组成	常规布料说明
A:60″×10k	A:标准型（如右图）	A:420D&210D牛津布
B:52″×10k	B:防风型（加固）	优点:防晒防雨能力强
C:48″×8k	C:梅花形	缺点:热缩冷胀
D:42″×8k	D:槽骨	B:尼龙布
E:36″×8k	E:圆骨	优点:弹性好，防晒防雨能力强
F:23″-8k	金属涂件	缺点:料薄，抗力有限，通用小规格伞
G:21″×8k	A:上下管镀铬	C:棉布
	B:上下管烤彩漆	优点:不退色不变形，防晒能力强
		缺点:稍有渗水

外观形式	开合形式	常规配件
A:直杆	A:自开	A:金属配件
B:二折	B:手开	B:塑料(尼龙)配件
C:三折		

伞骨内部结构分三种

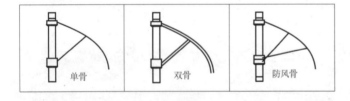

单骨　双骨　防风骨

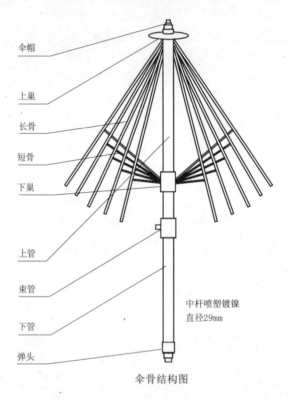

伞帽／上巢／长骨／短骨／下巢／上管／束管／下管／弹头

中杆喷塑镀镍
直径29mm

伞骨结构图

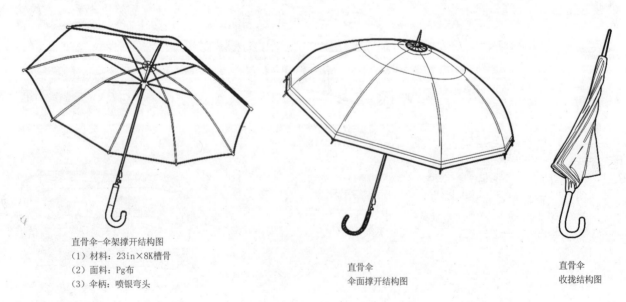

直骨伞-伞架撑开结构图
(1) 材料:23in×8K槽骨
(2) 面料:Pg布
(3) 伞柄:喷银弯头

直骨伞
伞面撑开结构图

直骨伞
收拢结构图

1　直骨伞结构

雨伞、阳伞 [11] 家庭日常用品

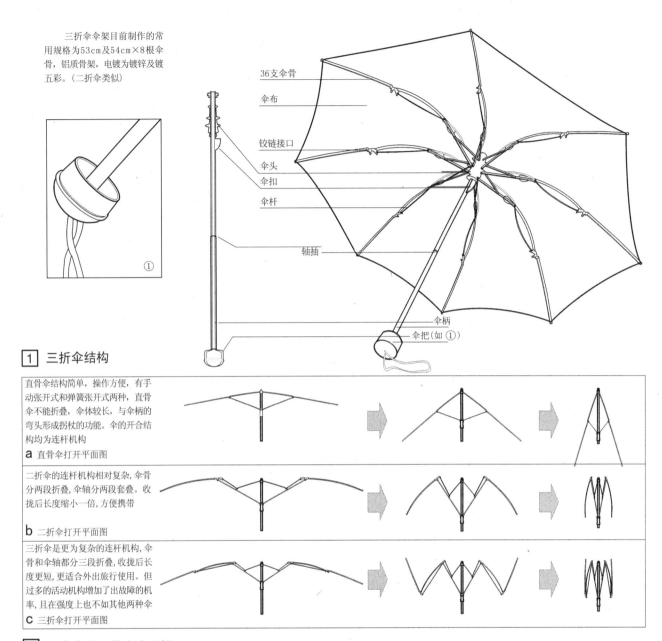

三折伞伞架目前制作的常用规格为53cm及54cm×8根伞骨，铝质骨架，电镀为镀锌及镀五彩。（二折伞类似）

1 三折伞结构

2 三类伞的折叠方式分解

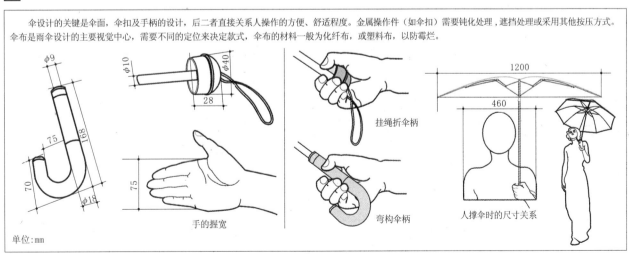

3 伞的操作尺度

191

家庭日常用品［11］雨伞、阳伞

注：伞的种类已经越来越多，除了以上介绍的标准伞型外，为了美观，实用，传播等目的，也为了满足市场需求，而设计衍生出许多功能更广泛的伞类用品：遮阳椅，遮阳棚等；在造型上也针对不同人群设计出：卡通伞，广告伞，淑女球形伞等。

a　直骨球形伞

f

注：遮阳椅-伞
展开尺寸：77cm×49cm×101cm
包装尺寸：108cm×42cm×38cm

b　宝塔伞

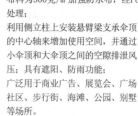

g

注：单臂悬梁双层顶太阳伞
铝合金支架；紧固件为不锈钢螺丝；布料为300克/m²加强防水布，经PU处理；
利用侧立柱上安装悬臂梁支承伞顶的中心轴来增加使用空间，并通过小伞顶和大伞顶之间的空隙排泄风压；具有遮阳、防雨功能；
广泛用于商业广告、展览会、广场社区、步行街、海滩、公园、别墅等场所。

c　耳朵伞

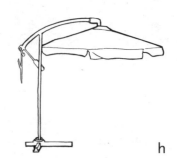

h

注：休闲吊式太阳伞
手摇式打开方式
面料：牛津布
伞面半径：67～125cm
伞骨规格：2.5～3.8mm
伞骨种类：玻纤骨，钢骨
伞杆规格：14～32mm
伞杆种类：铝合金杆，钢杆

d　荷叶伞

i

注：沙滩伞，太阳伞，庭院伞
（牛津布面料系列）
布料为300克/m²加强防水布

e　方形广告伞

j

注：2m×2m折叠遮阳棚
具有遮阳、防雨功能；多用于商业广告、展览会、广场社区、步行街、海滩等场所。

1　其他类型的伞

缝纫机

缝纫机是用一根或多根缝线和机针将缝料缝合，或在缝料上缝缀装饰线迹的机器。

缝纫机能缝制棉、毛、麻、丝、化学纤维等织物和皮革、塑料、纸张等制品，供家庭、工业和服务行业使用。并逐步增加了钉纽扣、锁纽孔、加固、刺绣等功能。

1790年，英国的圣托马斯发明缝制靴鞋用的单线链式线迹的手摇缝纫机，它是世界上出现的第一台缝纫机。1851年，美国机械工人胜家独立设计并制造出胜家缝纫机，缝纫速度为600针/分，此后，缝纫机便开始大量用于生产，并逐步增加了钉纽扣、锁纽孔、加固、刺绣等功能。1975年美国发明了微型计算机控制的家用多功能缝纫机。

缝纫机的分类，按缝纫机的用途，可分为家用缝纫机、工业用缝纫机和位于二者之间的服务性行业用缝纫机。家用缝纫机：初期时，基本上都为单针、手摇式缝纫机，后来发明了电驱动的缝纫机，一直成为市场上的主流。家用缝纫机按其机构和线迹形式来划分，则大致可归纳为JA型、JB型、JG型、JH型。工业用缝纫机：工业用缝纫机中的大部分都属于通用缝纫机，其中包括平缝机、链缝机、包缝机、绷缝机及暗缝机等，而平缝机的使用率最高。

缝纫机为精密机械传动装置，设计时需考虑机身清洁，内部防尘，维护方便，减小噪声等因素，电动缝纫机还需考虑电机散热，合理布置通风孔的问题；另外常接触的部件如卷线器，调节钮，手轮等需考虑其显示的识别性，操作的便利性等。

注：适用于家庭缝纫各种厚薄衣料、刺绣等。本机除与机架一起脚踏使用外，还可以装上手摇器用于摇动使用。

a 传统缝纫机

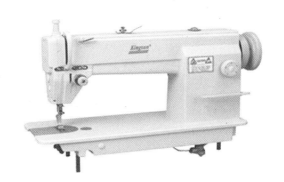

b 工业缝纫机

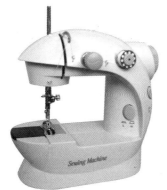

注：迷你台式双线双速电动缝纫机有自动绕线功能，可用手键或脚踏控制开关；使用4节1.5伏电池或6V变压器。

c 家用小型缝纫机

d 电脑绣花缝纫机

缝纫机形态分类	台式缝纫机	电动缝纫机	迷你缝纫机	手持缝纫机	手摇缝纫机
特 点	体积较大 台面操作	电机驱动 形态多样	体积较小 携带方便	体积最小 单手操作	手摇操作 样式传统

1 缝纫机的基本类型

家庭日常用品 [11] 缝纫机

缝纫机发展到今天，由固定到便携，由手动到电动再到电脑控制、多功能集成，技术和设计都取得了相当的成就。现在要解决的研究课题是：1.省力装置的再优化；2.系列产品的充实扩展；3.无油机的开发；4.更低噪声的缝纫机；5.适用于任何布料的缝纫机；6.在平缝里下线的无限量供线（自动交换梭芯）技术；7.自动过线技术；8.针的自动更换技术；9.自动供线技术；10.可伸缩调节臂长的缝纫机。目前我国缝纫机行业，已具备了一定的实力，正着手展开相关的研究开发。

一般缝纫机都由机头、机座、传动和附件四部分组成。机头是其主要部分。它由刺料、钩线、挑线、送料四个机构和绕线、压料、落牙等辅助机构组成。机座分为台板和机箱两种。传动部分由机架、手摇器或电动机等部件构成。缝纫机附件包括机针、梭心、开刀、油壶等。

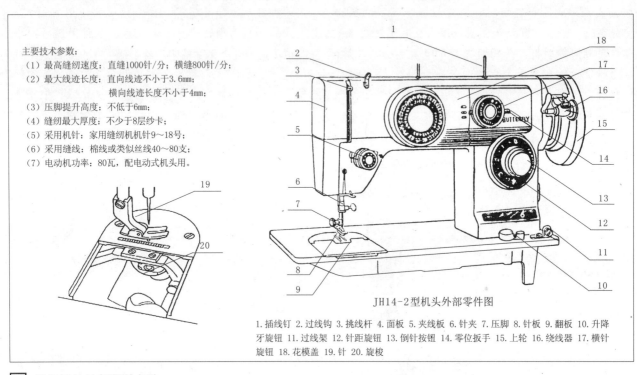

JH14-2型机头外部零件图

1.插线钉 2.过线钩 3.挑线杆 4.面板 5.夹线板 6.针夹 7.压脚 8.针板 9.翻板 10.升降牙旋钮 11.过线架 12.针距旋钮 13.倒针按钮 14.零位扳手 15.上轮 16.绕线器 17.横针旋钮 18.花模盖 19.针 20.旋梭

1 缝纫机的外部零件名称

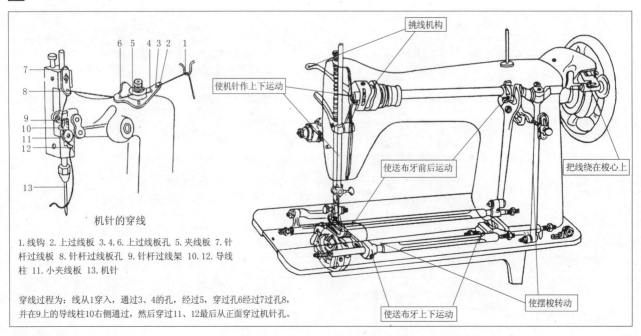

机针的穿线

1.线钩 2.上过线板 3.4.6.上过线板孔 5.夹线板 7.针杆过线板 8.针杆过线板孔 9.针杆过线架 10.12.导线柱 11.小夹线板 13.机针

穿线过程为：线从1穿入，通过3、4的孔，经过5，穿过孔6经过7过孔8，并在9上的导线柱10右侧通过，然后穿过11、12最后从正面穿过机针孔。

2 缝纫机的工作原理图

缝纫机 [11] 家庭日常用品

缝纫机设计要求：（1）跟人不接触的部件应该全部被机壳包裹起来，减少出现勾绊、锐角等，防止布料勾刮；（2）换线相关部件应外露，使操作可视、方便；（3）转动上轮，使机针升高或降低位置，上轮的大小，粗细，材料，手感等都是考虑因素；（4）换针时螺钉大小要合适以方便用力，换针时的安全性也需注意；（5）电动缝纫机以脚踏开关的力度控制运行速度，踏得重运行速度就快，踏得轻运行速度就慢，松紧要合适，踏到底不至于太费力；（6）台面式电动需考虑减振。

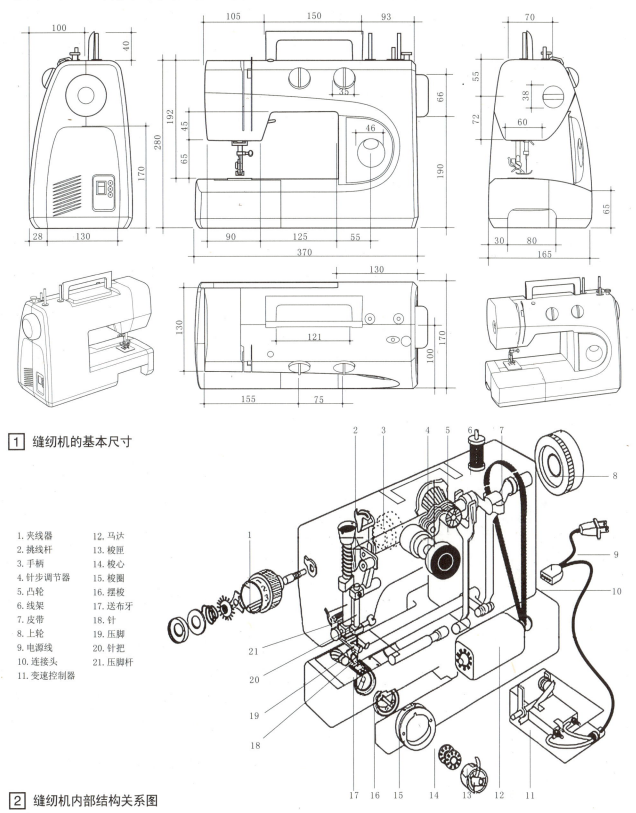

1 缝纫机的基本尺寸

1. 夹线器
2. 挑线杆
3. 手柄
4. 针步调节器
5. 凸轮
6. 线架
7. 皮带
8. 上轮
9. 电源线
10. 连接头
11. 变速控制器
12. 马达
13. 梭匣
14. 梭心
15. 梭圈
16. 摆梭
17. 送布牙
18. 针
19. 压脚
20. 针把
21. 压脚杆

2 缝纫机内部结构关系图

195

家庭日常用品 [11] 缝纫机

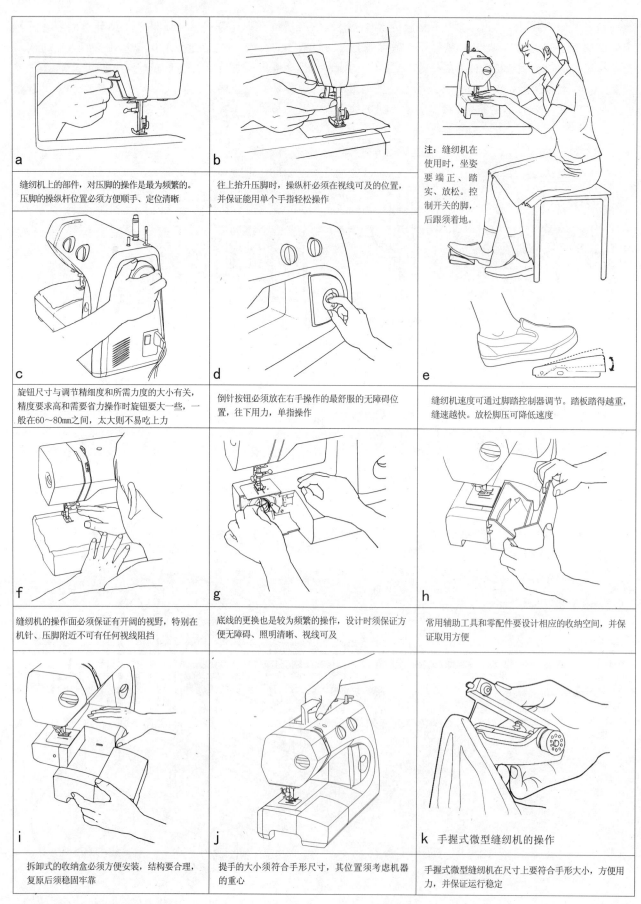

a 缝纫机上的部件，对压脚的操作是最为频繁的。压脚的操纵杆位置必须方便顺手、定位清晰

b 往上抬升压脚时，操纵杆必须在视线可及的位置，并保证能用单个手指轻松操作

注：缝纫机在使用时，坐姿要端正、踏实、放松。控制开关的脚，后跟须着地。

c 旋钮尺寸与调节精细度和所需力度的大小有关，精度要求高和需要省力操作时旋钮要大一些，一般在60~80mm之间，太大则不易吃上力

d 倒针按钮必须放在右手操作的最舒服的无障碍位置，往下用力，单指操作

e 缝纫机速度可通过脚踏控制器调节。踏板踏得越重，缝速越快。放松脚压可降低速度

f 缝纫机的操作面必须保证有开阔的视野，特别在机针、压脚附近不可有任何视线阻挡

g 底线的更换也是较为频繁的操作，设计时须保证方便无障碍、照明清晰、视线可及

h 常用辅助工具和零配件要设计相应的收纳空间，并保证取用方便

i 拆卸式的收纳盒必须方便安装，结构要合理，复原后须稳固牢靠

j 提手的大小须符合手形尺寸，其位置须考虑机器的重心

k 手握式微型缝纫机的操作

手握式微型缝纫机在尺寸上要符合手形大小，方便用力，并保证运行稳定

1　缝纫机的人机关系

缝纫机 [11] 家庭日常用品

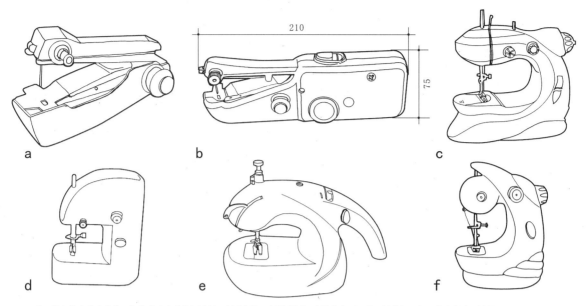

注：体积较小的迷你缝纫机作为家庭的备用产品，并非长期、频繁使用，在设计中需尽量压缩体积，便于收纳存放，材料使用一般为ABS塑料，形态上都趋于圆润、饱满、光顺，小型机的自重较轻，设计时在重心和稳定性上应有充分考虑。

1 小型缝纫机

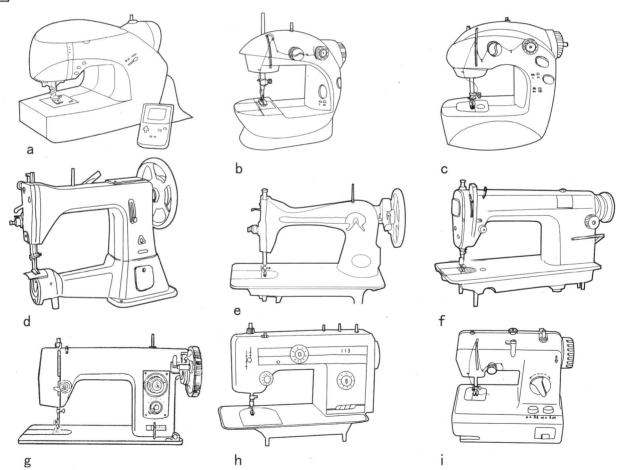

注：体积较大的工业缝纫机或电动缝纫机，一般为台面式操作，工作效率高，操作方便自如，作为常用设备，均为固定式，操作中各部件的舒适性及无障碍要充分考虑，维修的便利性也是设计考虑的重要因素。

2 台式缝纫机

家庭日常用品 [11] 熨衣板

熨衣板

熨衣板是衣物熨烫系统的重要组成部分,随着现代衣物保养技术的提高逐渐成为现代家居必备的衣物保养工具。熨衣板在熨衣过程中主要用来承载衣物,同时它是整个熨衣过程的工作平台。现在的熨衣板已经从传统的纯木制构造发展为由织物(棉布涤纶等)台面、钢制或铁制板架、脚架、尾架组成的,易折叠、易存放、易拆装的产品。近年来,市场上还出现了充气式、吹风式等功能更多的新产品。

产品设计要点:

1. 熨衣板的板架、脚架、尾架等应选用质地较为坚硬的金属或合金材料制造,以保证产品的稳固耐用;台面应选用具有良好透气、耐热、防水性能的织物材料(如棉布、涤纶等)制造。

2. 熨衣板的台面尺寸应设计得较为宽大,便于熨烫;台面布套须可拆下清洗;台面的高度也应该能根据使用者的高度需要调节。

3. 熨衣板设计中应注意脚架、尾架的活动性,便于折叠存放。

4. 设计中可加入接水盒、止滑垫、熨斗托盘等附件,但不可占据熨烫空间影响熨衣板的使用。

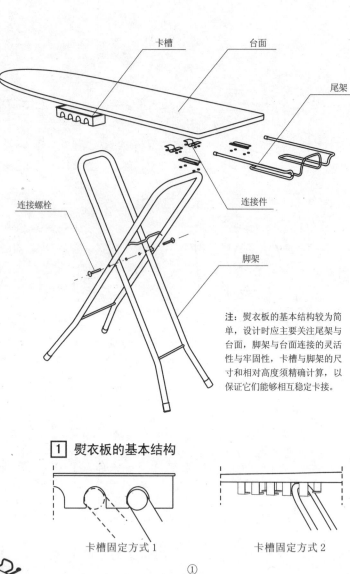

注:熨衣板的基本结构较为简单,设计时应主要关注尾架与台面,脚架与台面连接的灵活性与牢固性,卡槽与脚架的尺寸和相对高度须精确计算,以保证它们能够相互稳定卡接。

[1] 熨衣板的基本结构

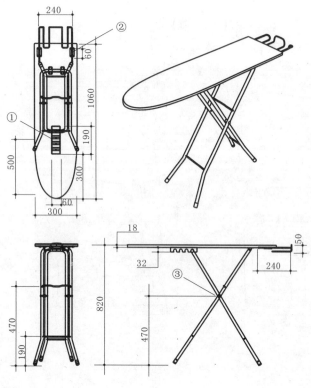

[2] 熨衣板的基本尺寸

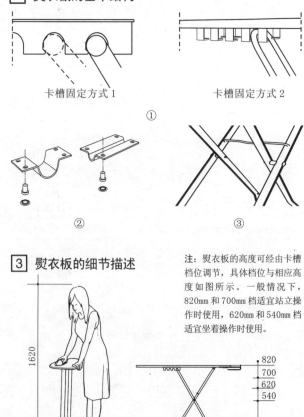

[3] 熨衣板的细节描述

[4] 熨衣板的人机尺寸

注:熨衣板的高度可经由卡槽档位调节,具体档位与相应高度如图所示。一般情况下,820mm和700mm档适宜站立操作时使用,620mm和540mm档适宜坐着操作时使用。

熨衣板的造型分类

普通立式熨衣板	微型台式熨衣板	抽出式熨衣板	新型熨衣板
使用最为广泛的熨衣板，由硬制脚架支撑，一般可折叠，易于存放，台面高度可调节，适用于空间较大的居室	体积轻巧，一般用于熨烫小件衣物，也可和其他类型熨衣板配合使用。因其所占空间较小，便于外出携带	适用于居室空间较小的家庭，存放时可隐藏于橱柜或门后，使用时抽出即可，因与室内家具相对固定，其使用灵活性较差	区别于传统熨衣板的新式熨衣板，如充气式、吹风式熨衣板，其造型不受传统限制，形式多样

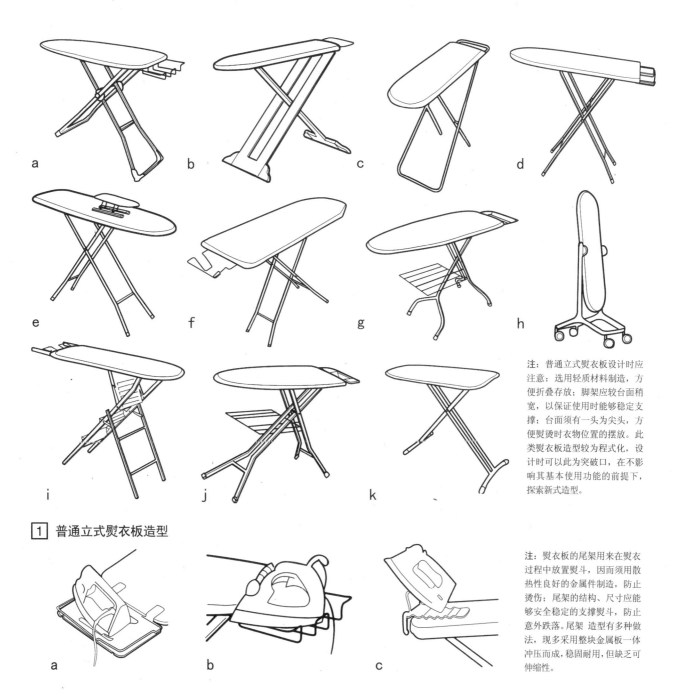

注：普通立式熨衣板设计时应注意：选用轻质材料制造，方便折叠存放；脚架应较台面稍宽，以保证使用时能够稳定支撑；台面须有一头为尖头，方便熨烫时衣物位置的摆放。此类熨衣板造型较为程式化，设计时可以此为突破口，在不影响其基本使用功能的前提下，探索新式造型。

[1] 普通立式熨衣板造型

注：熨衣板的尾架用来在熨衣过程中放置熨斗，因而须用散热性良好的金属件制造，防止烫伤；尾架的结构、尺寸应能够安全稳定的支撑熨斗，防止意外跌落。尾架造型有多种做法，现多采用整块金属板一体冲压而成，稳固耐用，但缺乏可伸缩性。

[2] 熨斗与尾架的放置关系

家庭日常用品［11］熨衣板

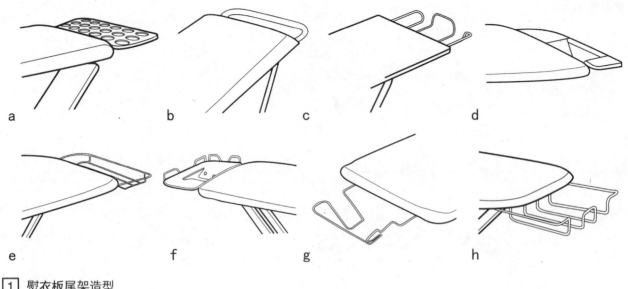

1 熨衣板尾架造型

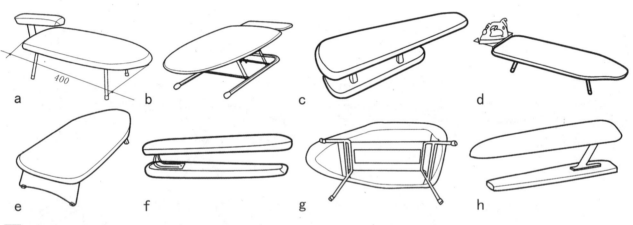

2 微型台式熨衣板造型

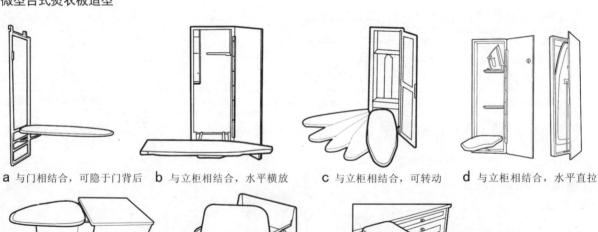

a 与门相结合，可隐于门背后　b 与立柜相结合，水平横放　c 与立柜相结合，可转动　d 与立柜相结合，水平直拉

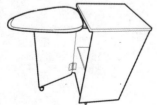

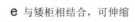

e 与矮柜相结合，可伸缩　f 带基座，可置于墙上或与橱柜结合　g 与橱柜抽屉相结合，可伸缩

注：抽出式熨衣板台面主要从橱柜中抽出，设计中应注意对台面的稳定支撑，以及台面的相对水平。

3 抽出式熨衣板造型

衣叉

衣叉（即晾衣叉）是家居生活常用的衣物晾晒工具，用于满足人们晾晒和收取位于高处的人手难及衣物时的需求。衣叉一般为长条型，其结构相对较为简单，设计时应注意以下几点：

一、衣叉叉头不能做得太尖，以防止误伤；

二、衣叉自重不能太重，应选用轻质材料制造，以免影响操作的灵活性和准确性；

三、衣叉的接合部位（包括叉头和叉杆的接合部位，长度调节部位，手柄和叉杆接合部位）必需牢固可靠。

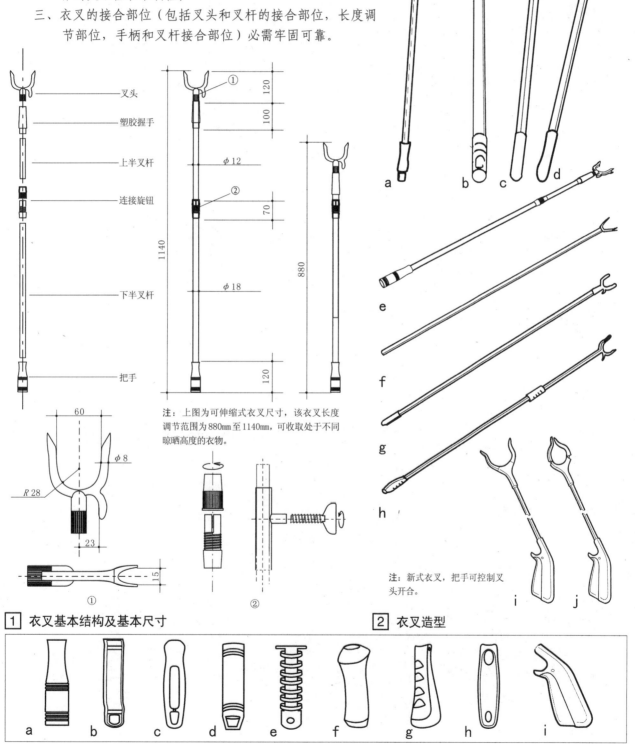

注：上图为可伸缩式衣叉尺寸，该衣叉长度调节范围为880mm至1140mm，可收取处于不同晾晒高度的衣物。

注：新式衣叉，把手可控制叉头开合。

1 衣叉基本结构及基本尺寸

2 衣叉造型

3 衣叉把手造型

家庭日常用品 [11] 衣架、衣夹

衣架、衣夹

　　衣架/衣夹是人类最普遍的日用品之一，与其有着密切关系的是人们的衣物。随着衣服种类、款式、质地的不断发展、增多，对于衣架/衣夹的要求也不再只是简单的一两种了。衣架/衣夹的设计需要更多地满足不同上衣、裤子、袜子、不同织物的晾晒要求；不但要把衣物晒干，还要考虑不使衣物由于晾晒变形、破损，同时防止晾晒物从衣架上掉落；以及携带方便等等。这些都是设计中要考虑的重要因素。

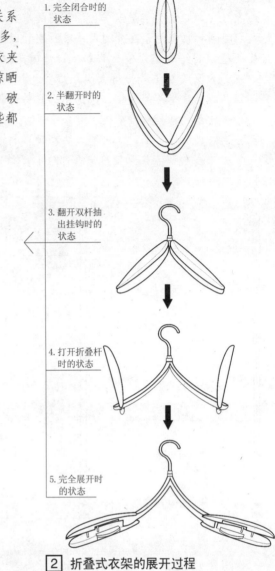

1 折叠式衣架的尺寸

2 折叠式衣架的展开过程
1. 完全闭合时的状态
2. 半翻开时的状态
3. 翻开双杆抽出挂钩时的状态
4. 打开折叠杆时的状态
5. 完全展开时的状态

折叠式衣架1
1. 完全闭合时的状态
2. 半翻开折叠杆时的状态
3. 完全展开时的状态

折叠式衣架2
1. 完全闭合时的状态
2. 半翻开折叠杆时的状态
3. 完全展开时的状态

3 折叠式衣架的造型与结构

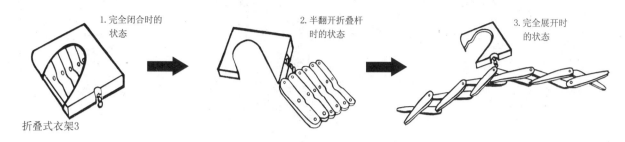

1 折叠式衣架的造型与结构（续）

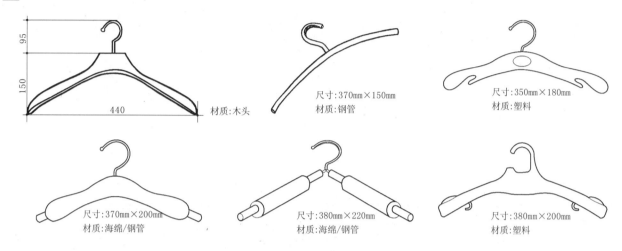

2 直杆式衣架

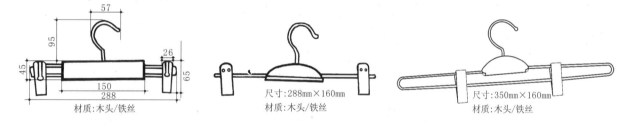

3 直杆式裤架

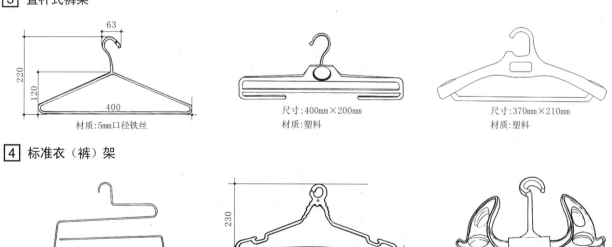

4 标准衣（裤）架

5 多功能衣（裤）架   6 多功能防风式衣架

家庭日常用品 [11] 衣架、衣夹

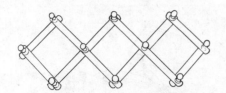

尺寸:600mm×320mm
材质:木头

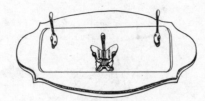

尺寸:360mm×200mm
材质:塑料

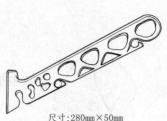

尺寸:280mm×50mm
材质:铝合金

1 折叠式挂衣架　　2 壁式挂衣架　　3 多功能壁式挂衣架

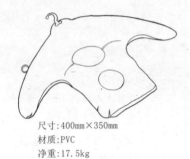

尺寸:400mm×350mm
材质:PVC
净重:17.5kg

尺寸:500mm×360mm
材质:PVC

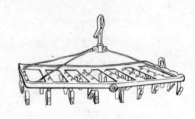

尺寸:450mm×300mm
材质:PVC

4 充气式衣架　　5 衣服式衣架　　6 夹子式衣架(挂架)

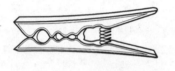

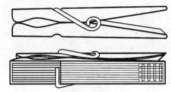

标准木头衣夹-1　　标准木头衣夹-2　　标准木头衣夹-3

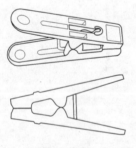

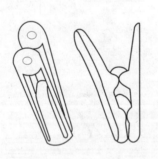

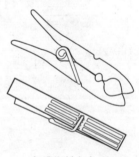

标准塑料衣夹-1　　标准塑料衣夹-2　　标准塑料衣夹-3

塑料大号衣夹　　梨形塑料衣夹　　卡通木头衣夹

7 衣夹

针线盒

针线盒是用来收纳针、线、纽扣、剪刀、别针、卷尺等物的容器。针线盒一般分为家用针线盒和专用针线盒。家用针线盒一般体积较大，而专用针线盒体积较小，一般作为宾馆为顾客提供的服务项目或户外旅游所携带的便携式针线盒。

一、专用针线盒

专用针线盒为了达到便携的目的，大多体积较小，里面盛放的针线量很少，只是用来应对临时的需要。一般专用针线盒会充分利用空间，尽可能将各物整合在一个规则的长方体中，体现其便携的特点。

1 常见专用针线盒

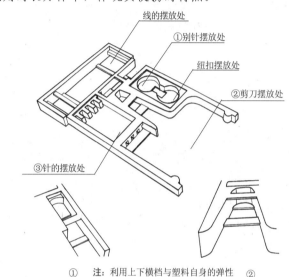

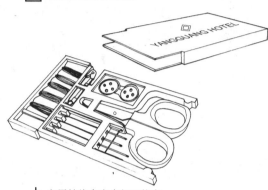

b 专用针线盒完全打开状态

① 注：利用上下横档与塑料自身的弹性将别针与剪刀固定。

③ 注：通过前部后部同一直线上的两个孔洞将针固定。

a 专用针线盒的结构与布局

c 专用针线盒的外形

2 专用针线盒的结构与外形

二、家用针线盒

家用针线盒一般体积较大，存放物品较齐全，是家庭的常备用品。一般不特意指定物品的存放处，存放格的空间较充裕，制作材料不仅限于塑料，还有木制，布制和竹编的。

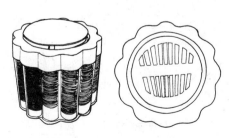
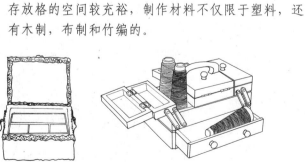

a 塑料制家用针线盒　　b 布制家用针线盒　　c 木制家用针线盒

3 家用针线盒的造型

家庭日常用品 [11] 燃气烧水壶

烧水壶是家庭烧水的主要工具，通过热传递使盛在烧水壶内的水加热。传统的烧水壶主要为铝壶和不锈钢壶，通过燃气直接加热，使用中需要有人照看，防止水沸腾后溢出。新型的电热水壶使用更加方便安全，有控温系统会自动断电和过载保护，材料有PP塑料、不锈钢、玻璃等。

烧水壶主要有用燃气加热的普通烧水壶和用电加热的电热水壶，其中电热水壶又分为连体式和分体式两大类。分体式电热水壶以其优良的安全性能和便捷的操作性能已成为市场主流。

燃气烧水壶

一、铝壶

铝壶取材为L1~L6工业纯铝或铝合金。按功能分有普通壶和自鸣壶两类，按成型工艺分有整体壶和镶底壶，产品表面处理分为洗白壶、砂光壶、抛光壶、氧化壶等。

常见规格如下：（额定容量L）
0.5，1.0，1.5，2.0，(2.5)，3.0，(3.5)，4.0，(4.5)，5.0，(5.5)，6.0，7.0，8.0，9.0。
注：不带括号的规格为优先采用系列。

二、不锈钢壶

不锈钢壶采用1Cr18Ni9、0Cr19Ni9等不锈钢板材料制造，光洁易清洗。按结构有普通型和自鸣型两种。壶身造型有直形、柿形、斜形等。

常见规格如下：（额定容量L）
0.25，0.3，0.35，0.4，0.5，0.6，0.75，0.8，1.0，1.2，1.5，1.8，2.0，2.5，3.0，3.5，4.0，4.5，5.0，6.0等及其他大容量规格。
注：规格亦有按壶身主要部位外径（cm）表示，级差为2。

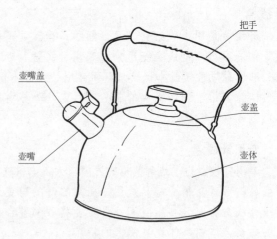

1 普通烧水壶构件名称

注：烧水壶的壶口要高于壶体上沿，防止水从壶口溢出；壶口可加盖，以保持壶内水的清洁；壶口内侧有网状过滤口。

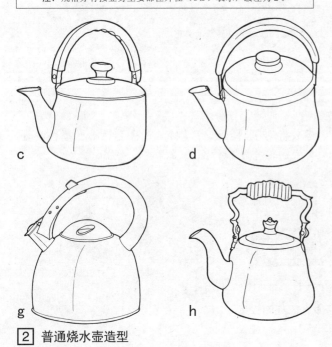

2 普通烧水壶造型

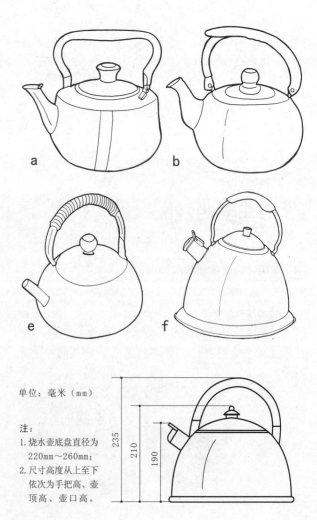

单位：毫米（mm）

注：
1. 烧水壶底盘直径为220mm～260mm；
2. 尺寸高度从上至下依次为手把高、壶顶高、壶口高。

3 普通烧水壶尺寸

电热水壶

电热水壶体积小巧、快速高效、即用即饮、携带方便，被越来越多的家庭采用。除了烧水，它还可以用来烧茶、煮咖啡等。电热水壶具有结构简单、加热迅速、操作方便、安全卫生、使用寿命较长等特点。

连体式是把加热装置整合到壶的底部，而分体式则是把壶身与加热装置分开。相对来说，分体式从安全及使用方便性上比连体式的更好。

电热水壶的额定功率一般都较大，电源插头、插座、电源线的容量应与其相适应，在10～15A以上，并应独立使用，以确保安全。

电热水壶有以下注意事项：

1. 电器性能：电热水壶是带水工作的电器，确保没有漏电现象，特别是电热管（盘）的密封性。

2. 电源引线接头：电源引线接头与壶身连接应该可靠，松紧合适，装拆灵活。

3. 发热器与壶身的接口：发热器与壶身的接口应该安装牢固，密封良好，没有漏水现象。

4. 控温装置：带有自动控温装置或保温装置的电水壶，要保证控温灵活可靠，能及时有效地切断电源。

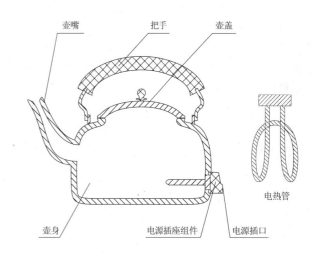

1 电热水壶（连体式）构件

注：
1. 电热水壶空烧，会使电热管发热器温度急剧上升而烧毁，甚至引发事故。
2. 电热水壶的电热管积了水垢后要及时清除，这样才能提高热效率，延长使用寿命，同时也节约电能。

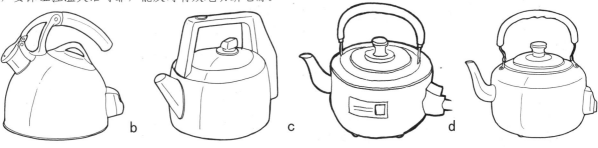

2 电热水壶（连体式）造型

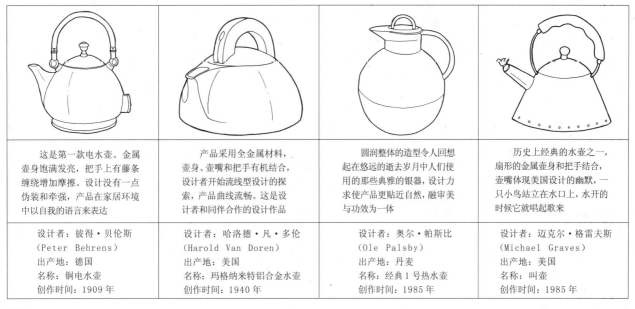

3 经典电水壶设计

分体式电热水壶玲珑小巧，大多采用食品级PP塑料制造，隐藏式不锈钢加热底盘，三重保险温控器，具有自动断电功能。壶身与底座可分离，使用方便，过滤网可以拆卸，水垢清洗容易，装拆简单易掌握。

1. 分体式电热水壶具有以下特点：

1）外型新颖、时尚美观。流线型设计，大弧面壶体带弓形手柄，色彩雅淡，形状多样，有圆筒形、圆锥形、方筒形、腰鼓形和企鹅形等，在家中还有摆设装饰作用。

2）方便快捷、节能。采用大功率电热器烧水，加热速度快。壶身与电源底座可以相互分离，不需整体移动，使用轻便。

3）现喝现烧，新鲜卫生。定量现烧，而且烧水过程只有一次沸腾。克服电开水器生热水混合、电子热水瓶重复沸腾、冷热饮水机使用过程导致二次污染的弊端。

4）断电保护、安全可靠。温控器与电源开关联动，水沸后自动断电，有热熔断保护和接地保护等多重保护装置。采用突跳式温控器构成防干烧安全保护装置，若无水通电能自动断电，防止烧坏电热元件。

5）水位显示，一目了然。壶体两面设置透明水位尺或水位窗，水位可见。

2. 电热水壶设计要点：

1）底座上的电源触头不能外露，防止意外触碰；

2）电源线不宜超过75厘米，防止意外拉扯，导致壶体翻倒；

3）电源线截面积不能过小，避免电热水壶长期处于过载状态，造成短路起火及触电的危险；

4）具有温控功能的产品，在水烧开后必须会自动断电，有效防止因无人看管而造成的干烧；

5）电热管密封性要好，防止电热丝漏电，特别是电热管直接浸没在水中的；

6）出水口位于壶体较高处，高于壶体上沿，可以加盖或过滤格；

7）开关通常位于手柄上，便于操作，水开后会自动断电；

8）指示灯位于显眼处，示意电源情况，方便观察；

9）水位窗通常位于壶体两侧面或把手上，便于观察，标明最高水位和最低水位，中间标以合适刻度。

3. 电热水壶的种类：

1）按制造材料可分为塑料型和不锈钢型两种。塑料型电热水壶造型优美，形状多样，售价便宜，是电热水壶的主流产品，不锈钢型电热水壶外形光亮、耐用、售价较贵。

2）按电热结构可分为隐藏式电热盘和外露式电热管两种。采用电热盘结构的电热水壶，电热元件不敞露，电气性能优、安全卫生、容易清洁、使用寿命长，但成本较高。采用电热管结构的电水壶，电热管浸在水中发热，热效率高、加热速度快，且成本较低。

3）按操作方式可分分离式和旋转式两种。分离式电热水壶不需整体移动，壶身能分离电源底座，使用方便、操作安全。旋转式电热水壶是分离式电水壶的改进型，壶身360度旋转连接电源底座，任意方向操作，电源线可以卷入电源底座收起来。

4. 电热水壶的规格：

1）按容积分有0.8L、0.9L、1L、1.2L、1.5L、1.7L和2L等几种。

2）按功率分有800W、900W、1000W、1200W、1500W、1800W、2000W和2200W等。

型号	型号一	型号二	型号三	型号四
容积（L）	1.8	1.8	1.0	1.0
功率（W）	1800	1800	900	900
电源指示灯	有	有	有	有
水垢过滤网	可拆卸	可拆卸	—	—
电源（V/Hz）	220/50	220/50	220/50	220/50
重量（kg）	1.5	1	0.74	0.9
主体尺寸（mm）	220×195×230	215×187×218	195×138×205	187×130×210

1 电热水壶技术参数

电热水壶 [11] 家庭日常用品

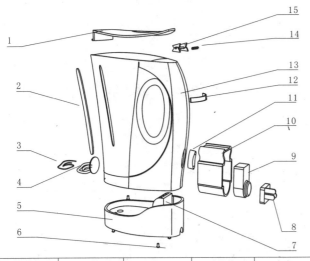

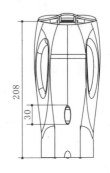

1. 壶盖	2. 水位窗	3. 电热丝	4. 电热管	5. 底座
6. 紧固螺钉	7. 电源插口	8. 电源插头	9. 温控器	10. 温控器壳
11. 开关	12. 指示灯	13. 把手	14. 弹簧	15. 壶盖夹

1 电热水壶结构

2 电热水壶尺寸图

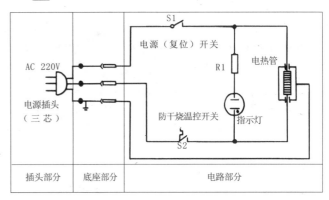

3 电热水壶(分体式)拆装图

4 电水壶内部电路

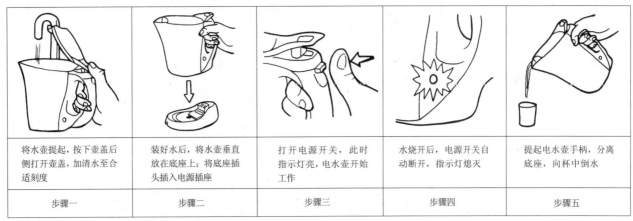

步骤一	步骤二	步骤三	步骤四	步骤五
将水壶提起，按下壶盖后侧打开壶盖，加清水至合适刻度	装好水后，将水壶垂直放在底座上；将底座插头插入电源插座	打开电源开关，此时指示灯亮，电水壶开始工作	水烧开后，电源开关自动断开，指示灯熄灭	提起电水壶手柄，分离底座，向杯中倒水

注：电热水壶使用应注意的事项：
1. 注入壶内的液体应高于发热器最高表面几毫米，但不能超过规定的最高水位线。
2. 使用时必须先装水，后通电；切忌先通电，后装水。
3. 因电热水壶的功率一般较大，所用的电源线、电源插头插座开关等的容量应选择10~15A。
4. 切勿用电热水壶来煮带酸、碱、盐成分的东西，以免腐蚀壶体和发热器。
5. 使用时要经常除去电热器上的水垢或其他污渍，否则影响电热器的热效率和寿命。
6. 电热水壶不用时，要放置在干燥处，以免受潮而降低安全性能。

5 电热水壶使用说明

家庭日常用品 [11] 电热水壶

温控器

温控器结构合理、体积小、触点动作干脆可靠、无拉弧、使用寿命长，可直接安装在发热元件上。

温控器由开关组件、外壳、端盖等几部分组成。开关组件中装有两片圆形热双金属片，一片正对着感温管的出口、另一片紧贴电热管的电极外壳固定。

当电热水壶中的水烧开后，水蒸气通过感温管传入双金属片，使其受热膨胀，通过开关机构的作用，断开电源插头与电热管之间连接触头，达到断开电路的目的。当电水壶中的水烧干后，电热管露出水面，电热管的温度迅速上升，使紧贴电热管电极外壳的另一金属片也迅速受热膨胀，由此推动开关机构，达到断开电路的目的。

温控器的关键是选择合适、温度控制准确的热双金属片。控制水沸腾的热双金属片应选择在100℃动作，保护电热管的热双金属片的动作温度应选择比100℃高些。由于正常烧水过程中，电热管是和水直接接触的，因此其外壳的最高温度为100℃。当电热管处于干烧的情况下，应在很短的时间内断开电路，因而保护电热管的热双金属片的温度控制可选在120℃，以达到最快断开电路，保护电热管的目的。

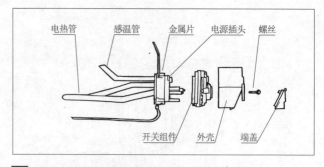

[1] 电水壶温控器结构

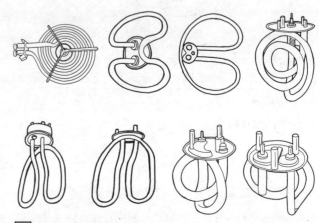

[2] 电水壶电热管(盘)

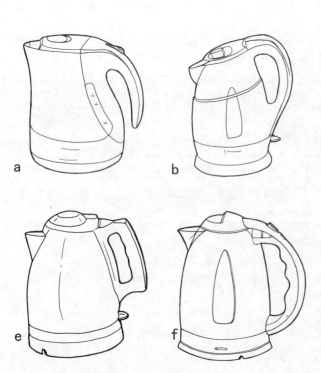

[3] 电热水壶(分体式)造型

注：分体式电热水壶，使水瓶、烧水壶二合一，安全手柄设计，防止蒸汽烫手，不烫手防滑外壳，电源线储藏装置，水位显示，快速烧水，节约能源，方便易用。

保护模式：1.水开自动断电 2.干烧保护切断 3.过热断电保护。电水壶的加热方式是通过发热器对壶中的水进行加热，现在家用型电水壶大都采用底盘加热的方式，免除在壶体中设置加热管，使清洁起来更加方便。

电热水壶 [11] 家庭日常用品

1 电水壶（分体式）造型（续）

家庭日常用品 [11] 电热水壶

1 电水壶（分体式）造型（续）

保温瓶

现代的保温瓶是英国物理学家詹姆斯·杜瓦爵士于1892年发明的。当时他正在进行一项使气体液化的研究工作，气体要在低温下液化，首先需设计出一种能使气体与外界温度隔绝的容器，于是他请玻璃技师伯格为他吹制了一个双层玻璃容器，两层内壁涂上水银，然后抽掉两层之间的空气，形成真空。这种真空瓶又叫"杜瓶"，可使盛在里面的液体，不论冷、热温度都能在一定时间内保持不变，这就是今天的保温瓶。

保温瓶的保温功能最差的地方是瓶颈周围，热量多在该处借助传导方式流通。因此，制造时总是尽可能缩小瓶颈，容量愈大而瓶口越小的保温瓶，保温效果愈好，正常情况下，12小时之内可使瓶内的冷饮保持在4℃左右，开水在60℃左右。

保温瓶与人们的工作、生活关系密切。实验室里用它贮存化学药品，野餐、运动比赛时人们用它贮存食物和饮料。近年来保温瓶的出水口又添许多新花样，研制出了压力保温瓶，电子保温瓶等。但保温原理基本不变。保温瓶瓶胆规格很多，其中以2.0升的最为常用。

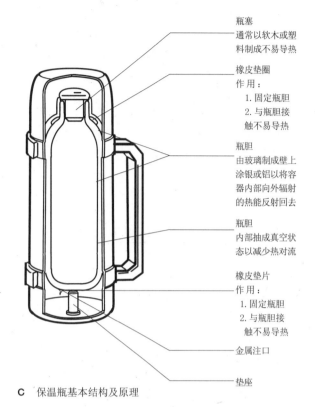

c 保温瓶基本结构及原理

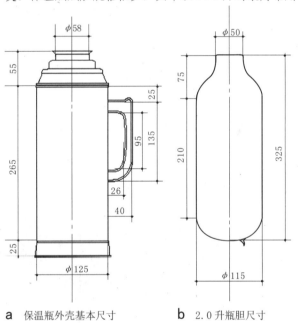

a 保温瓶外壳基本尺寸　　b 2.0升瓶胆尺寸

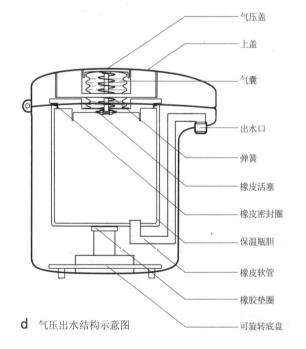

d 气压出水结构示意图

1 保温瓶构造

保温瓶分类

手提式保温瓶	气压式保温瓶	便携式保温瓶	电子式保温瓶
即常见的普通热水瓶，出现最早，起源于英国，家庭使用最多。它采用双层玻璃内壁涂上银或铝，玻璃层之间抽成真空状态以减少热对流的保温原理。其外壳材料通常有竹编、塑料、陶瓷、铁皮、铝、不锈钢等	普通保温瓶基础上增加气压装置，只需按一下气压按钮水就会自动流出来，而不需要移动瓶身。它的外壳材料通常为塑料	由于是携带用的，因此双层玻璃保温的结构基本被取代，目前市场上主要有两种，一种是双层强化塑料内真空，另一种是单层玻璃加上硬聚氨酯苯乙烯泡沫材料隔热，非常抗冲击。外壳材料多使用塑料、不锈钢等	电子式保温瓶安装有电子控制的保温装置，及电动出水防干烧等功能。它采用PTC发热件（具有恒温发热特性），其结构原理与电热水壶相似

家庭日常用品 [11] 保温瓶

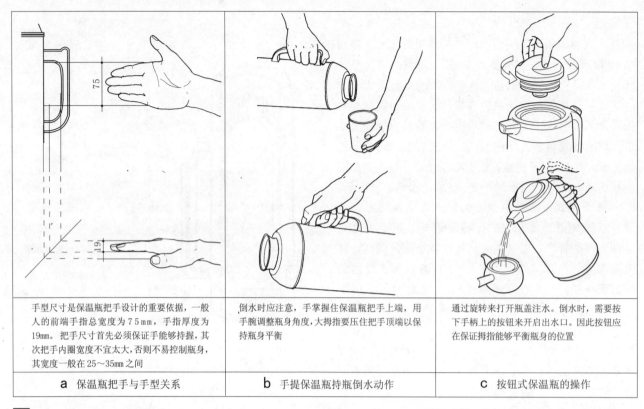

a 保温瓶把手与手型关系	b 手提保温瓶持瓶倒水动作	c 按钮式保温瓶的操作
手型尺寸是保温瓶把手设计的重要依据，一般人的前端手指总宽度为75mm，手指厚度为19mm。把手尺寸首先必须保证手能够持握，其次把手内圈宽度不宜太大，否则不易控制瓶身，其宽度一般在25～35mm之间	倒水时应注意，手掌握住保温瓶把手上端，用手腕调整瓶身角度，大拇指要压住把手顶端以保持瓶身平衡	通过旋转来打开瓶盖注水。倒水时，需要按下手柄上的按钮来开启出水口。因此按钮应在保证拇指能够平衡瓶身的位置

1 保温瓶的人机与操作

手提式保温瓶

手提式保温瓶由于发展时间较长，因此其外观造型丰富多样。生产工艺的改进，使其造型更加自由活泼。

1 手提式保温瓶造型

注：手提式保温瓶常用的规格有1.3L、1.6L、1.9L、2.0L、2.2L。考虑其需要手提倒水，因此容量不宜过大。家用型保温瓶的规格以2.0L为主。

保温瓶 [11] 家庭日常用品

气压式保温瓶

气压式保温瓶是在一般保温瓶基础上发展起来的，是20世纪80年代的升级换代产品。它是由双层玻璃中间镀银真空瓶胆、导管和瓶盖泵体等主要部件组成。

国产气压式保温瓶有手揿和电动两种类型，手揿式有盖压、揿钮和杠杆等式样。为了使用方便，一般均在瓶底部装有旋转盘，使用时可任意转动方向。

在水质不佳的地区，使用气压式保温瓶有一个缺点，即稍久放置后，压出的第一杯水总是浑浊不清、带有水垢，不宜饮用。

气压保温瓶瓶胆常用规格有1.6L、1.9L、2.0L、2.2L、2.5L等。

[1] 气压式保温瓶造型

便携式保温瓶

便携式保温瓶，出现于二战前后，俗称保温杯。顾名思义它是可以携带用的。因此它的体积较小，重量较轻。而它保温的持续性没有普通保温瓶那么久，但是却提升了它的抗摔性能，安全性较高。这是由于它的保温原理决定的。另外出于携带方便考虑，有些保温杯使用了背带。也有很多保温杯将瓶体与水杯整合在一起，旅行使用更加便利。

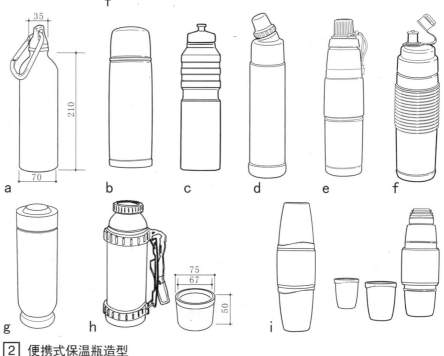

[2] 便携式保温瓶造型

电子式保温瓶

电子式保温瓶采用气压和电动两种出水方式，其容量一般较手提式的要大，且具有加热功能（需要供电）。因为出水比较方便，需要做好保护措施，需设计锁定按钮，防止误操作，以免烫伤。相关内容请参阅"电热水壶"。

a

b

c

[3] 电子式保温瓶造型

215

家庭日常用品［11］手提秤

手提秤

手提秤是生活中使用频率较高的产品，分为弹簧手提秤和电子手提秤。其特点是体积小，可以随身携带，随时秤重。主要用于买完商品后检查商品的实际重量。

同时，考虑到购物后一般会有多个购物袋且重量较重，会给手造成较大负担，因此在许多手提秤上设计了一个非常方便的悬挂结构，使用者只需握住手柄，就可轻松携带多个购物袋，大大地减轻了手指的压迫感。某些手提秤还组合了计算器、卷尺等工具，实现了多功能化。

1. 手提秤的秤身普遍使用塑料、塑胶等触感较好的材料制造，吊钩多使用不锈钢制造。
2. 手提秤的手柄大小必须适合人的手型尺寸。
3. 弹簧手提秤经长时间使用读数会不准，所以每次使用前要调零。
4. 手提环要比较粗大，防止环太细对手压迫过重。
5. 挂钩的用材要保证有足够的强度，金属挂钩的端口必须经过钝化处理。

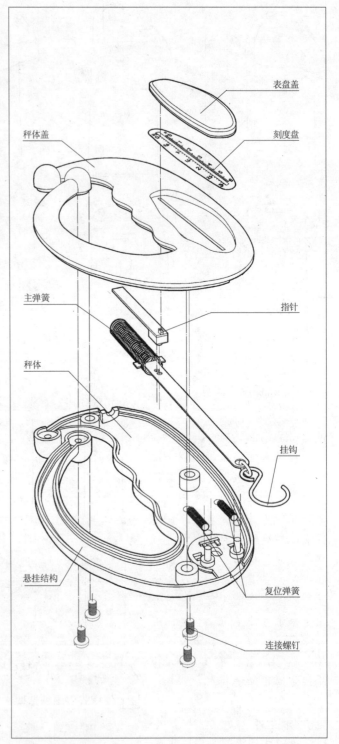

1 弹簧手提秤的结构

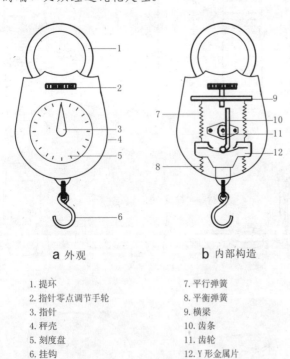

a 外观　　　　b 内部构造

1. 提环
2. 指针零点调节手轮
3. 指针
4. 秤壳
5. 刻度盘
6. 挂钩
7. 平行弹簧
8. 平衡弹簧
9. 横梁
10. 齿条
11. 齿轮
12. Y形金属片

注：袖珍弹簧秤的内部构造如图b所示，在指针调节手轮2的下方有一横梁9，两平行安装的平行弹簧7的上端固定在此横梁上。Y形金属片12上、下分别与平行弹簧7和平衡弹簧8连接。Y形金属片的叉口中央有一齿条10，与秤壳正中央圆柱形齿轮11啮合。圆柱齿轮的中心轴上，装置指针3。Y形金属片的下端与秤钩6相连。平衡弹簧8下端连在称壳上，其作用是稳定齿条位置。旋动指针零点调节手轮2，通过它下面的杠杆，带动横梁7上下微动，从而调整指针的零点。

用此袖珍秤称物时，手拉提环，在挂钩上挂上被称重物。两平行弹簧7同时伸长，Y形金属片带动齿条10下移，齿条10带动齿轮11转动，从而使指针3转动，指示读数。

2 弹簧手提秤（圆盘刻度）的原理

手提秤 [11] 家庭日常用品

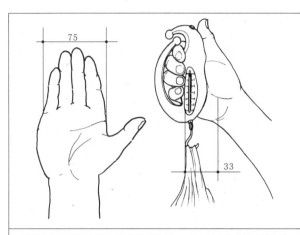

a 称重时的手型动作

手型尺寸是手提秤造型设计的重要依据，一般人手掌的前端手指的总宽度为75mm，手掌越靠前端宽度越窄。因此，四指套入操作，尺寸在75～90mm之间。由于秤的手柄部分的宽度为33mm，紧握秤体时手指会覆盖刻度盘，影响读数。故读数时，手掌要放松，手心不能紧靠秤体。

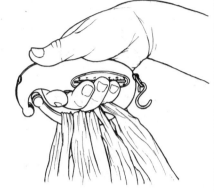

b 提物时的手型动作

手提秤的另一个作用是可辅助携带一个或多个购物袋。使用时手型与称重时一致，四指套入。秤体设计时，手握部分应尽量圆滑舒适，在受力部则要考虑防滑，增加摩擦。

1 手提秤的人机关系

仪表盘尺寸规范：
表盘面积在秤的设计中十分重要，科学合理的表盘面积有利于提高使用者读数速度和准确性。一般来说，表盘直径的正常范围是30～70mm。（最优的读数直径为44mm）
当直径<17.5mm时，由于表盘面积过小致使刻度缩小，使用者需很仔细地才能分辨出指针所指刻线，这样一来会大大降低认读速度。虽然可增大刻度盘尺寸来增大刻度、刻度线、指针和字符大小，但会使眼睛扫描路线增长，同样不利于读数时的准确度和速度。
所以设计表盘时，要考虑操作者与显示装置间的距离和角度，确定仪表盘的尺寸范围。（开窗式仪表盘要求能显示出相邻两个刻度数字的刻度线）

刻度标记数量	刻度盘面最小允许直径(mm)	
	观察距离 500mm	观察距离 900mm
38	25.4	25.4
50	25.4	32.5
70	25.4	45.5
100	36.4	64.3
150	54.4	98.0
200	72.8	120.6
300	109.0	196.0

符合标准的表盘样式（圆盘形）

刻度的规范：
1. 刻度的最小尺寸不小于0.6～1mm，一般在1～2.5mm间选取。
2. 刻度的选取也受到材料限制：表盘材料为钢、铝，刻度最小1mm；表盘材料为黄铜、锌白铜，刻度最小0.5mm。
3. 刻度分为长、中、短三级（L—观测距离）：长=L/90 中=L/125 短=L/200。
4. 刻度线间距为L/600～L/50。
5. 刻度线宽度5%L～15%L，以10%为优。
6. 标注应取整数，避免出现小数和分数。

刻度标数进级系统：
1. 最小刻度标数进级应与读数的精度相适应。
2. 同时有大、中、小三级刻度应互相兼容。
3. 同时使用多个仪表，相同功能的标数进级系统应当一致。
4. 带小数刻度的标数把小数点前的"0"省略。

刻度线长度	观察距离（mm）				
刻度等级	<0.5	0.5～0.9	0.9～1.8	1.8～3.6	3.6～6.0
长	6.5	10.0	20.0	40.0	67.0
中	4.1	7.1	14.0	28.0	48.0
短	2.3	4.3	8.6	17.0	29.0

指针的规范：
形状：力求简洁、明快，不加任何装饰。
指针宽度：针尖宽度应与刻度标记宽度对应。
指针长度：长度应与刻度线间留有1～2mm间隙，不可覆盖。
指针位置：指针与刻度盘面呈平行状态，间隙要小。指针零点的位置一般处于钟面12点的位置。

几种表盘样式（刻度形式）：
开窗仪表（读数围小，读数迅速准确）
圆表盘仪表
半圆表盘仪表
直线型表盘仪表（水平直线型优于竖直直线型）

仪表盘颜色搭配：
就视觉上来讲，黑底加黄色刻度线最清晰，黑底加蓝色刻度线最模糊。但因黑白明度对比最高，所以习惯用白底加黑色刻度线。如果仪表工作时所处于暗处，表盘一般用黑底加白色刻度线。

2 仪表盘的人机关系和规范

家庭日常用品 [11] 手提秤

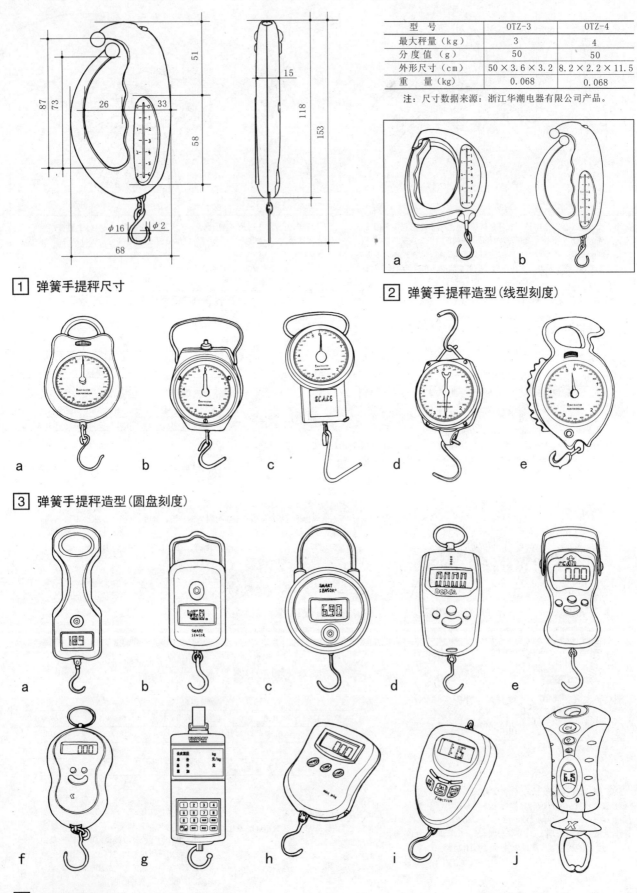

型　号	OTZ-3	OTZ-4
最大秤量（kg）	3	4
分度值（g）	50	50
外形尺寸（cm）	50×3.6×3.2	8.2×2.2×11.5
重　量（kg）	0.068	0.068

注：尺寸数据来源：浙江华潮电器有限公司产品。

1 弹簧手提秤尺寸

2 弹簧手提秤造型（线型刻度）

3 弹簧手提秤造型（圆盘刻度）

4 电子手提秤造型

厨房秤

衡器（俗称为秤）是与人们生活密切相关的计量器具。早在春秋末期我国就有了制造秤的历史。当时的秤主要用于征收税赋，发放俸禄，公平交易。随着社会的进步，衡器制造业发展十分迅速。衡器产品从单一的杆秤发展成多样化的产品，厨房秤就是其中的一个分支。

厨房秤分为机械厨房秤（属于弹簧秤）和电子厨房秤。机械厨房秤的结构原理与手提弹簧秤相似；电子厨房秤的工作原理则是通过数个电子装置将重力转化成数字讯号，经过运算，最后以数字形式显示在液晶显示屏上。机械厨房秤的分类也与手提弹簧秤相似，主要有线型刻度和圆盘刻度两种；电子厨房秤按秤盘造型及功能可分为容器秤盘式、秤盘可拆式、平板秤盘式三类。电子厨房秤功能较多，一般具有千克、克、盎司和磅四种转换单位，拥有简便实用的双单位显示和一键式操作，有的还有自动校准，自动关机等辅助功能。

厨房秤主要使用于精度要求较高的食料准备工作。也可以通过称量食物重量计算食物卡路里，帮助使用者合理配餐，合理膳食。外观形式更是现代厨房秤设计的重点所在。

1．机械厨房秤秤身材料大多采用塑料。底座较重，一般是铁制品。

2．电子厨房秤品种较多。秤身以仿金属外壳和金属外壳居多。容器秤盘以塑料为主，也有玻璃制品；可拆式的秤盘为圆形玻璃秤盘，大部分由钢化玻璃制成；平板秤盘的材料种类较多，有塑料、塑胶、铝合金等。

3．大部分电子厨房秤使用干电池，也有使用纽扣式电池的，少量使用交流电和充电电池。

4．厨房秤的外观要求简洁光顺，不带清洁死角。

型号	ATZ-001	ATZ-002	ATZ-003	ATZ-005
最大秤量（kg）	1, 2	0.5, 1	0.5, 1	1, 2, 3, 5
分度值（g）	5, 10	10, 20	10, 20	5, 10, 25, 40
外形尺寸(cm)	19.3×16.3×18.5	14.8×9×16.3	10.5×8×13.5	15×13.5×17
重量(kg)				

型号	ATZ-006	ATZ-007	ATZ-008	ATZ-009
最大秤量（kg）	1, 2, 3, 5	0.5, 1	10, 5	0.5, 1
分度值（g）	5, 10, 25, 40	10, 20	50, 25	10, 20
外形尺寸(cm)	17×16.8×17	14.5×8.5×16	26×14.2×18.5	14.5×8.5×16
重量(kg)	0.54	0.25	0.94	0.25

尺寸数据来源：浙江华潮电器有限公司产品。

2 厨房秤的规格尺寸表

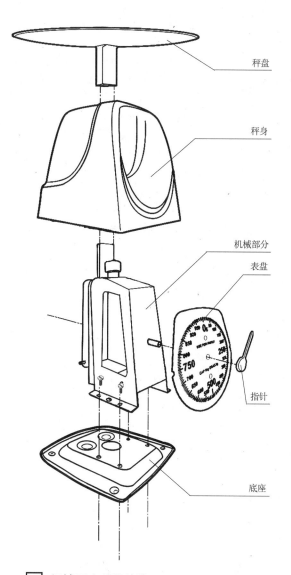

1 机械厨房秤的结构

秤重物品经由装在机构上的重量传感器，将重力转换为电压或电流的模拟讯号，经放大及滤波处理后由A/D处理器转换为数字讯号，数字讯号由中央处理器(CPU)运算处理，而周边所需要的功能及各种接口电路也和CPU连接应用，最后由显示屏幕以数字方式显示。示意图如下：

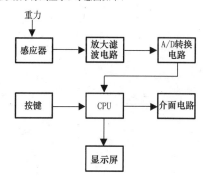

3 电子厨房秤的工作原理

家庭日常用品 [11] 厨房秤

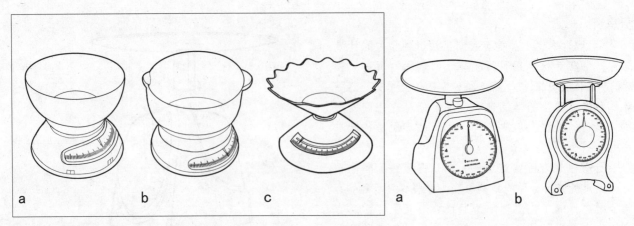

1 机械厨房秤造型（线型刻度式）

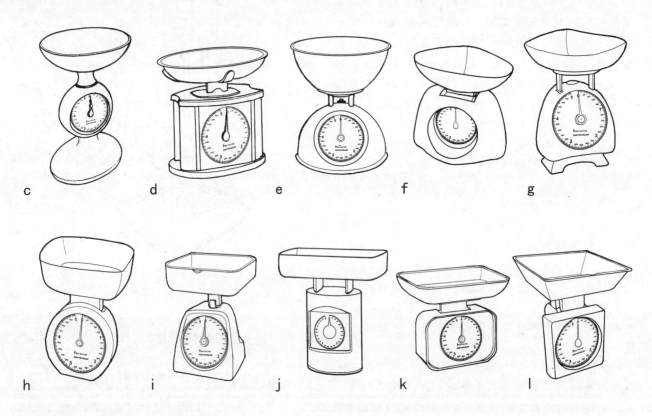

2 机械厨房秤造型（圆盘刻度式）

注：圆盘刻度弹簧厨房秤，一般用来称量体积数量都不大的食料，适合家庭料理使用。称量精度不高，每次使用前需调零。

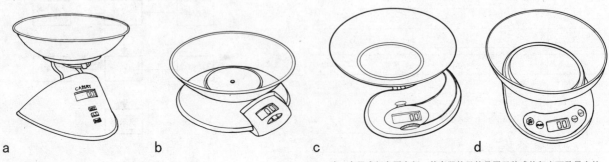

3 电子厨房秤造型（容器秤盘式）

注：容器式秤盘厨房秤，其容器的目的是用于装盛体积小而数量多的食物，如：大米、青豆、玉米粒等。

厨房秤 [11] 家庭日常用品

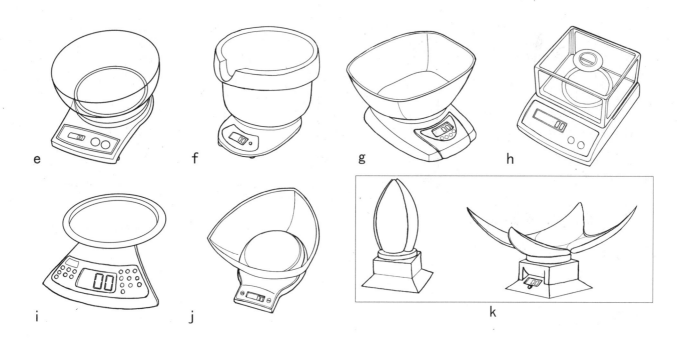

1 电子厨房秤造型（容器秤盘式）

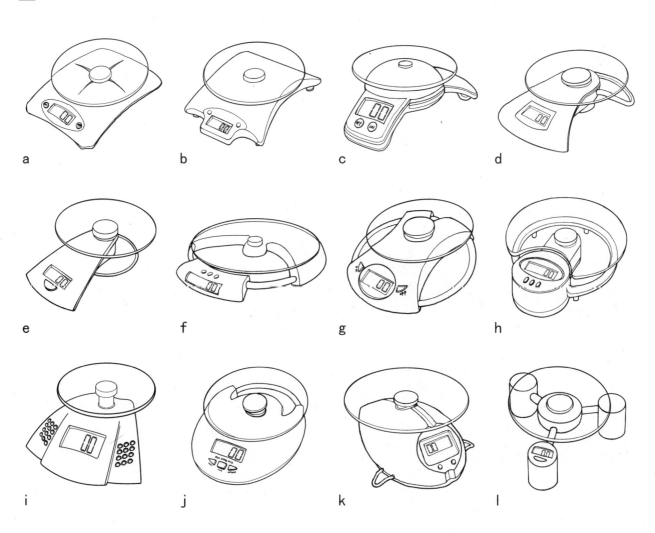

2 电子厨房秤造型（秤盘可拆式）

221

家庭日常用品 [11] 厨房秤

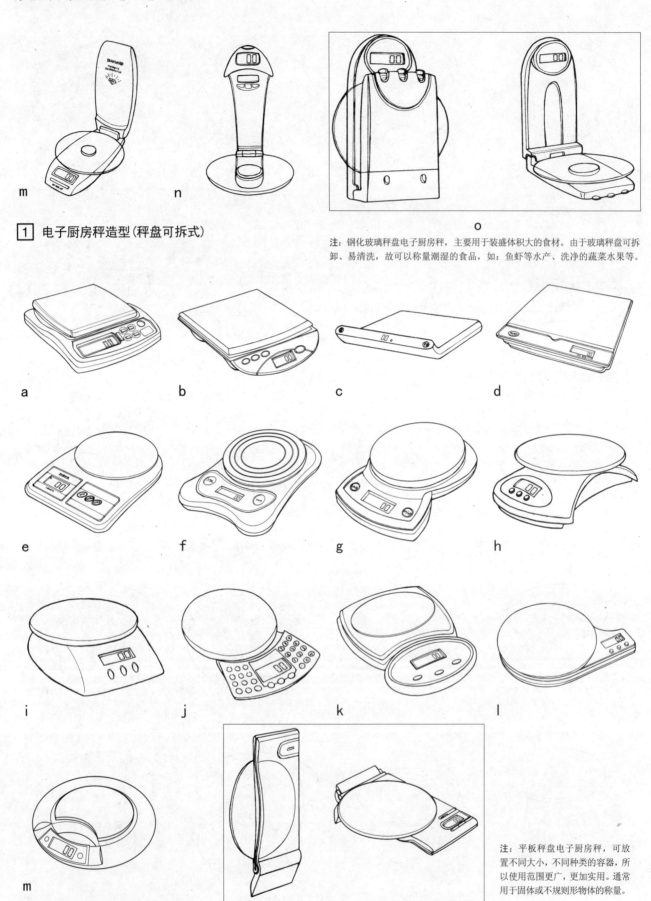

1 电子厨房秤造型（秤盘可拆式）

注：钢化玻璃秤盘电子厨房秤，主要用于装盛体积大的食材。由于玻璃秤盘可拆卸、易清洗，故可以称量潮湿的食品，如：鱼虾等水产、洗净的蔬菜水果等。

注：平板秤盘电子厨房秤，可放置不同大小，不同种类的容器，所以使用范围更广，更加实用。通常用于固体或不规则形物体的称量。

2 电子厨房秤造型（平板秤盘式）

点火器

点火器，主要分为脉冲点火器和压电点火器。是点火类产品的重要点火装置。

我们常见的点火枪，是用来点燃煤气、蜡烛、壁炉等的厨房用具，也是野营烧烤的最佳选择，在西方较为常用。

点火枪的分类：按照出火方式，可分为明火和星火。按照点火方式，可分为脉冲点火枪和压电点火枪两类。

点火枪是为人的安全点火而设计，是人体手臂的延长部分，它的整体形态应为长条状，长度一般为180～250 mm，重量上要求轻巧。手柄部分除了要保证舒适的使用状态，还应具有良好的隔热性。

导管部分主要分软管和硬管。硬管的材料有铜、铝以及金属合金。表面处理方式有镀银、镀铬等。

目前市场上部分点火枪上，还增加了附属功能，例如指南针、温度计等，使其在不点火的状态下，也能成为家庭或旅行的其他用品。

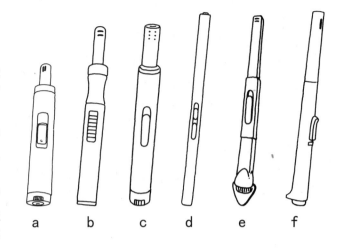

a　b　c　d　e　f

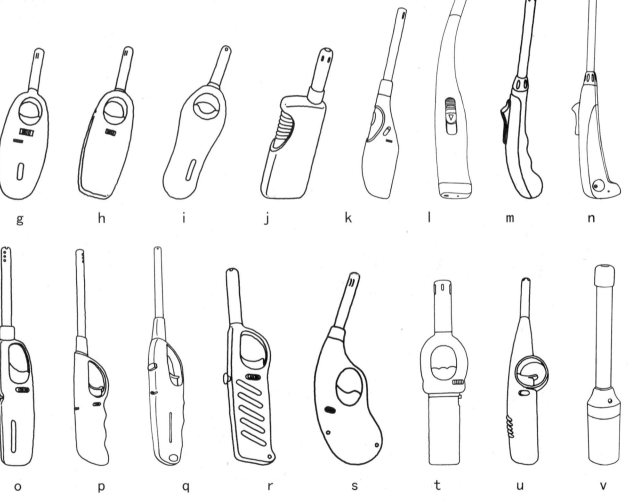

g　h　i　j　k　l　m　n

o　p　q　r　s　t　u　v

[1] 点火枪的造型

家庭日常用品 [11] 点火器

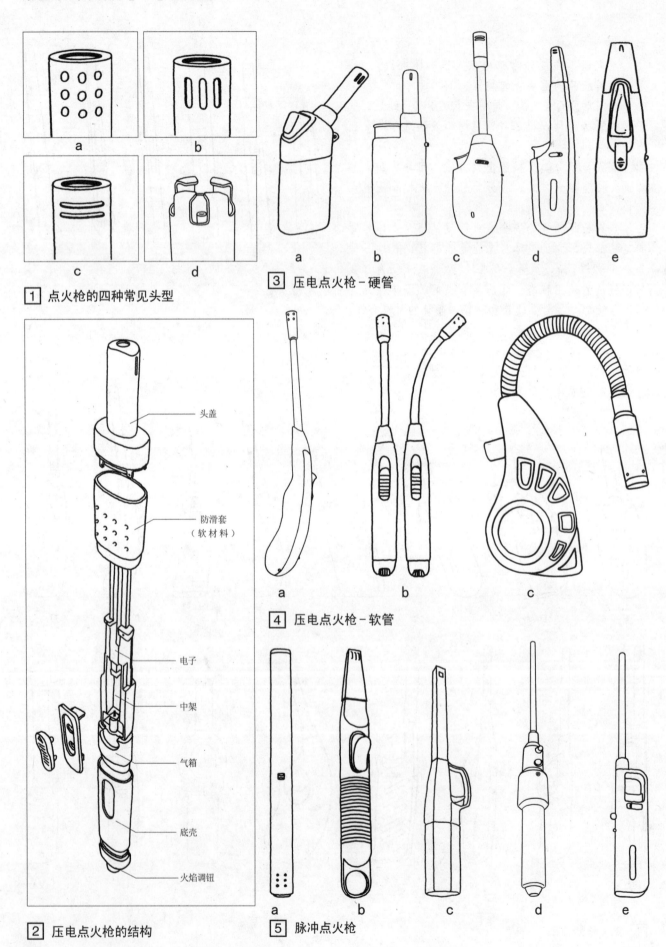

1 点火枪的四种常见头型

2 压电点火枪的结构（头盖、防滑套（软材料）、电子、中架、气箱、底壳、火焰调钮）

3 压电点火枪－硬管

4 压电点火枪－软管

5 脉冲点火枪

点火器 [11] 家庭日常用品

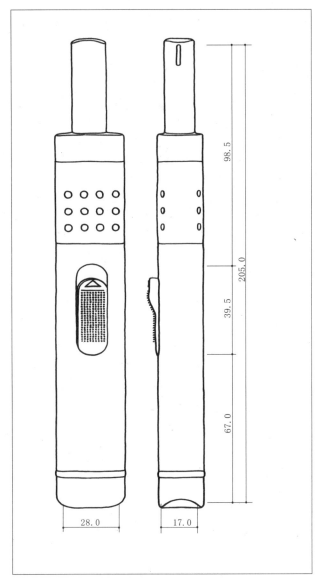

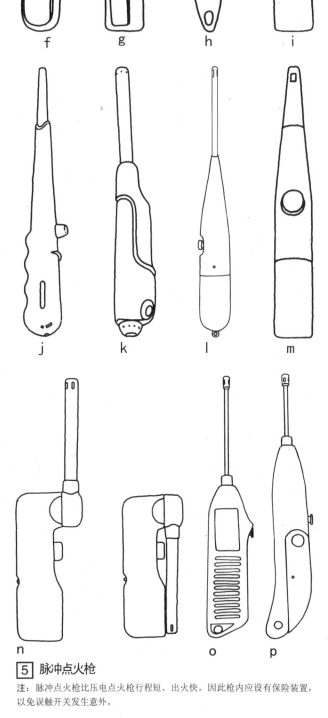

1 压电点火枪的基本尺寸

压电点火枪的重要部件依次为出火头、中架、气箱。中架内依次为导管、电子匣、开关、撬板（开气箱用）。

电子在点火枪内部的位置可竖直也可以水平放置。点火行程为5.5mm，导线可任意弯曲。

压电点火枪厚度受电子和出火口的限制。

点火枪开关按钮与手柄底部应有100mm的距离，以便操作按钮。

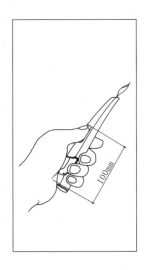

2 点火枪的使用手型

5 脉冲点火枪

注：脉冲点火枪比压电点火枪行程短、出火快。因此枪内应设有保险装置，以免误触开关发生意外。

225

家庭日常用品 [11] 定时器

定时器

定时器是一种时间提醒装置，有机械闹铃式和电子蜂鸣式两大类。定时器的使用非常广泛。大部分的定时器都作为一个部件被引入家用电器中，成为了家电控制的一部分。定时器的定时功能已普遍存在于钟表等计时器中，但独立的家用定时器也很普遍。常用于厨房烧饭、办公、开会、锻炼时的提醒。我们这里讨论的定时器特指独立的家用定时器。

定时器的造型款式多样，多为圆形，常见有抽象的几何造型和具象的玩具化仿生造型。像水果、蔬菜、小动物等常被引用为造型元素。定时器的工作方式一般为倒计时。电子定时器有液晶显示屏显示时间进度，以蜂鸣器的发声作为提醒信号；机械定时器则是以刻度作为时间显示，以铃声作为提醒信号。用户均可根据自己需要方便地设置时间长度。常用机械定时器的最长时间设置为60分钟。

定时器的材料一般为塑料，也有用不锈钢和铸铝制造。设计定时器时，其表面的刻度显示要清晰明了，像钟表一样以分钟为单位分大小刻度显示，并有数字配合；在尺度上以手握操作舒适为准，直径在100mm以内。电子定时器为按键操作，没有固定的尺寸限制。定时器的放置方式可考虑立、挂、吊、夹、粘、吸等多种方式。

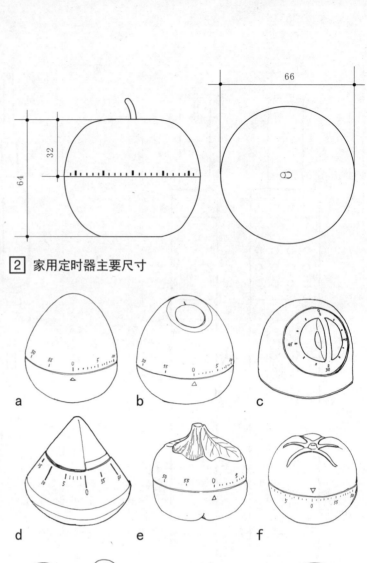

[2] 家用定时器主要尺寸

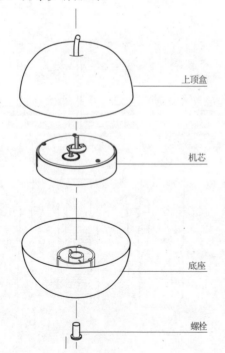

[1] 家用机械定时器构造

[3] 家用定时器造型

扫帚

扫帚又名扫把，是除去尘土、垃圾的清扫用具。人们常把略小的扫帚称笤帚。传统的扫帚为手工制品，一般用去了粒的高粱穗、黍子穗捆扎而成或用竹枝扎成。今天的扫帚大量采用塑料、金属、马鬃、猪鬃、除静电塑料纤维等材料制造。扫帚在材料的应用上与刷子已十分相近，且从使用功能和形式上很难把长柄刷与扫帚区别开，所以扫帚是一种特殊形式的刷子。

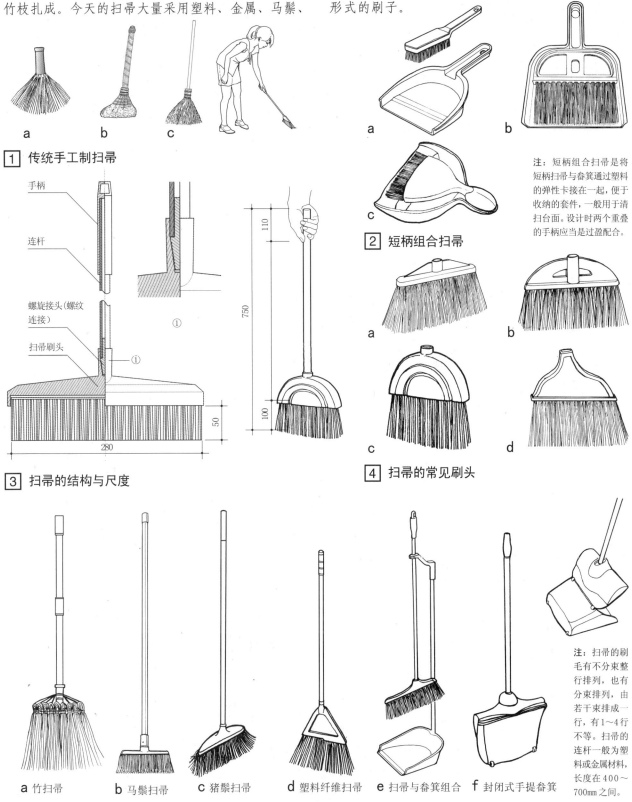

1 传统手工制扫帚

2 短柄组合扫帚

注：短柄组合扫帚是将短柄扫帚与畚箕通过塑料的弹性卡接在一起，便于收纳的套件，一般用于清扫台面。设计时两个重叠的手柄应当是过盈配合。

3 扫帚的结构与尺度

4 扫帚的常见刷头

5 常见扫帚与畚箕

a 竹扫帚　　b 马鬃扫帚　　c 猪鬃扫帚　　d 塑料纤维扫帚　　e 扫帚与畚箕组合　　f 封闭式手提畚箕

注：扫帚的刷毛有不分束整行排列，也有分束排列，由若干束排成一行，有1～4行不等。扫帚的连杆一般为塑料或金属材料，长度在400～700mm之间。

家庭日常用品 [11] 拖把

拖把

拖把是家庭主要的清洁用具，用于清洁卧室，客厅，厨房，洗手间，车库等的地面，几乎可清洁任何材质的地面。常用拖把材质主要为棉纱和PVA胶棉两种，现在新型的拖把有蒸汽拖把、喷水拖把、滚筒拖把、可折叠或带挤干功能的拖把。

挤干式拖把

挤干式拖把是利用连杆结构将拖把头挤干的一类拖把，有滚压，折压，扭压等挤干方式，胶棉棉头上的沟槽式结构能充分吸附毛发，尘土，果汁，碎玻璃片等物质。

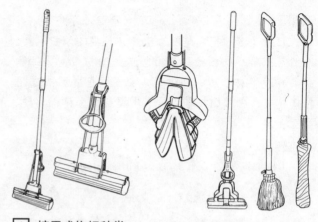

1 挤干式拖把种类

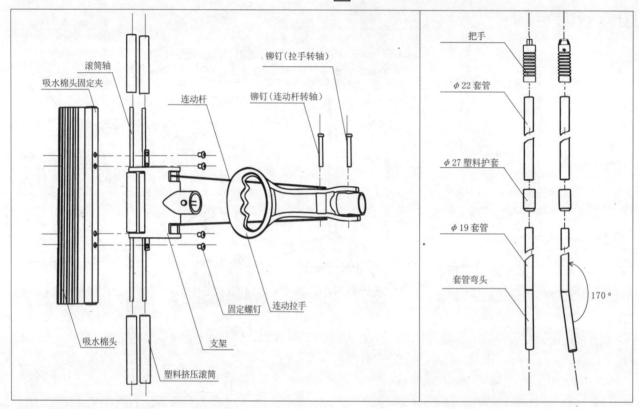

2 滚压挤干式拖把的结构

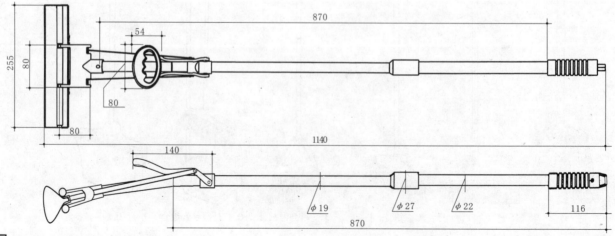

3 滚压挤干式拖把的基本尺寸

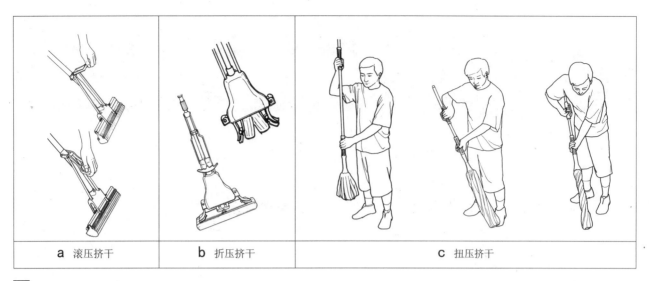

| a 滚压挤干 | b 折压挤干 | c 扭压挤干 |

1 挤干式拖把的使用方式

脱卸式拖把

　　脱卸式拖把是最常见的拖把类型，广泛用于家庭，公共场所的清洁。拖头分为普通棉纱材质和超细纤维编制的带静电材料，静电材料可以吸附地板上的毛发，毛丝，灰尘等一些细小垃圾。脱卸式拖把由拖把杆、拖把架和可脱卸的拖布组成。

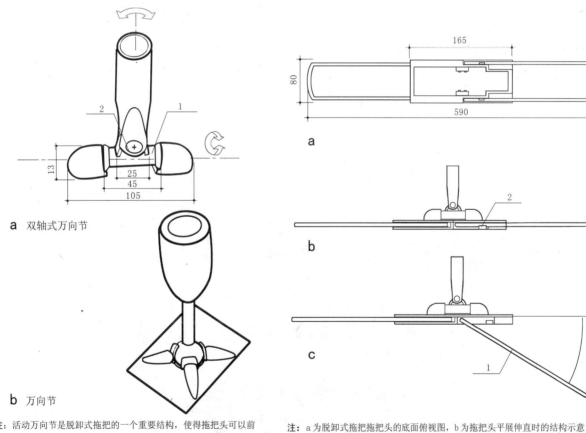

a 双轴式万向节

b 万向节

注：活动万向节是脱卸式拖把的一个重要结构，使得拖把头可以前后左右转动，方便控制。活动万向节主要有两种形式，如图 a 所示，通过 1 的转轴控制拖把头前后方向的移动，通过 2 控制拖把头左右方向的移动；如图 b 所示，通过钢珠在圆槽内滚动实现拖把头向各个方向的转动。

2 脱卸式拖把活动万向节结构

注：a 为脱卸式拖把拖把头的底面俯视图，b 为拖把头平展伸直时的结构示意图，锁定结构 2 可将钢丝撑架 1 固定在水平位置，c 为拖把头折叠时的结构示意图。当拖把头折叠时将拖把布套在两边的钢丝撑架上，将钢丝撑架 1 扳到水平位置即可将拖把布固定。

3 脱卸式拖把架的折叠结构

家庭日常用品 [11] 拖把

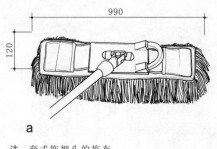
a

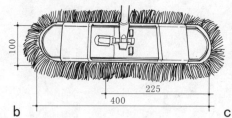
b

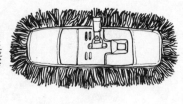
c

注：套式拖把头的拖布由纯棉纱编制，吸水性强，不掉毛且耐腐蚀，容易清洗。超长的拖头适用于宾馆、酒店、医院等公共场所的清洁。a,b,c,f 通过拖把架的折叠结构来固定拖布，d,e 通过纽扣或拉链将拖布固定在拖把架上。

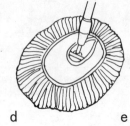
d

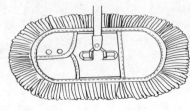
e

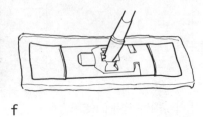
f

1 套式拖把头

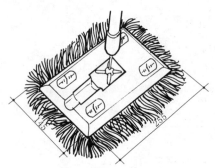
c

注：粘式拖把头的底板与拖布之间有带毛刺的粘条（雌雄扣）连接，a,b,c,d,e 为粘式拖把头的不同造型。

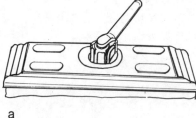
a   b

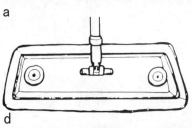
d   e

2 粘式拖把头

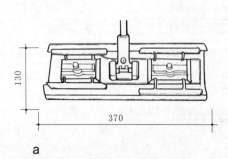
a

注：拖把架是专门设计的卡毛巾装置，能装上各种废旧毛巾，也能装上特制的毛巾擦拭玻璃、窗户，可湿擦地砖，也可干擦地板。卡毛巾的机构形式不同，原理相似，其材质有不锈钢和普通塑料。a、b、c、d 为夹式拖把头的不同造型。e 为传统的脱卸式拖把造型，棉线直接固定在拖把头上。

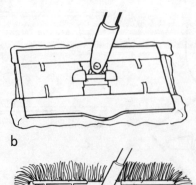
b

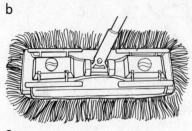
c

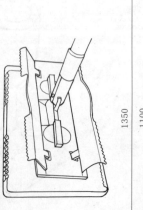
d

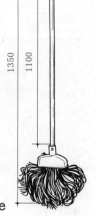
e

3 夹式拖把拖头

其他拖把

滚筒拖把能增大清洁面积，适用于地毯，木质地板，花岗石，地砖，水泥地面等材质，广泛用于家庭，办公室，酒店木地板、地毯、地砖、墙纸、顶棚、玻璃、高档家具、汽车表面、电视机电脑显示屏等静电除尘清洁。喷水拖把的清洁垫采用超细纤维布料，避免了普通拖把易脏、不易干和沉重的缺点，不发霉、不掉棉屑，便于清洗且可反复使用。用于清洁塑胶地板、顶棚、瓷砖、大理石、墙壁、玻璃门窗等，若在其盛水装置中加入消毒液，能在清扫家居的同时完成家庭消毒工作。蒸汽拖把采用高温高压的工作原理，借助于蒸汽拖把产生的强大蒸汽将地面上的脏物及灰尘清除干净，适用于木地板、大理石、地板砖、复合地板等平滑硬质的地表面，能清除房墙体及用具上的油污，适用于地面、儿童玩具、厨房设施、宠物卧室及卫生洁具等的清洁、消毒与杀菌。

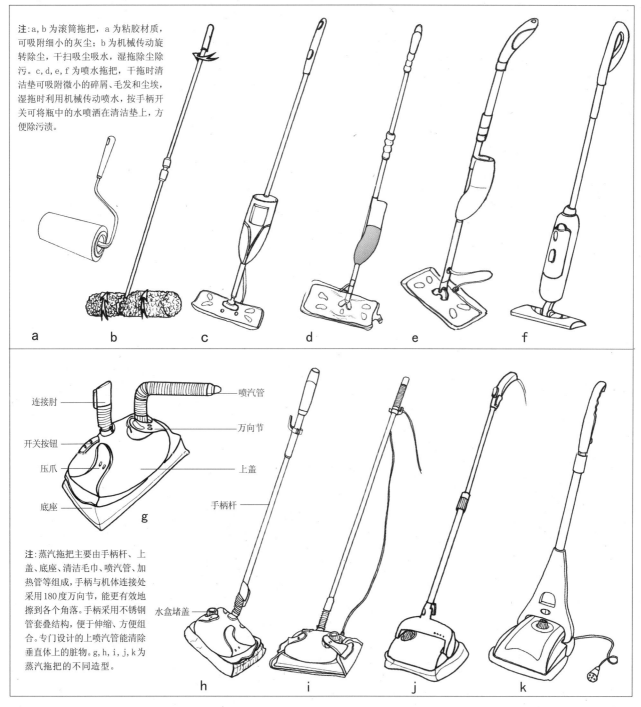

注：a,b为滚筒拖把，a为粘胶材质，可吸附细小的灰尘；b为机械传动旋转除尘，干扫吸尘吸水，湿拖除尘除污。c,d,e,f为喷水拖把，干拖时清洁垫可吸附微小的碎屑、毛发和尘埃，湿拖时利用机械传动喷水，按手柄开关可将瓶中的水喷洒在清洁垫上，方便除污渍。

注：蒸汽拖把主要由手柄杆、上盖、底座、清洁毛巾、喷汽管、加热管等组成，手柄与机体连接处采用180度万向节，能更有效地擦到各个角落。手柄采用不锈钢管套叠结构，便于伸缩、方便组合。专门设计的上喷汽管能清除垂直墙体上的脏物。g,h,i,j,k为蒸汽拖把的不同造型。

1 其他拖把的造型

家庭日常用品 [11] 拖把清洗桶

洗涤用水桶是每个家庭常备的日常用品。按制造材料分,可分为塑料桶、铁桶、铝桶、木桶、布桶等。按使用方式分,可分为拖把清洗桶和洗衣水桶两大类。

木桶、布桶、铁桶

拖把清洗桶

拖把的清洗是日常做家务时较为麻烦的事。于是出现了自动挤干式拖把,但一般拖把在拧干时很吃力,没有有效的拧干方式,这样用于拧干拖把的专用桶就应运而生。目前市场上的拖把清洗桶种类繁多,结构多样。有的结构较为复杂。基本由两部分组成,一部分为桶体,另一部分为辅助挤干机构,即滤水斗,通过在滤水斗上挤压拖把,挤干水分。部分拖把清洗桶的底部装有轮子,方便移动。拖把清洗桶一般放置于比较潮湿的盥洗室内,使用材料多为塑料,为了方便省力,部分拖把清洗桶设计了脚踏(手摇)滚压挤水装置。

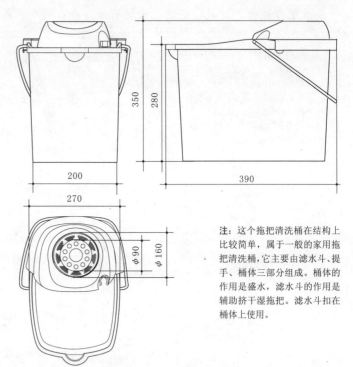

注:这个拖把清洗桶在结构上比较简单,属于一般的家用拖把清洗桶,它主要由滤水斗、提手、桶体三部分组成。桶体的作用是盛水,滤水斗的作用是辅助挤干湿拖把。滤水斗扣在桶体上使用。

[2] 拖把清洗桶的主要尺寸

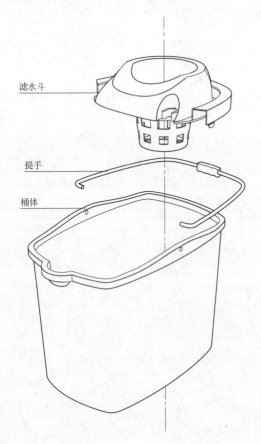

[1] 拖把清洗桶结构

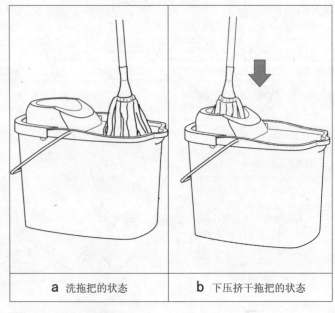

a 洗拖把的状态   b 下压挤干拖把的状态

[3] 拖把清洗桶的使用

拖把清洗桶 [11] 家庭日常用品

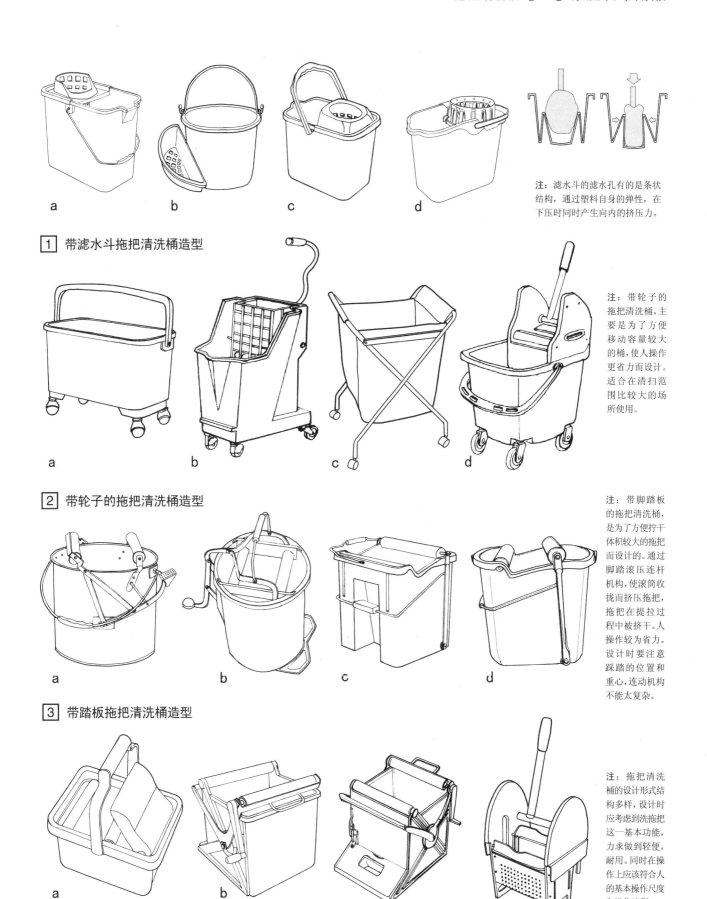

注：滤水斗的滤水孔有的是条状结构，通过塑料自身的弹性，在下压时同时产生向内的挤压力。

1 带滤水斗拖把清洗桶造型

注：带轮子的拖把清洗桶，主要是为了方便移动容量较大的桶，使人操作更省力而设计。适合在清扫范围比较大的场所使用。

2 带轮子的拖把清洗桶造型

注：带脚踏板的拖把清洗桶，是为了方便拧干体积较大的拖把而设计的。通过脚踏滚压连杆机构，使滚筒收拢而挤压拖把，拖把在提拉过程中被挤干。人操作较为省力。设计时要注意踩踏的位置和重心，连动机构不能太复杂。

3 带踏板拖把清洗桶造型

c 滤斗

注：拖把清洗桶的设计形式结构多样，设计时应考虑到洗拖把这一基本功能，力求做到轻便，耐用。同时在操作上应该符合人的基本操作尺度和操作流程。

4 其他拖把清洗桶造型

家庭日常用品 [11] 洗衣水桶

洗衣水桶

洗衣水桶的作用为洗涤及堆放衣物，同时大部分洗衣水桶也可用来盛放清水。目前市场上洗衣水桶造型丰富，结构多样。同时所采用的材料也多种多样。有木桶、铁桶、布桶、塑料桶等。（相关内容见本书"厨房盛具"。）

[1] 典型洗衣水桶主要尺寸

[2] 洗衣水桶造型

注：洗衣水桶主要使用场合在盥洗室内，所以在设计时应该考虑到水桶的使用环境和使用对象。水桶要坚固耐用并且具有生活气息。同时在设计上要充分考虑到人机尺度。

刷子

刷子是用毛、棕、塑料丝、金属丝等材料制成的用于清除脏物或涂抹膏油的用具。有的带柄有的无柄。

刷子的种类很多，按用途可分为：除尘刷、地板刷、洗衣刷、鞋刷、厨房刷（锅刷、瓶刷、碗碟刷、池刷）、牙刷、睫毛刷、马桶刷、洗车刷、镜头刷、管刷、墙刷、玻璃刷、油漆刷、抛光刷、工业用刷等。

按结构方式来分，刷子又可分为：长柄刷、短柄刷、无柄刷、电动刷、可拆卸刷和滚筒刷。

用刷子来清除的脏物一般有灰尘、泥土、油污、烟渍、水渍、木屑、铁屑等。对各种脏物、污垢清除的需要，直接导致了各种刷子的诞生。因此，刷子的品种越来越多，分工越来越细，专业用刷不断产生，另一方面，拖把、扫把、刷子之间的界限也越来越模糊。有的长柄刷本身就可当扫帚使用，而扫帚则可视为特殊地板刷；有的长柄刷既可作地板刷又可作马桶刷。种类的交叉，一物多用已是普遍现象。

刷子的概念已突破了传统的以毛、丝等作清洗媒介的固有模式，作为清除污垢的工具，百洁布、海绵、棉纱、麂皮等材料也大量用于制作刷子。

刷子一般由两大部分组成：刷体和刷毛。刷体部分一般采用塑料、木材、竹子、金属（铝、不锈钢、铜）、塑胶等，在刷体与人相接触的部位（如手柄）则可能由多种材料组合而成。刷毛部分则需视被清洁物的性质而定，一般有动物鬃毛、合成纤维、塑料丝、棉纱、百洁布、细铜丝、细钢丝、海绵、麂皮等。

刷子的结构一般由若干短毛（丝）组成一束，再由若干束按一定的间距分布固定在刷体上面构成。若被清除的脏物附着很顽固，则要求刷毛短而硬，若被清除物是灰尘一类的，则要求刷毛长而软，且不易产生静电。

长柄刷

手柄是人的肢体的延长，长柄刷是指人正常抓握手柄时，手与刷头之间有较长距离的一类刷子。当人在清扫手不易触及之处、需扩大清扫范围或为了避免手与被清洗物直接接触时，就需使用长柄刷。长柄刷可使人减少弯腰的动作，减轻劳动强度。一般长柄刷都由刷头、手柄和连杆组成。大部分是连体式，也有可脱卸式，脱卸一般是刷毛部分，便于清洗和更换。

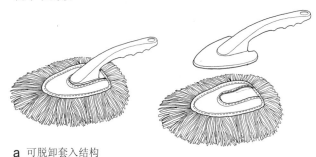

a 可脱卸套入结构

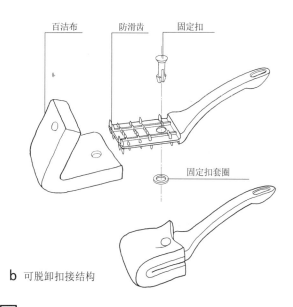

b 可脱卸扣接结构

[2] 长柄刷的常见结构

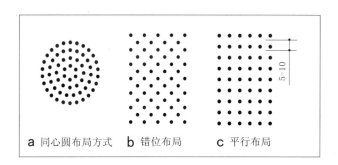

a 同心圆布局方式　　b 错位布局　　c 平行布局

[1] 刷毛的布局形式

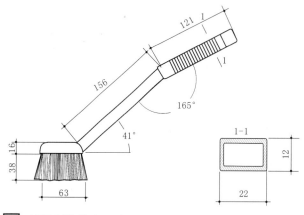

[3] 长柄刷的基本尺度

家庭日常用品 [11] 刷子

注：人在操作长柄刷时，通常都要向下施加压力，设计时手柄持握要舒适，连杆要有足够的强度。

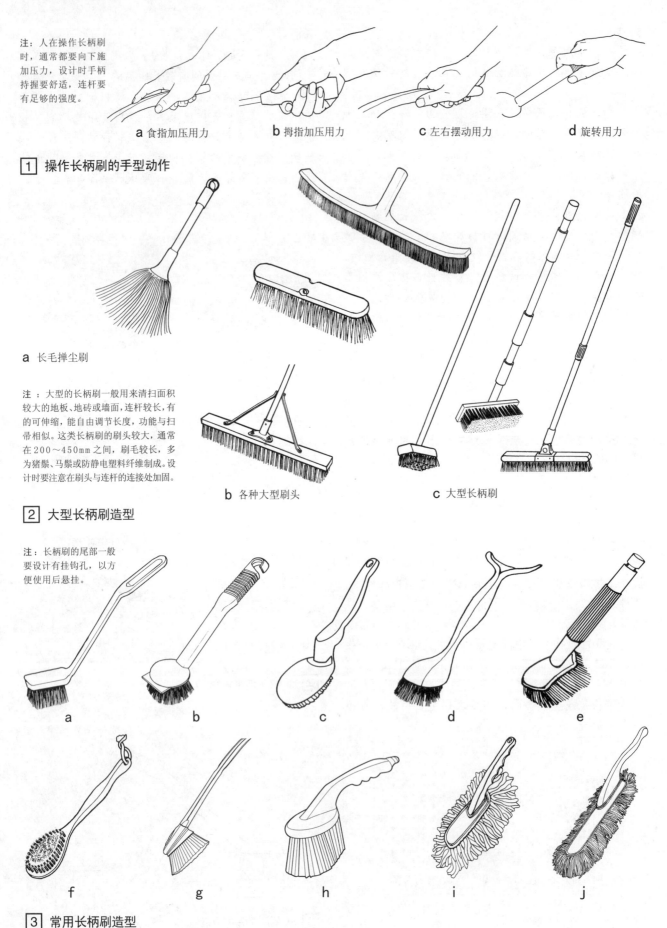

a 食指加压用力　　b 拇指加压用力　　c 左右摆动用力　　d 旋转用力

1 操作长柄刷的手型动作

a 长毛掸尘刷

注：大型的长柄刷一般用来清扫面积较大的地板、地砖或墙面，连杆较长，有的可伸缩，能自由调节长度，功能与扫帚相似。这类长柄刷的刷头较大，通常在200~450mm之间，刷毛较长，多为猪鬃、马鬃或防静电塑料纤维制成。设计时要注意在刷头与连杆的连接处加固。

b 各种大型刷头　　c 大型长柄刷

2 大型长柄刷造型

注：长柄刷的尾部一般要设计有挂钩孔，以方便使用后悬挂。

a　b　c　d　e

f　g　h　i　j

3 常用长柄刷造型

短柄刷

短柄刷是指刷子的握柄直接与刷头相连而没有延长杆的一类刷子。当人在清扫离身体较近之处且需避免手与被清洗物直接接触时，通常使用短柄刷。短柄刷的操作较为灵活，且方便用力，一般刷头不大，能伸入容器中清洗污垢。由于手有很强的灵活性，短柄刷能全方位地清洗物体。

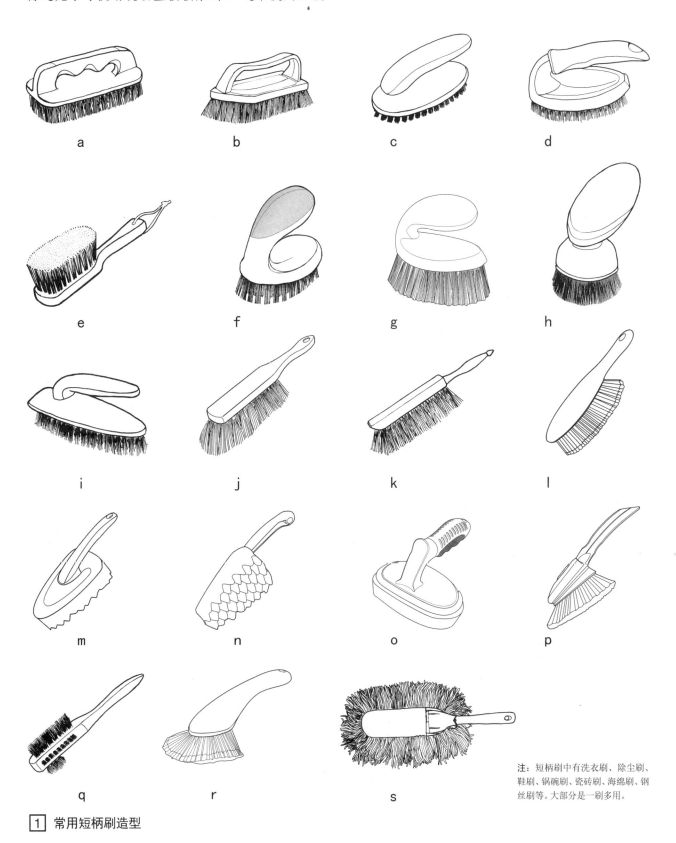

注：短柄刷中有洗衣刷、除尘刷、鞋刷、锅碗刷、瓷砖刷、海绵刷、钢丝刷等。大部分是一刷多用。

[1] 常用短柄刷造型

家庭日常用品〔11〕刷子

无柄刷

无柄刷的宽度必须适合人手的持握宽度，通常在 45～85mm 之间。为保证抓握的稳定性，手指与刷体的接触点要有防滑措施，可用倒梯形、凹陷，增加防滑槽等方法解决。

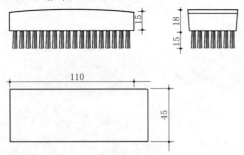

2 无柄刷的基本尺度

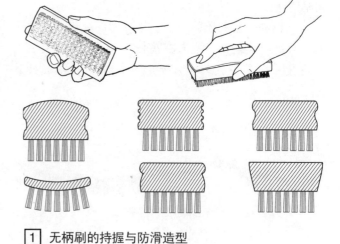

1 无柄刷的持握与防滑造型

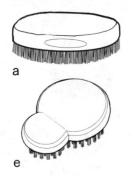
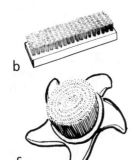
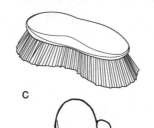
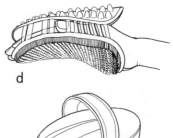

3 无柄刷的造型实例

特种用刷

特种用刷是指为清扫某一特定的物体而特制的专用刷。这类刷子针对性强，均为解决某种清洗的难点而设计的，所以通用性不强，无论用材、尺度、造型、结构等，都由其特殊的功能所决定。

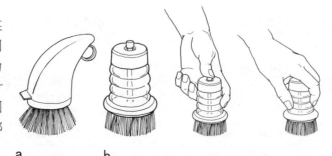

注：厨房用刷，是主要用来清洗锅、碗、盘、碟、瓶、罐等容器和炊具的专用刷。对锅垢、油污及食品残留物等要有专门的清洗手段，刷洗时都需用水，设计时应区别对待。锅刷的刷毛应粗而坚硬，瓶刷要细密柔软刷体细长。有的锅刷可与洗洁精瓶结合。刷子的手柄尾端一般应有可供悬挂的孔。

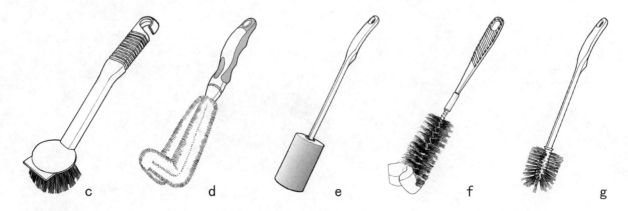

4 厨房用刷造型

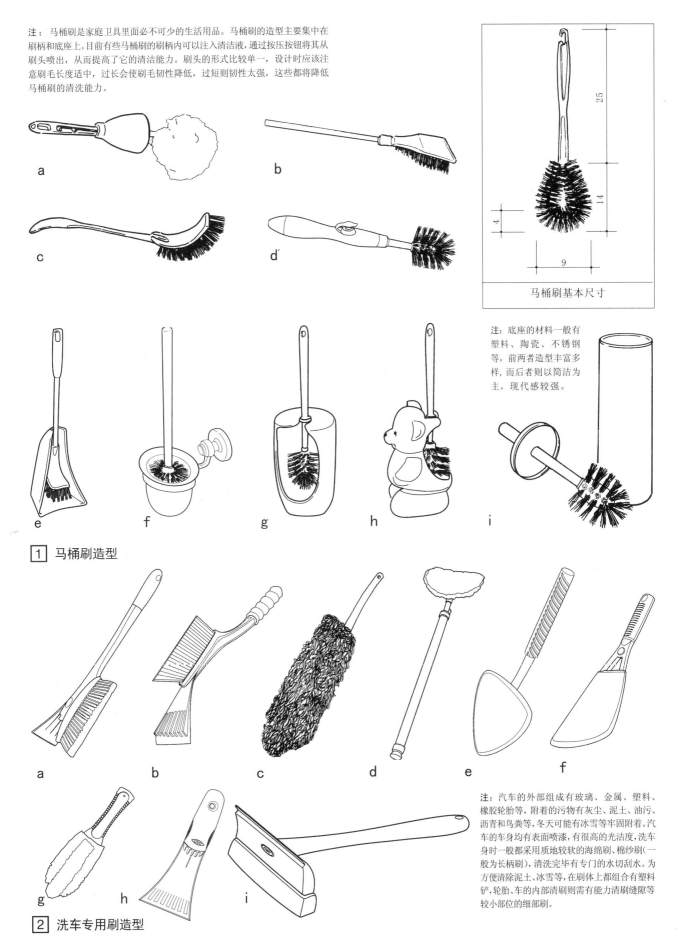

1 马桶刷造型

2 洗车专用刷造型

家庭日常用品［11］刷子

注：照相机镜头是精密仪器，镜头刷主要用来掸除灰尘，一般要极为细密柔软的材料作刷毛，长度在100mm左右。

1 镜头刷造型

注：麂皮的去污功能很强且不伤表面，常用来清理磨砂皮鞋等，细部刷的毛质软而有韧性，常用来清理细部灰尘，绒毛刷常用来搓拭表面光洁易损的精细物品。

2 麂皮刷、细部刷造型　a 麂皮刷　b 细部刷　c 绒毛刷　d 绒毛刷

注：可用来掸刷积灰，最主要是用来涂刷油漆或涂料的刷子，有不同型号的大小宽窄。

3 漆刷造型

注：滚筒刷是在滚动中将尘土附着在滚筒上而达到清扫目的一类专用刷，滚筒表面一般为黏性物质。

4 滚筒刷造型

注：管刷是用来清洗管状器皿的专用刷，刷毛较软，有韧性，细长手柄。电动刷是靠电机驱动刷头旋转来清洗物体的一种机构复杂的刷子，它省力、除污效率高，有多种适合不同清洗方式的刷头调换使用，电动刷的防水需特别设计。

5 管刷、电动刷造型　a 管刷　b 电动刷

肥皂盒

肥皂盒作为盛放肥皂的容器是日常生活中必不可少的用品，一般分壁挂式和普通台式两种，台式中有加盖肥皂盒和敞开式肥皂盒。

一、肥皂盒的设计主要应解决如何能使肥皂避免积水浸泡的问题。一般在肥皂盒底部应设有凹槽或凸起，使肥皂悬空和底部的接触面尽量减少，从而避免肥皂因积水浸泡而造成损耗。

二、肥皂盒的底部一般都设有排水孔，以便及时排除积水。为使台面干净，可将盒盖作为托盘，暂存积水，定期清倒。这也是加盖肥皂盒的基本用途。

三、肥皂盒的大小主要依据肥皂的大小来确定。一般肥皂的尺寸为：长100mm，宽60mm，高35mm。肥皂盒的尺寸一般应比肥皂稍大。

壁挂式肥皂盒一般有三种固定方式：一是用吸盘固定，二是用螺钉固定，三是嵌入式固定或粘贴。一般塑料肥皂盒由于较轻，都用吸盘将其固定于墙面上。而金属肥皂盒则是用螺钉固定。陶瓷玻璃肥皂盒是用嵌入固定或粘贴法将其固定于墙上。

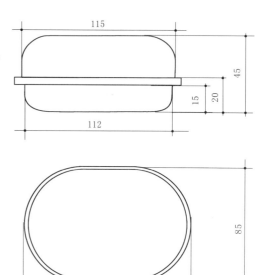

1 普通肥皂盒的基本尺寸

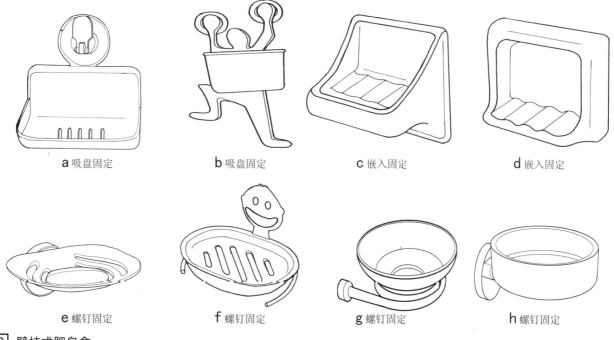

a 吸盘固定　　b 吸盘固定　　c 嵌入固定　　d 嵌入固定

e 螺钉固定　　f 螺钉固定　　g 螺钉固定　　h 螺钉固定

2 壁挂式肥皂盒

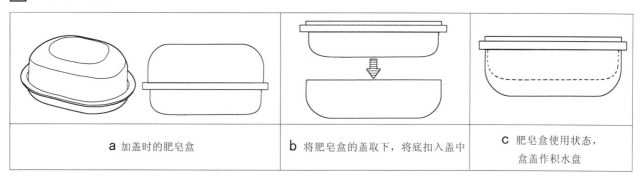

a 加盖时的肥皂盒　　b 将肥皂盒的盖取下，将底扣入盖中　　c 肥皂盒使用状态，盒盖作积水盘

3 加盖肥皂盒的构造和使用

家庭日常用品 [11] 肥皂盒

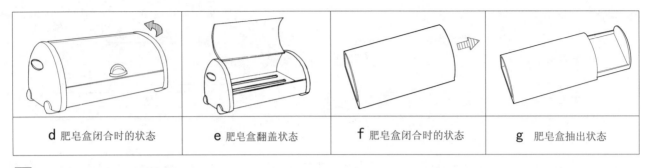

| d 肥皂盒闭合时的状态 | e 肥皂盒翻盖状态 | f 肥皂盒闭合时的状态 | g 肥皂盒抽出状态 |

1 加盖肥皂盒的构造和使用（续）

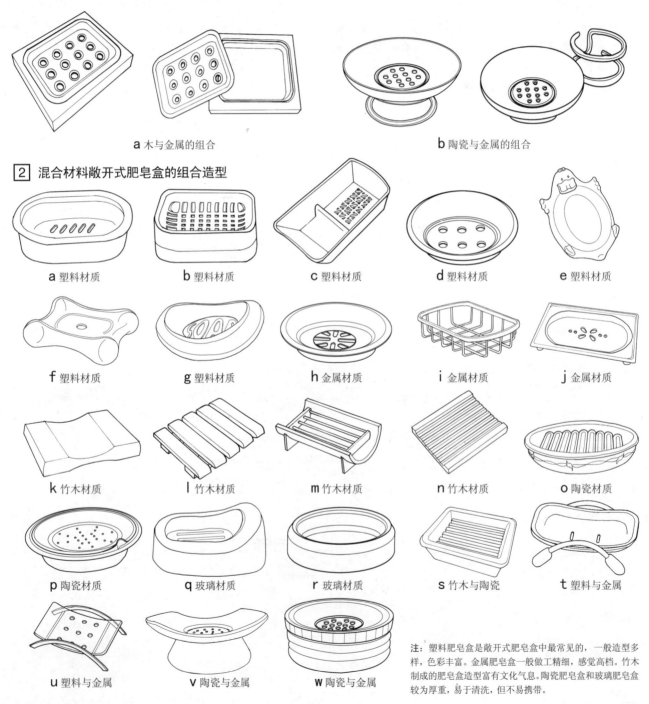

a 木与金属的组合　　　　b 陶瓷与金属的组合

2 混合材料敞开式肥皂盒的组合造型

a 塑料材质　b 塑料材质　c 塑料材质　d 塑料材质　e 塑料材质

f 塑料材质　g 塑料材质　h 金属材质　i 金属材质　j 金属材质

k 竹木材质　l 竹木材质　m 竹木材质　n 竹木材质　o 陶瓷材质

p 陶瓷材质　q 玻璃材质　r 玻璃材质　s 竹木与陶瓷　t 塑料与金属

u 塑料与金属　v 陶瓷与金属　w 陶瓷与金属

注：塑料肥皂盒是敞开式肥皂盒中最常见的，一般造型多样，色彩丰富。金属肥皂盒一般做工精细，感觉高档。竹木制成的肥皂盒造型富有文化气息。陶瓷肥皂盒和玻璃肥皂盒较为厚重，易于清洗，但不易携带。

3 敞开式肥皂盒材料分类及造型

鞋拔 [11] 家庭日常用品

鞋拔

鞋拔是一种可以辅助人方便穿鞋的工具。在秋冬季节，人的袜子较厚的情况下，使用鞋拔可以使脚轻松套入鞋内；对名贵鞋子来说，使用鞋拔可以有效保护鞋帮；特别是对孕妇、肥胖者、行动不便者、老人、残疾人弯腰蹲伏不便者，有特殊帮助。鞋拔的尺寸、曲面弧度等人机因素以及造型的美观性是设计时考虑的重点。

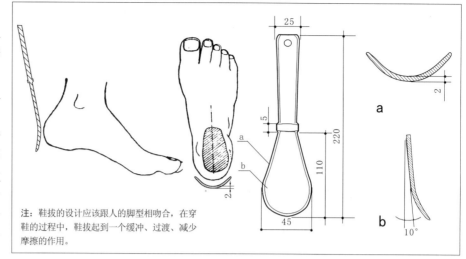

注：鞋拔的设计应该跟人的脚型相吻合，在穿鞋的过程中，鞋拔起到一个缓冲、过渡、减少摩擦的作用。

① 鞋拔的人机尺寸

注：鞋拔材料主要有木材、不锈钢、塑料、牛角等。形式上有长柄鞋拔、短柄鞋拔、个性化鞋拔等几种；长柄鞋拔可不用弯腰穿上鞋子，更多地为特殊人群如老人、孕妇等使用；短柄鞋拔较为常用，价格也较便宜，一般就放置于鞋架旁，方便取用；个性化鞋拔形态多样，更多注重形态的趣味性。

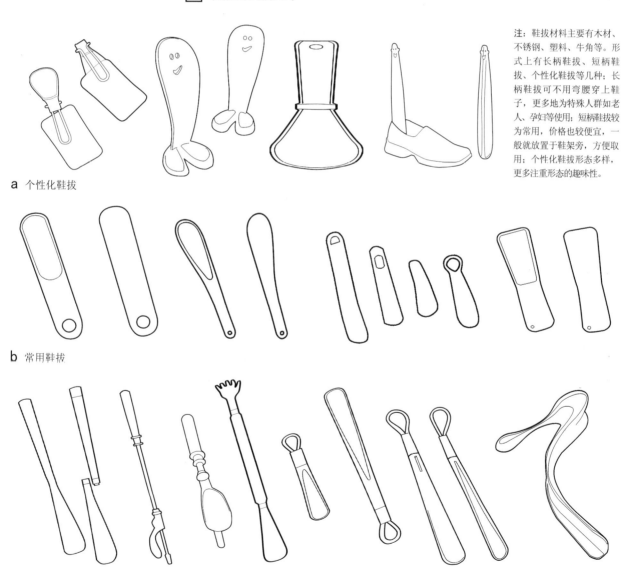

a 个性化鞋拔

b 常用鞋拔

c 长柄鞋拔

② 鞋拔的造型

家庭日常用品 [11] 烟灰缸

烟灰缸

烟灰缸是用于存放烟灰、烟蒂的器皿。有的地方则把它归为卫生器具。烟灰缸一般放置于允许吸烟的场所，有尺度较大的公共烟灰缸；有家庭、办公室、会议室使用的普通烟灰缸；也有在交通工具（车、船）上使用的特制烟灰缸。

为满足吸烟者吸烟时的各种需要（抖落烟灰、搁放香烟、掐灭烟头、丢弃烟蒂），烟灰缸的造型一般为浅腹、敞口、平底、有搁烟槽。

烟灰缸的材料以玻璃、陶瓷、大理石、铜、铸铝、不锈钢等金属及耐高温塑料为常见。也有使用金银等贵金属制造的奢侈品。烟灰缸既是日用品又是工艺品。在许多场合其装饰艺术性高于它的实用性。

1 常见烟灰缸基本尺寸

v 小巧随身烟灰缸

2 几何造型风格的烟灰缸

244

烟灰缸 [11] 家庭日常用品

1 仿生造型的烟灰缸

2 组合套装烟具

家庭日常用品 [11] 家用应急灯

家用应急灯

应急灯是应对突发停电事件而使用的照明装置。它与一般电灯的不同之处在于它不是直接使用交流电，而是平时将交流电转换成直流电储存在充电电池中以备停电时使用。

应急灯分很多种：有消防应急照明灯、车用应急照明灯、家用应急灯等。

家用应急灯作为临时照明的装置，由于其安全、方便的特点，已成为居家生活的必备用品。应急灯按使用方式，可分为手握式、手提式、壁挂式、放置式、头盔式等；按功能分类，可分为单一型和多功能型。

家用应急灯一般由灯座、灯头、充电电池、电源线组成。灯座是主体，其上装置灯头，灯座中空腔部分则用于安装充电电池。

由于应急灯经常是手提照明，所以把手形式要符合人手的提握的要求。把手的位置设置要合理，提灯时既要保持灯具平稳，又可轻松灵活地进行照明。

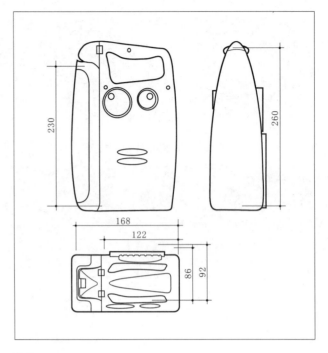

[1] 应急灯基本尺寸

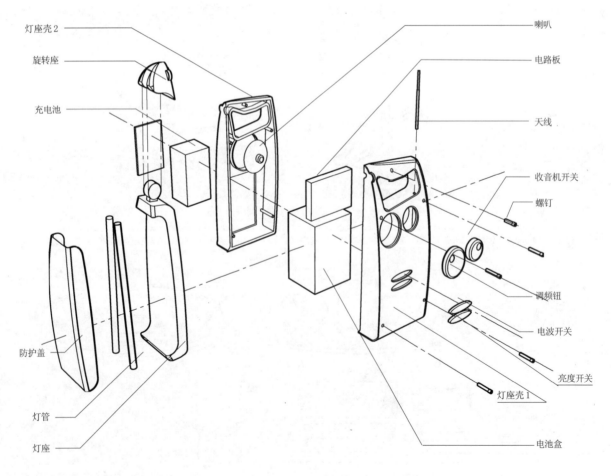

[2] 应急灯结构分解图

家用应急灯 [11] 家庭日常用品

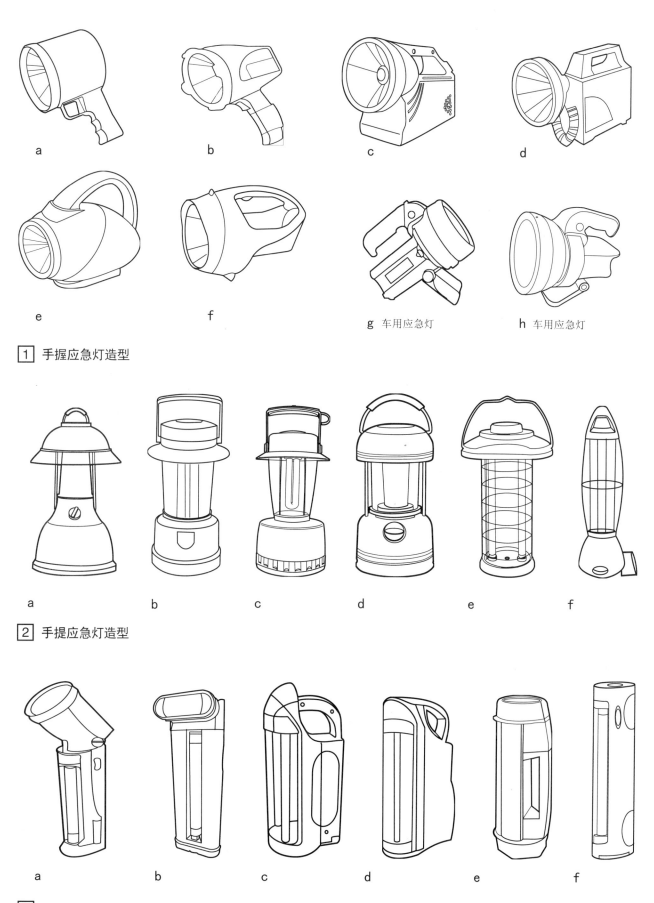

g 车用应急灯　　h 车用应急灯

1 手握应急灯造型

2 手提应急灯造型

3 立式应急灯造型

247

家庭日常用品 [11] 家用应急灯

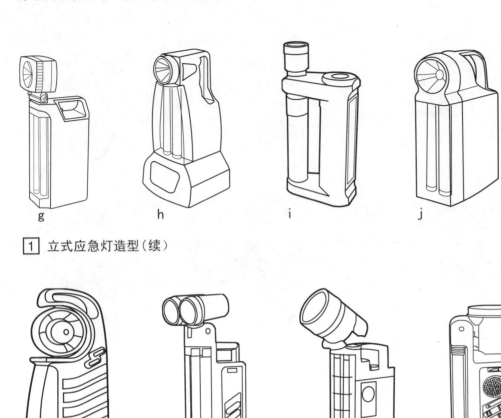

g　　h　　i　　j　　k

① 立式应急灯造型（续）

a　　b　　c　　d　　e

f　　g　　h　　i

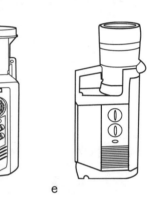

注：多功能应急灯在整合其他功能时应考虑与应急灯的使用环境协调，如台灯、收音机、放音机等功能，不宜作无谓的功能堆砌。

② 多功能应急灯造型

a 应急指示灯

b

c

d

③ 消防用应急灯造型

婴儿用品

婴儿：0~1周岁的初生幼儿。婴儿用品种类繁多，主要分为喂哺用品、洗护用品、服饰、居家用品、医疗生活用品、玩具。

喂哺用品

喂哺用品有奶瓶、奶嘴、安抚奶嘴、奶瓶刷、奶瓶夹、暖奶器、奶瓶保温桶、消毒锅、奶粉盒、喂食小勺、训练杯、果菜研磨器、防滑碗等。

奶瓶主要分为120ml、160ml、200ml、240ml四种容量。在功能上分为普通型、热感温型、无气泡（防绞痛）型。瓶身材料分塑料（PC、PP、PES）和玻璃。奶嘴材质常见的为乳胶、矽胶、硅胶制品。以外形分，主要有仿乳形、拇指型、颗粒型（即去舌苔型）。奶嘴头上孔的大小和形状决定了流量大小，通常奶嘴分为：慢流量（小圆孔）、中流量（中圆孔）、大流量（大圆孔、十字孔等）。

安抚奶嘴分空心和实心两种，空心的较实心的弹性佳，耐拉力强。

训练杯一般为多头杯，附奶嘴型、鸭嘴型、吸管型、宽口型等，可随婴儿年龄增长替换使用。

一、奶瓶材质对比

1. 耐热性（抗变形程度）：玻璃＞塑料（PES = PC＞PP）。材料越耐热，产品越不容易变形。
2. 刻度的抗磨损度：玻璃＞塑料（PES＞PC＞PP）。刻度磨损严重的产品，会导致使用者不能很好地掌握哺乳量。
3. 易洗度：玻璃≈塑料（PES）＞塑料（PC＞PP）。内壁光滑的产品，容易清洗。
4. 强度：塑料＞玻璃。
5. 容重：玻璃＞塑料。产品材料容重大，不易携带。
6. 透明度：玻璃 = PC＞PES＞PP。材料越透明，越容易看清产品的清洁情况。

二、奶嘴型号

标准口径的奶瓶，所使用的奶嘴分四个型号："S"适合2~3个月或更小的婴儿；"M"适合3~7个月的婴儿；"L"适合7个月以上的婴儿；"Y"适合喂食汤或果汁。

a 奶瓶夹的使用

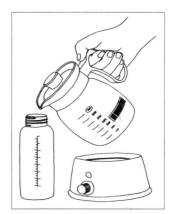

b 奶瓶加热器的使用

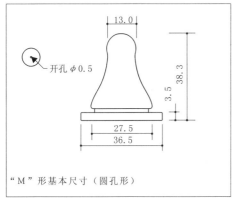

"M"形基本尺寸（圆孔形）

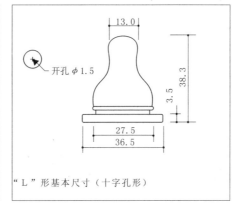

"L"形基本尺寸（十字孔形）

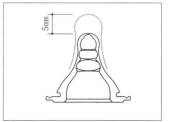

注：婴儿吸吮时，乳头可以伸展至5mm长，切合婴儿的哺乳窝。婴儿在吮吸蠕动作中，用舌头，使奶嘴前后伸展。人造奶嘴的伸展性，对婴儿自然吸吮的动作培养，起着重要作用。

c 标准奶嘴的基本尺寸

[1] 喂哺用品的使用和基本尺寸

家庭日常用品 [11] 婴儿用品

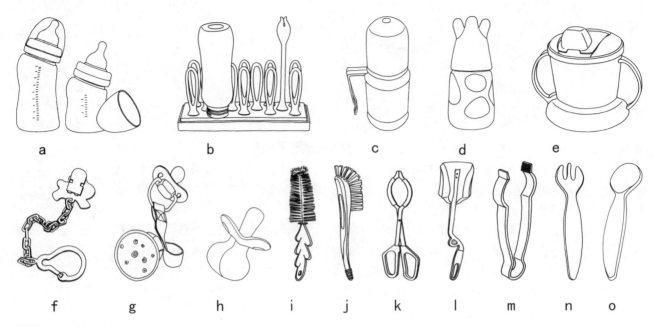

1 喂哺用品

居家用品

婴儿床、被、枕、婴儿睡袋、婴儿车、摇篮、尿布、抱婴袋、背带、抱带等。

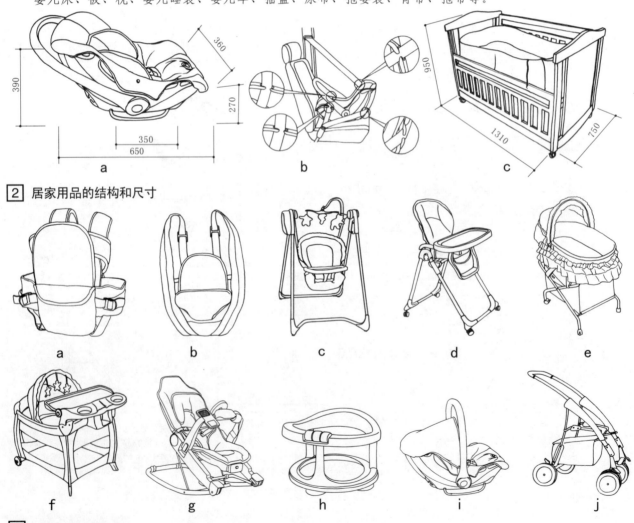

2 居家用品的结构和尺寸

3 居家用品造型

花瓶

花瓶是一种常见的家居陈设用品，主要用来装点居室，美化环境。花瓶的质地主要有玻璃、陶瓷、景泰蓝、紫砂、金属、木、竹、天然石材等，其中以陶瓷花瓶与玻璃花瓶最为常见。

常见玻璃花瓶有两类：一类是含24%以上氧化铝的晶质玻璃花瓶，另一类是彩绘玻璃花瓶。

陶瓷花瓶造型丰富，其中一类沿袭传统瓷瓶造型，具有传统的民族文化特征，以明、清造型最具代表性；还有一类则是借鉴西方玻璃工艺造型，吹制而成，极富现代气息，有很强的视觉冲击力。

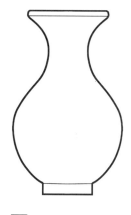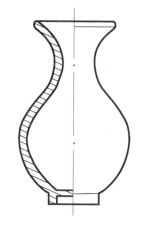

[1] 常见花瓶的结构

陶瓷花瓶

a 洪武器型　　b 永乐器型　　c 永乐器型　　d 永乐器型　　e 宣德器型

f 正统-景泰器型　　g 景泰-天顺器型　　h 成化器型　　i 弘治器型　　j 正德器型

k 嘉靖器型　　l 嘉靖器型　　m 万历器型　　n 万历器型　　o 崇祯器型

[2] 明代陶瓷花瓶

其他日常用品 [12] 花瓶

明代各时期瓷器主要特征

洪武、建文时期	永乐、洪熙、宣德时期	正统、景泰、天顺时期	成化、弘治、正德时期	嘉靖、隆庆、万历时期	泰昌、天启、崇祯时期
瓷器纹饰内容主要以花卉、动物为主，如蕉叶纹、莲瓣纹、菊纹、牡丹纹等	瓷器纹饰内容主要有三大类：植物纹饰、动物纹饰和人物纹饰	瓷器纹饰内容主要有：孔雀牡丹纹、松竹梅纹、缠枝莲纹、应龙麒麟纹等	瓷器恬静细腻柔美，纹饰大多通过彩绘、刻划、压印、堆雕、金饰等手法做就	瓷器纹饰内容主要有：云龙纹、八仙图、缠枝纹、牡丹纹、鱼藻纹等	瓷器纹饰多沿袭前朝，工艺较粗陋，纹饰主要有：人物、山水、花卉、缠枝纹等

a 顺治器型　　b 康熙器型　　c 康熙器型　　d 康熙器型　　e 雍正器型

f 雍正器型　　g 乾隆器型　　h 乾隆器型

注：清朝瓷器的纹饰，总体上也可分成几大类：动物图案——鹤、龙、凤、蝙蝠等。山水图案——主要吸收宋代院体画风和元代或清初"四王"等画风。人物图案主要是历史故事、民间传说等。花卉图案以传统意义上的"四君子"——梅、兰、竹、菊和"岁寒三友"——松、竹、梅为主。

[1] 清代陶瓷花瓶

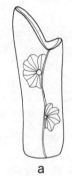 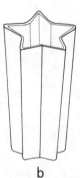    

a　　b　　c　　d　　e　　f

  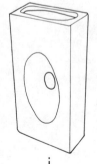

g　　h　　i

注：现代陶瓷花瓶是借鉴西方玻璃工艺造型，吹制而成。这类花瓶造型以几何造型为主，应用现代构成手法，使其形式感更突出，简洁明快，极富现代气息，并有很强的视觉冲击力。

[2] 现代陶瓷花瓶

玻璃花瓶

玻璃花瓶常见的有两类：一类是含24%以上氧化铝的晶质玻璃花瓶，另一类是彩绘玻璃花瓶。晶质玻璃花瓶的制作方法有机械压制和手工吹制，特点是似水晶般透明。花瓶上不同角度线条形成的相互间的折射，给人以厚重的质感。彩绘玻璃花瓶是先将窑中各种颜色的玻璃溶液由人工吹制成各种器型毛坯，再经手工切割、车刻、金属镶嵌、堆花雕塑、描金上彩和再重复烧烘显色处理而成。装饰效果异常精致细腻。

a b

c d e f g

[1] 玻璃花瓶造型

其他材质花瓶

其他材质的花瓶常见的有：竹木花瓶，金属花瓶，天然石材花瓶。竹木花瓶取材于天然竹、木料，有的以竹木的天然纹理为纹饰，有的则经过油漆加工，此类花瓶富有天然气息，并给人以古朴典雅的感觉。金属花瓶可以是造型简洁富有金属光泽或亚光极富现代感的花瓶，也可以是打造成有繁复纹样的具有古典韵味的花瓶。天然石材花瓶以石材的天然纹理为装饰，经过打磨处理后具有强烈的光泽，此类花瓶通常给人以庄重典雅的感觉。

a 竹木花瓶 b 竹木花瓶

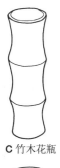  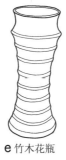 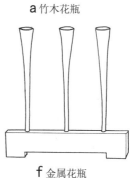

c 竹木花瓶 d 竹木花瓶 e 竹木花瓶 f 金属花瓶 g 金属花瓶

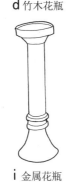  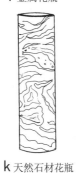 

h 金属花瓶 i 金属花瓶 j 天然石材花瓶 k 天然石材花瓶 l 天然石材花瓶

[2] 其他材质花瓶造型

其他日常用品 [12] 钟

钟

钟是精密的计时仪器。

现代钟的原动力有机械力和电力两种。机械钟是一种用重锤或弹簧的释放能量为动力，推动一系列齿轮运转，借擒纵调速器调节轮系转速，以指针指示时刻和计量时间的计时器。

20世纪，随着电子工业的迅速发展，电池驱动钟、交流电钟、指针式石英电子钟、数字式石英电子钟相继问世，钟的日差已小于0.5秒，钟进入了微电子技术与精密机械相结合的石英化新时期。

钟的应用范围很广，品种甚多，可按振动原理、结构和用途特点分类。按振动原理可分为利用频率较低的机械振动的钟，利用频率较高的电磁振荡和石英振荡的钟；按结构特点可分为机械式，电机械式和电子式。

钟要求走时准确，稳定可靠。但一些内部因素和外界环境条件都会影响钟的走时精度。内部因素包括各组成系统的结构设计、工作性能、选用材料、加工工艺和装配质量等。外界环境条件包括温度、磁场、湿度、气压、震动、碰撞、使用位置等。

这里我们将钟大致分为机械摆钟、机械闹钟、指针式石英钟、数字式电子钟、特殊用钟和多功能组合钟六大类。

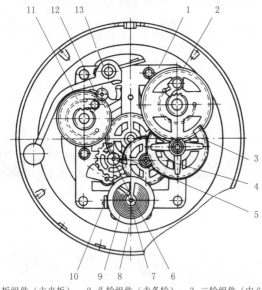

1. 前夹板组件（主夹板） 2. 头轮组件（走条轮） 3. 二轮组件（中心轮）
4. 三轮组件（二轮） 5. 四轮组件（秒针轮） 6. 擒纵轮组件 7. 擒纵叉组件
8. 快慢针（快慢夹） 9. 摆轮组件（摆轮） 10. 游丝外销（游丝销钉）
11. 闹头轮组件（闹头轮） 12. 尖齿轮组件（闹卡轮） 13. 打锤部件（闹锤）

a 机芯装配面图（已去掉夹板）

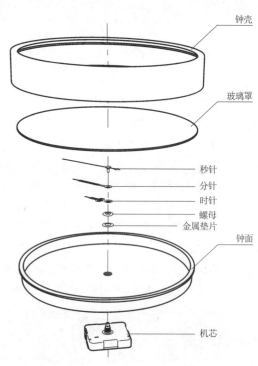

b 常见挂钟结构图

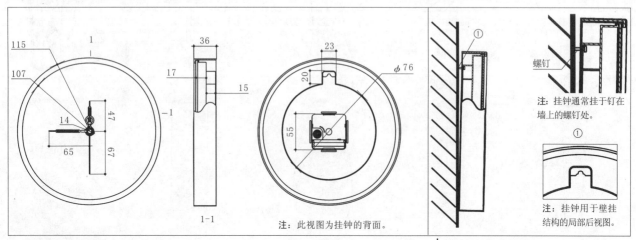

c 常见挂钟的基本尺寸

d 常见挂钟的壁挂方式

1 常见挂钟

钟 [12] 其他日常用品

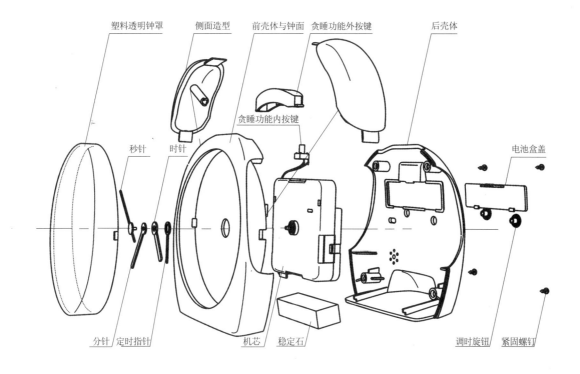

a 常见座钟结构图

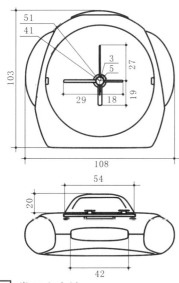

1 常见小座钟

2 常见钟面

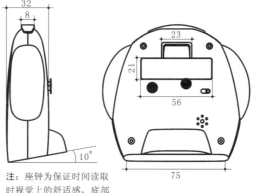

注：座钟为保证时间读取时视觉上的舒适感，底部通常有一定角度的倾斜。

b 常见座钟的基本尺寸

注：座钟的贪睡功能按键，即暂时关闭闹铃的按键，必须足够大且在伸手可及的顶部位置。

c 人机关系

钟面

钟面包括刻度和指针。刻度要细分。一般的钟面是显示12小时的，以阿拉伯数字和罗马数字作为刻度上的数字显示。作为计时工具的钟，刻度应分60等份，可精确读出其显示的时、分、秒（一些计时功能不重要的装饰钟除外）。刻度的级数要清晰。多而相同的刻度，人眼很难辨别其数值，所以在12个整点上的刻度要强调。水平和垂直方向的四个刻度为第一级，其他整点刻度为第二级，除整点之外的48个刻度为第三级，较细短。

通常以计时为主要功能的时钟都应该有时针、分针、秒针（有些闹钟还增加了定时的指针）。秒针与时针、分针，指针与钟面的色彩反差要大，以便快速辨认。秒针最长也最细，以免覆盖太多钟面和其他指针，针尖覆盖刻度，已确保读数的精确。时针最短最粗，在安装时贴近钟面。分针长短粗细界于秒针和时针之间，针尖接近刻度。

255

其他日常用品 [12] 钟

机械摆钟

机械摆钟是一种固定的钟，分为台式、悬挂式和落地式三种，即座钟、壁挂钟、落地钟。台式摆钟的尺寸小，摆钟的摆被钟盘遮挡；悬挂式和落地式摆钟的摆在机芯下方，透过表玻璃可以看到摆锤的摆动。

摆钟的工作原理如下图所示，图中发条盒是摆钟的能源；从条轮至擒纵轮之间是齿轮转动系统，发条力矩通过该轮系统传递擒纵轮；擒纵叉与引摆杆是固定在一起的；摆锤悬挂在摆簧片上。摆杆在引摆杆的叉口内，被带动擒纵叉摆动，擒纵轮上的力矩同时传递给摆，使摆连续摆动。

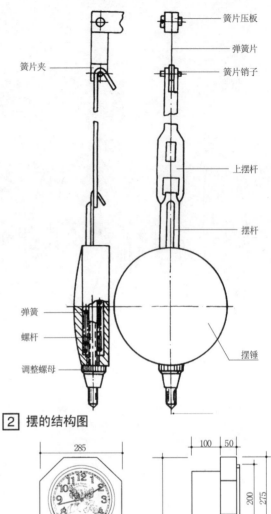

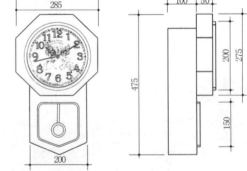

[2] 摆的结构图

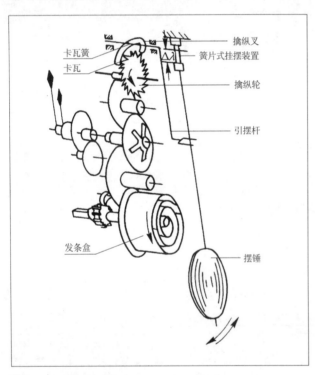

[1] 机械摆钟传动示意图

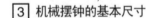

[3] 机械摆钟的基本尺寸

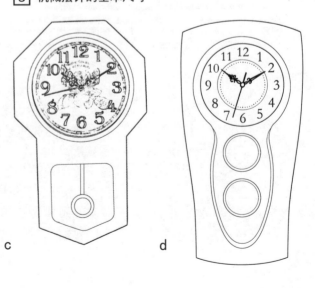

a　　b　　c　　d

[4] 壁挂钟造型

钟 [12] 其他日常用品

1 座钟造型

注：机械摆钟有悠久的历史，在造型上一般都反映了某个历史时期的艺术风格，形式较为古典，与建筑设计及家具设计有内在联系。设计机械摆钟时要注意造型元素的格调统一，不同时期的风格符号不能随意组合。

机械闹钟

机械闹钟是带有定时打闹功能的机械式计时仪器。闹钟和手表的工作原理相似，但其体积大、结构简单、零部件的加工精度低、工艺简单、成本低廉。闹钟属于低档的计时器。

闹钟的工作原理如下图所示，闹钟由走时系统和闹时系统构成。两者在原理上相似，也是由摆轮游丝系统、擒纵机构（销钉式）、轮系、指针机构、原动系（发条）组成的。闹时系统由发条打闹机构和闹时机构组成。发音打闹机构由闹原动系（发条）、轮系、无固有振动周期擒纵调速器、打铃锤、闹铃等组成；对闹机构由对闹轴部件、闹轮部件等组成。对闹机构与走时系统相作用控制打闹时刻。机械闹钟多采用销钉式擒纵机构。

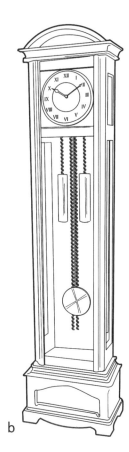

2 落地钟造型

a 销钉式机械闹钟

b 金字塔形定时闹钟

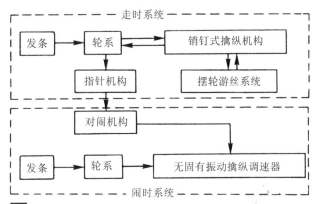

3 闹钟工作原理示意图

c 翻盖式旅行闹钟

d 旅行闹钟

注：闹钟设计时，必须使打闹的时间能持续15秒以上，铃声响亮、清脆、密集、穿透力强。还必须设有手动停闹按钮，置于方便触及的位置。

4 常见机械闹钟造型

其他日常用品 [12] 钟

指针式石英钟

指针式石英电子钟,又称第三代电子钟,是现代电子技术与传统计时器相结合的现代钟表,外观与机械钟极为相似,具有耗能小、走时精度高、结构简单的特点,是目前国内外最为流行的家庭、工业交通、科研、国防各部门的理想计时器。其走时精度可分为:优等、一等、合格三个等级。

指针式石英钟由石英谐振器、集成电路、机电换能器(步进电机)、微调电容、机械部分(传动轮系指针结构、上秒机构),以及能源组成。对其结构及外观要求有:

1. 拨针机构和停秒机构工作应灵活可靠,拨针不得有卡滞现象。
2. 时分针协调差不超过±4分格。
3. 外观件的技术要求符合QB1535—92《机械闹钟》的有关规定。
4. 外观造型可灵活多变。设计的重点是钟面以外,但如果是以计时为主要功能的,外观的变化则要适度,不可喧宾夺主,影响对刻度、指针的识别,色彩的对比也应弱化。

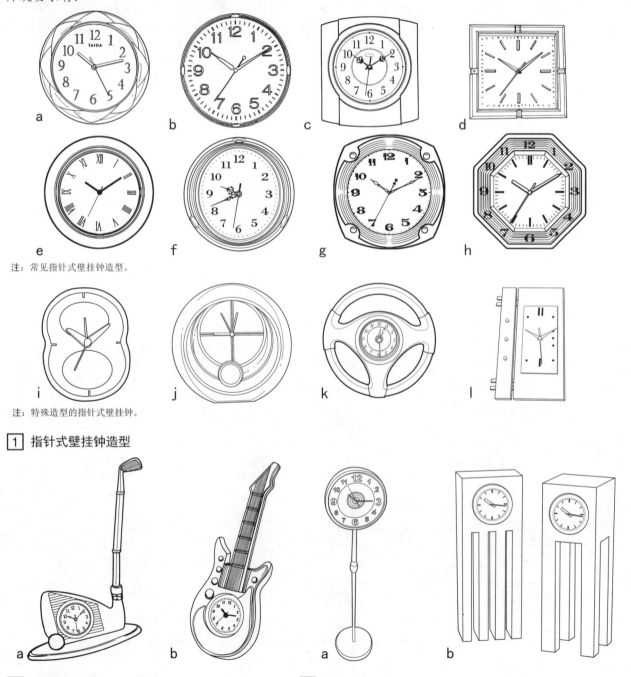

注:常见指针式壁挂钟造型。

注:特殊造型的指针式壁挂钟。

[1] 指针式壁挂钟造型

[2] 指针式石英工艺钟造型

[3] 指针式石英落地钟造型

钟［12］其他日常用品

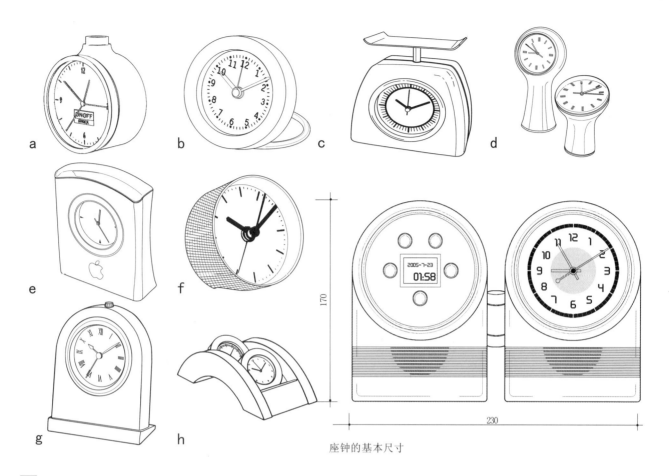

座钟的基本尺寸

1 指针式石英座钟造型及尺寸

数字式电子钟

钟从上链到电动，是一个很大的飞跃。而在这十年间，钟表进入了电子时代。

进入了电子时代之后，钟的准确性不再是问题了。数字式电子钟的显示包括LED和LCD。

LED即"发光二极管"，是较初期的电子钟和电子计算机所采用的元件。LED制品一般体积大，耗电量高，所以多备有交流电变压器，以使用市电为主。因此，较小型的制品，如手表，就无法用LED制出来。

因此，科学家们又创制了LCD即所谓"液晶体显示"。LCD的优点很多，它的体积可以缩到很小很小，耗电量很低，可以利用电池，甚至原子电池，但成本较LED高三倍。

现今的电子钟功能更多样化了，除了可以显示时间、日期、星期等之外，还可以用作闹钟、计时器等。

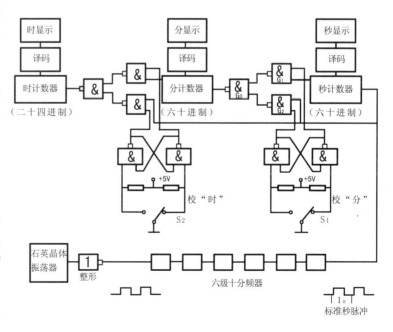

2 数字电子钟原理图

259

其他日常用品［12］钟

数字式电子钟不受钟面约束，造型非常自由、活泼。设计时要将时间显示放主要位置，数字要大，其他信息的显示均置于其下方，并使用比它更小的字号，以突出主体。时间调整按钮要有锁定机构，以免误操作。蜂鸣器是数字式闹钟的发声源，因其发声强度有限，蜂鸣器的鸣叫时间应长一些，一般不少于5分钟，最长15分钟后关闭。蜂鸣器的关闭按钮应置于最方便触及的部位。数字式电子钟一般都要设置夜视背光显示功能，该功能的开关也应在最方便的位置，启动后能自动延时关闭。

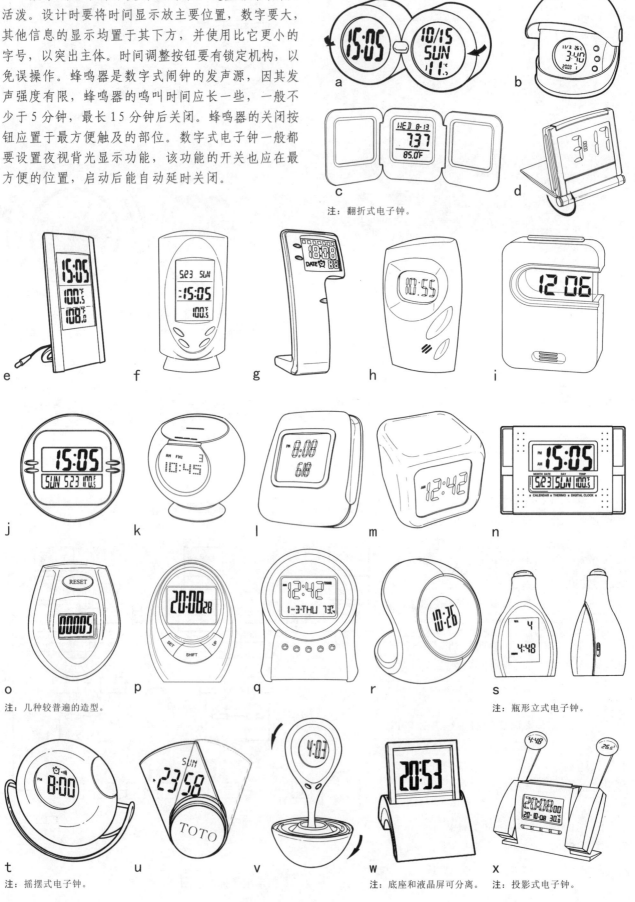

注：翻折式电子钟。

注：几种较普遍的造型。　　注：瓶形立式电子钟。

注：摇摆式电子钟。　　注：底座和液晶屏可分离。　　注：投影式电子钟。

特殊用钟

钟的使用场合十分普遍，在各个不同场合中钟的大小、形态、形式等都有其各自的特点，根据钟的应用场合和主要功能可以把钟分为世界时石英钟、指针式石英路边钟、汽车专用钟、浴室钟、电波钟和建筑用石英大钟等。

世界时石英钟可分为数显示世界时钟／时区钟、指针式世界时钟／时区钟、组合式世界时钟／时区钟。

路边钟一般使用于各类大型公共场所，如地铁、机场等，结合现代城市各类景观，点缀环境，使生活更有生气。

汽车专用钟是组合在汽车仪表盘上的专用时钟，要求有直观清晰的读数显示，具有抗震功能。除早期的少数车辆使用指针式以外，现在的汽车一般都采用数字液晶显示，并带有背光效果，目的是与汽车其他仪表盘明显区别开，减少误判，提高安全性。

浴室防水钟的机芯有橡胶圈阻隔水分的渗入，钟下部有供挂毛巾的圈，也可折叠作为座钟的底座。

电波钟是在石英电子钟内增加了接收无线电长波信号、数据处理、自动校正的功能结构，具有高精度和显示时间一致的特性。

建筑用钟又称塔钟或大钟，安装在各类建筑上。既美观了大楼，又能使建筑物起到标志性的作用。

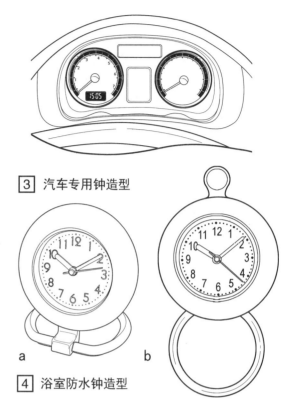

[3] 汽车专用钟造型

[4] 浴室防水钟造型

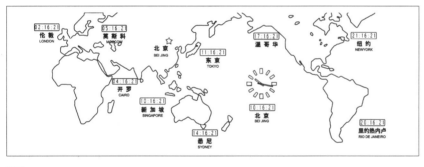

[1] 世界时石英钟

[5] 电波钟造型

[2] 指针式石英路边钟造型

[6] 建筑用石英大钟造型

其他日常用品［12］钟

多功能组合钟

钟常常与它周围的相关物体一道组合成一个复合体，形成一个多功能的用品，如笔筒与钟、收音机与钟。其二者的使用功能一般都是并列的，功能彼此配合，相互补充，一物多用，互不削弱对方的使用功能。并不是任何物体都能和钟相组合的，没有内在联系的物体不宜组合。

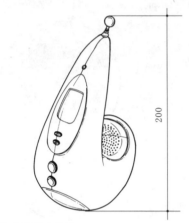

a 收音机上的钟

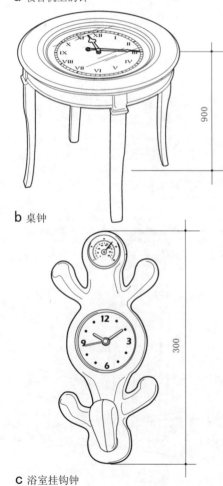

b 桌钟

c 浴室挂钩钟

d 收音机上的钟

e 收音机上的钟

f 收音机上的钟

g 收音机上的钟

h 案头钟

i 笔筒钟

j 笔筒钟

k 湿度计上的钟

l 手电筒钟

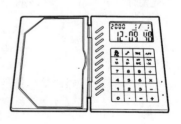

m 计算器上的钟

锁具

锁是指安装在门、箱子、抽屉等上面，阻止他人随便打开的金属器具，或使物体维持某种固定状态的装置。一般用钥匙、暗码或钥匙卡操作。

最早的锁，是主人为防他人开启而设的简单机关，应用于门上最简单的锁就是门闩了。我国古代有石锁，并无钥匙，是以绳索或铁链束缚。商周时期，冶炼技术成熟并立即被应用于制锁行业，于是，出现了用钥匙才能开启的铜锁、铁锁，以钥匙的不同而匹配不同的锁。现代机械锁已有了一百多年的历史，随着科技的迅猛发展，机械锁也有了长足的发展，其结构是在锁芯里加入了长短不一的弹子，要外界用相应齿形的钥匙来打开。以后，又发展到了密码锁、磁性锁、电子锁、激光锁、声控锁等等。在传统钥匙的基础上，加了一组或多组密码，如声音、指纹、眼底视网膜等，来控制锁的开启。

锁具的制作材料：铜、铁、铝、不锈钢、合金等。

锁具的表面处理：镀铬、抛光、喷砂、金属拉丝、氧化处理、镶嵌等。

锁具的颜色多样，有亮金、红古铜、珍珠金、珍珠镍、喷木纹、哑黑、翠绿等等。

锁具设计的立足点是坚固的质量、紧密的结构以及科学的连接和开启方式。

锁具的分类

按照用途可以细分为六大类：

1. 挂锁

1）直开挂锁：钥匙从锁头底面插入开锁；

2）横开挂锁：钥匙从锁头侧面插入开锁；

3）顶开挂锁：钥匙插入后，向前顶开的锁；

4）双开挂锁：用两把不同钥匙才能开启的锁。

5）密码挂锁：省去了钥匙，用密码开启的锁。

2. 建筑门锁

1）外装门锁：锁体安装在门梃表面上的锁；

2）插芯门锁：锁体插嵌安装在门梃中，其附件组装在门上的锁；

3）球形门锁：锁体插嵌安装在门梃中，锁头及保险机构装在球形执手内的锁；

4）执手门锁。

3. 家具锁

1）抽屉锁：适用在抽屉上，锁芯槽方向与锁舌运动方向一致的锁；

2）橱门锁：适用于橱门上，锁芯槽方向与锁舌运动方向成垂直的锁；

3）箱锁；

4）提包锁。

4. 自行车锁

1）蟹钳形自行车锁：锁体形状像蟹钳形的锁；

2）条形自行车锁：锁的形状成条形的锁；

3）自行车插锁。

5. 工业用锁

1）汽车锁；

2）摩托车锁；

3）电器开关锁；

4）汽车油箱锁。

6. 特殊用锁

1）保险用锁；

2）档案箱锁；

3）电器箱锁；

4）封条锁。

按照结构，锁具又可以分为：弹子锁、叶片锁、磁性锁、密码锁、电子编码锁。

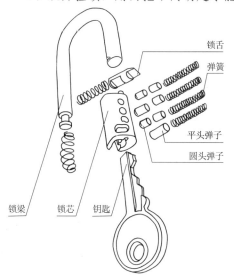

|1| 普通挂锁的结构

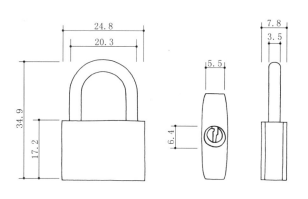

|2| 普通挂锁的尺寸

其他日常用品［12］锁具

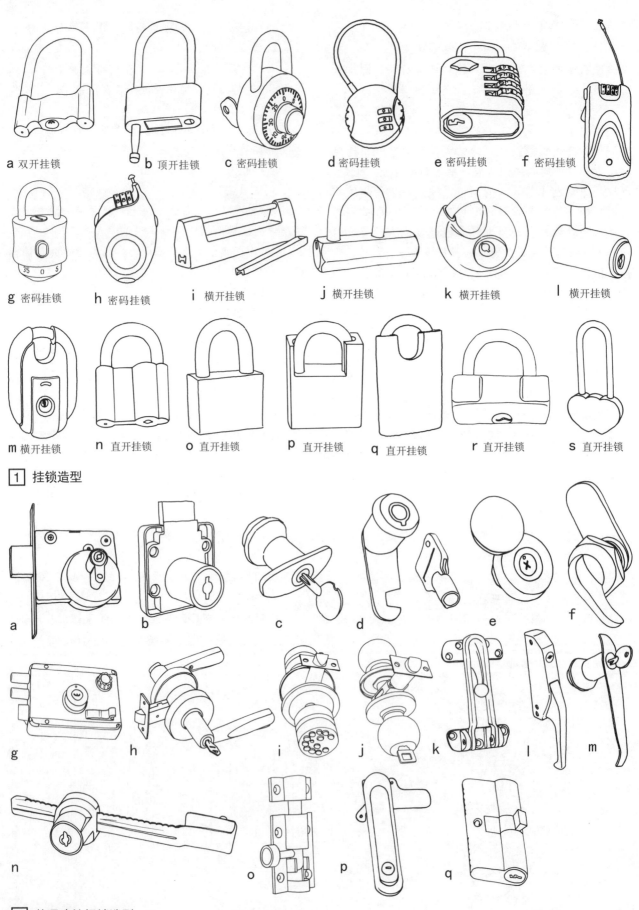

a 双开挂锁　b 顶开挂锁　c 密码挂锁　d 密码挂锁　e 密码挂锁　f 密码挂锁
g 密码挂锁　h 密码挂锁　i 横开挂锁　j 横开挂锁　k 横开挂锁　l 横开挂锁
m 横开挂锁　n 直开挂锁　o 直开挂锁　p 直开挂锁　q 直开挂锁　r 直开挂锁　s 直开挂锁

1 挂锁造型

2 普通建筑门锁造型

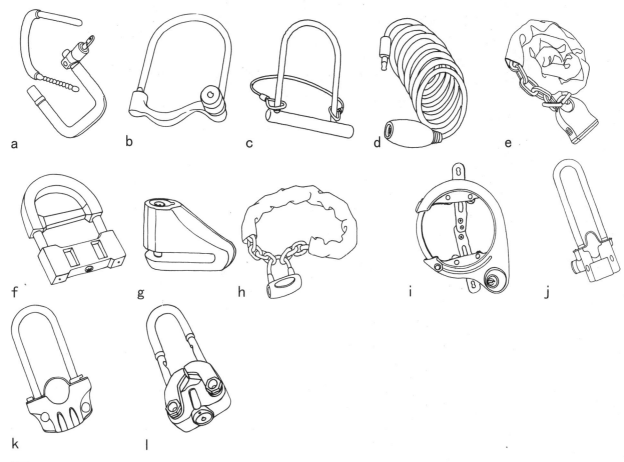

1 自行车锁

电子锁的分类方法很多，可按照输入密码方式的异同进行分类，也可按照功能进行分类。按照输入密码方式可以分为以下几类：

1. 按键式电子锁：采用键盘（或组合按钮）输入开锁密码（产品包括按键式汽车电子门锁和按键式汽车点火锁）。

2. 拨盘式电子锁：采用机械拨盘开关输入开锁密码。许多按键式电子锁可以改造成拨盘式电子锁。

3. 电子钥匙式电子锁：使用电子钥匙输入（或作为）开锁密码。（产品包括各种遥控汽车门锁、转向锁、点火锁及密码点火钥匙）。

4. 触摸式电子锁：采用触摸方法输入开锁密码，操作简单。相对于按键开关，触摸开关使用寿命长，造价低，因此优化了电子锁控制电路。安装触摸式电子锁的轿车前门没有把手，代之以电子锁和触摸传感器。

5. 生物特征式电子锁：将声音、指纹等人体生物特征作为密码输入，由计算机进行模式识别控制开锁。

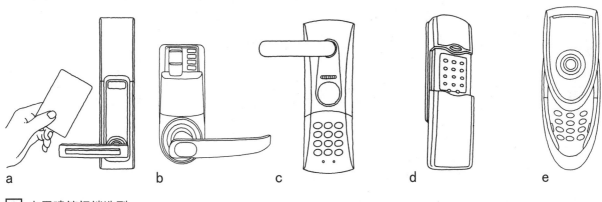

2 电子建筑门锁造型

其他日常用品 [12] 锁具

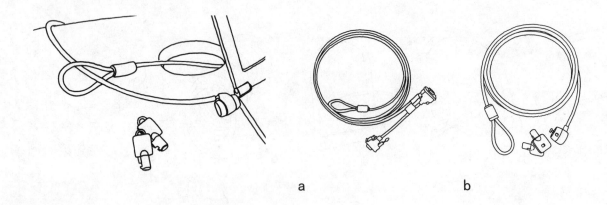

1 电脑防盗锁造型

汽车防盗锁按其结构与功能可分四大类：机械类、电子式、芯片式和网络式。

机械类汽车防盗装置可划分为三种：1. 方向盘锁，锁后方向盘不能转动；2. 排挡锁，锁后不能挂挡；3. 脚挡锁，锁后刹车、离合器、油门踏板踩不下去。

这三种锁的共同要求是：锁梁要有一定的硬度，使钢锯不能锯断锁梁，锁芯还要具有防钻功能。机械锁现在已经很少单独使用，主要和电子式、芯片式联合使用。

电子式防盗锁是目前应用最广的防盗锁之一，分为单向和双向两种。单向电子防盗系统主要功能为：车门的开关、震动或非法开启车门报警等。双向可视电子防盗系统相比单向的更为直观，能让车主知道现场情况。汽车有异动报警时，遥控器上的液晶显示器会显示汽车遭遇的状况。

芯片式数码防盗器是现在汽车防盗器发展的重点，大多数轿车均采用这种防盗方式作为原配防盗器。它的基本原理是锁住汽车的马达、电路和油路，在没有芯片钥匙的情况下无法启动车辆。数字化的密码重码率极低，而且要用密码钥匙接触车上的密码锁才能开，杜绝了被扫描的弊病。

网络防盗是指通过网络来实现汽车的开关门、启动马达、截停汽车、汽车的定位等等。网络防盗主要靠锁定点火或起动达到防盗的目的，突破了距离的限制。

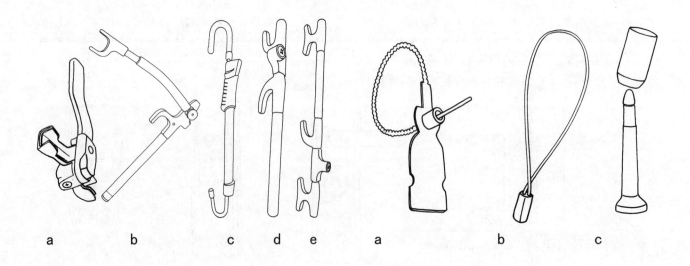

2 汽车防盗锁造型　　　　　　　　3 其他锁造型

温度计

温度计：测量温度的仪器。尤指有一个标有刻度的玻璃管与装有感温液体的玻璃泡相连的温度显示装置，液体一般为水银或有色酒精，当温度上升时膨胀并上升到管中，通过管壁上的刻度显示当前的温度数值。

按照工作原理，可分为：

1. 液体温度计：是最常见的种类，包括实验用温度计（测量范围：-20℃~105℃，最小刻度1℃）、医用体温计（测量范围：35℃~42℃，最小刻度0.1℃）、家用寒暑表（用作测气温，测量范围：-20℃~50℃，最小刻度1℃）。
2. 气体温度计：用氢气或氦气作测温的物质。
3. 电阻温度计：分为金属电阻温度计和半导体电阻温度计。
4. 热电偶温度计。
5. 辐射温度计。
6. 光学高温计。
7. 双金属温度计。

在形式上，可分为：

1. 接触式温度计：在测量时必须将温度计接触被测物体。待达平衡后，由测温物质的物理参数值的变化来反映所测的温度值。
2. 非接触式温度计：在测量时与被测物质并不接触，而是利用被测物质所反射的电磁辐射，根据其波长分布或速度和温度之间的函数关系进行温度测量的。例如，光电温度计是利用被测物体所发生的光讯号被接收后转换成电讯号，根据电讯号的强弱表示出被测物体的温度。除此之外还有：光学高温计、红外光电温度计等。

从读数显示上，温度计分为刻度式、数字显示式和色彩显示式。

温度计与其他装置组合在一起，既增加了温度计的适用性，又可起到增加功能和装饰作用，如：台灯、电子万年历上安装有温度计。

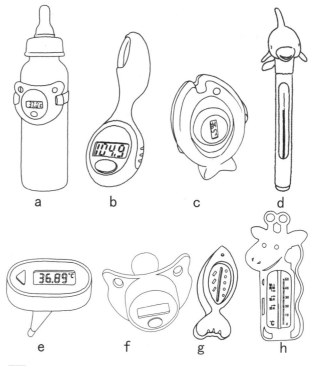

[1] 儿童用温度计造型

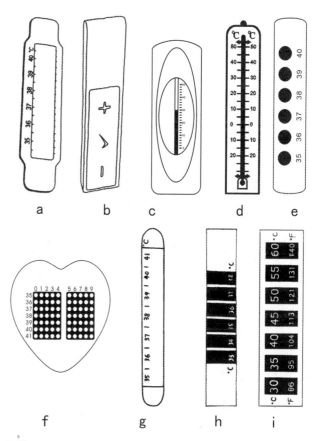

[2] 轻便型温度计（包括温度计、寒暑表、体温计）造型

注：轻便型体温计只需贴在额头几秒钟就能显示大致度数，与传统体温计相比，具有快速、无水银、可弯曲、不破碎、携带方便等优点。

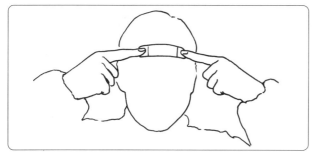

[3] 探温贴条的使用

其他日常用品 [12] 温度计

专门用于测量动物体温的温度计称体温计。体温计依材料种类，可分为下列几种：

1. 玻璃水银体温计：可分为肛温表（身圆头粗）、腋温表（身扁头细）、口温计（身圆头细）三种。
2. 电子数字显示体温计：以数字显示的体温计，避免了玻璃水银温度计不易读数的缺点。一只电子体温计还可以同时用来量肛温、腋温或口温。通常情况下，若电池不受潮，可以测量一万次左右。使用时应避免重摔，以免电路受损失灵。
3. 贴纸体温计（探温贴条）：可以反复使用、压在额头上，会根据体温变色的测温纸，体积很小，虽无法精确地测量出体温，但外出旅行携带非常方便。
4. 奶嘴体温计：奶嘴体温计是为吸奶的小婴儿量体温用而设计的，外形就和婴儿用的奶嘴一样，如果怀疑婴儿发烧，只要将它放进小孩口中吮吸即可测量。
5. 耳温枪：这是一种形如耳镜的温度计。将一头放入耳内，扣一下"扳机"，在一秒种内就可以得知人的体温。可分别显示肛温和口温两种体温。
6. 一次性体温计：其外形稍大扁平，可以正确地量出口温，又可避免病人间传染疾病。

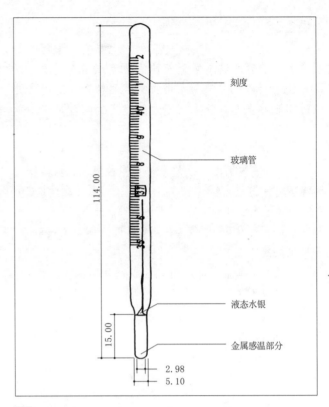

1 常用接触型体温计的结构

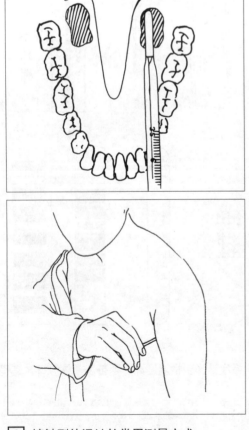

2 接触型体温计的常用测量方式

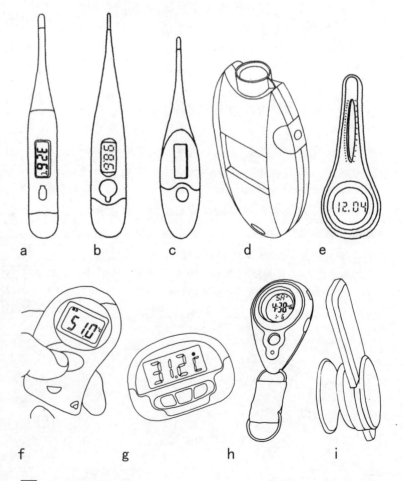

3 迷你型温度计造型

温度计 [12] 其他日常用品

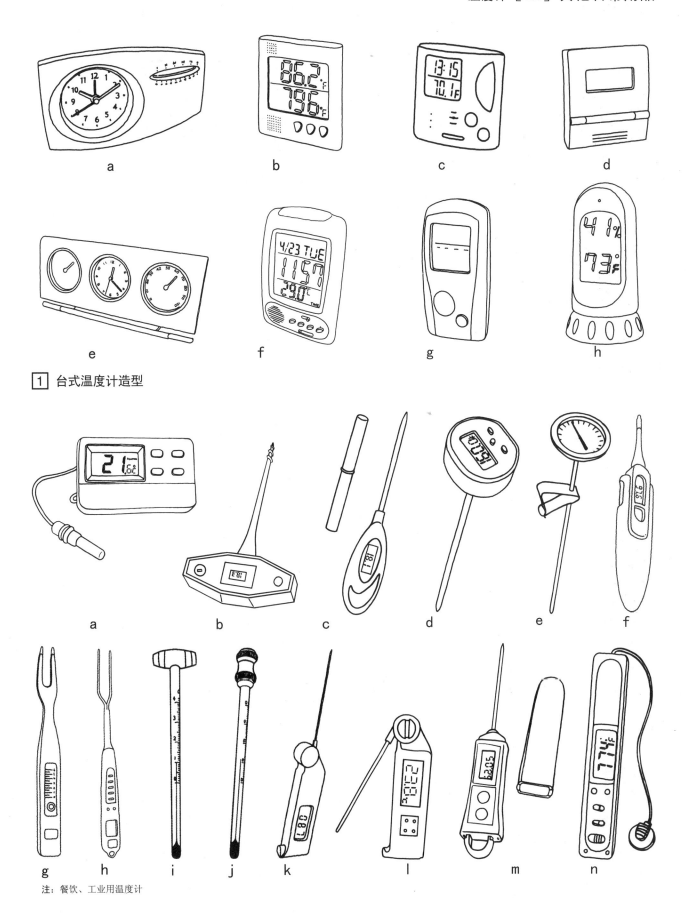

1 台式温度计造型

注：餐饮、工业用温度计

2 接触型温度计造型

其他日常用品［12］温度计

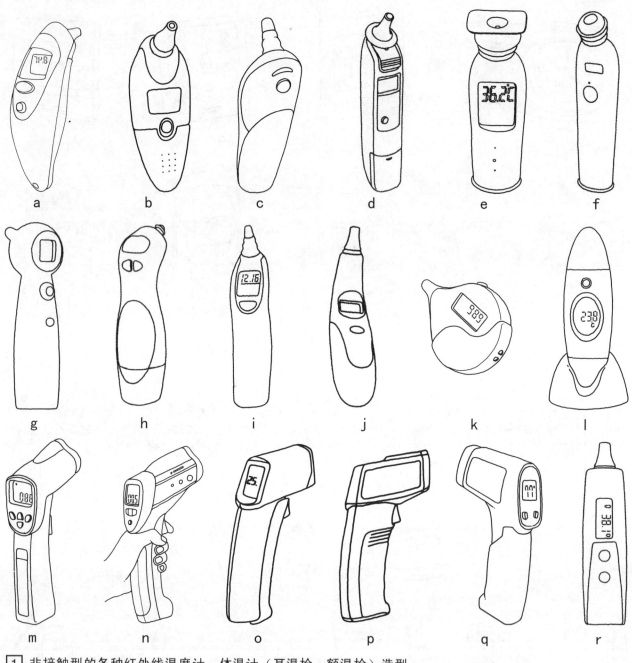

1 非接触型的各种红外线温度计、体温计（耳温枪、额温枪）造型

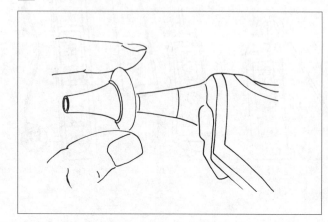
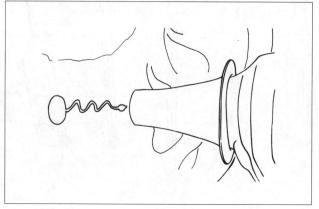

2 耳温枪的使用

灭蚊器 [12] 其他日常用品

灭蚊器

灭蚊器具是炎炎夏日中居家生活必不可少的用品。

灭蚊器具按照其工作原理分类如下表:

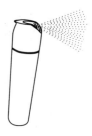

注:传统灭蚊器具,从左往右依次为蚊香、灭蚊片、灭蚊喷雾剂。

灭蚊器分类

传统灭蚊器具	电热蚊香器	灭蚊灯	电蚊拍	其他
传统灭蚊器具是利用灭蚊药物将蚊虫杀死。这类产品有蚊香、灭蚊片、灭蚊药水、灭蚊喷雾剂等	其工作原理是,通过加热使灭蚊片(液)的药物释放出,在较短的时间内即达到杀虫灭蚊的效果,并能在一段时间内持续发挥药效	灭蚊灯是利用蚊虫的趋光性,把蚊虫引向置于灯管周围的高压电网,当其靠近或碰到电网时,高压放电,将蚊虫杀死	工作原理是利用电子线路升压产生功率,在瞬间"拍"死蚊子	随着现代科学技术的不断发展,出现了许多新型除蚊装置,如超声波、电磁波、磁场驱蚊器等

一、电热蚊香器

目前的电热蚊香器分为电热片蚊香器和电热液体蚊香器两种,这类灭蚊产品无明烟明火,安全清洁,而且液体蚊香器每天只需开关电源,不必每日添加或更换,使用简便,效果较好。

电热蚊香应放置在安全、适宜的地方,不要放在家具与床铺附近,也不要放在儿童可随意触摸的地方,以防发生火灾与触电事故。不能将水等液体洒到电热蚊香器上,以免引起短路故障。对于电热片蚊香器,为了防止使用者在放置电蚊片时被金属板灼伤,应设计保护网。

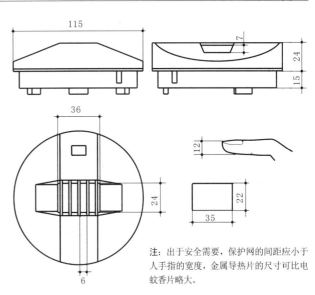

注:出于安全需要,保护网的间距应小于人手指的宽度,金属导热片的尺寸可比电蚊香片略大。

② 电热片蚊香器基本尺寸

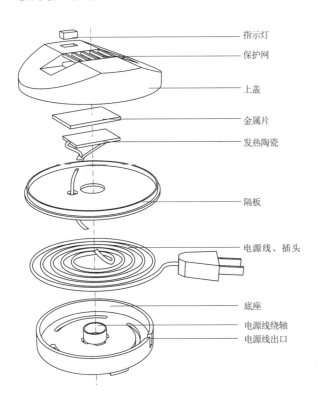

① 电热片蚊香器结构图

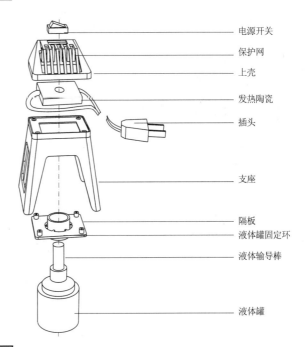

③ 电热液体蚊香器结构图

其他日常用品 [12] 灭蚊器

1 电热液体蚊香器基本尺寸

注：与电热片蚊香器相同，保护网的间距应小于人手指的宽度，支架的大小取决于液体罐的大小。

2 卧式电热蚊香器造型

3 立式电热蚊香器造型

灭蚊器 [12] 其他日常用品

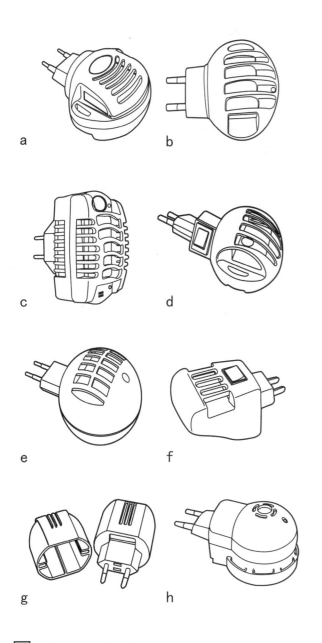

① 直插式电热蚊香器造型

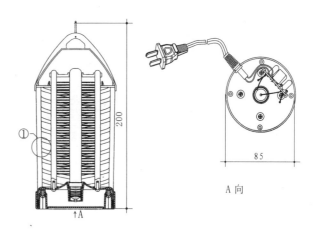

② 灭蚊灯基本尺寸

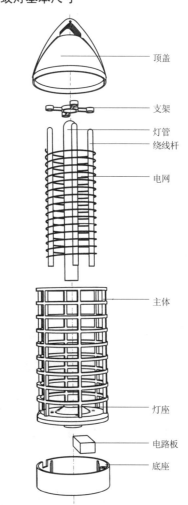

③ 灭蚊灯结构图

二、灭蚊灯

　　灭蚊灯由灯管电路和高压产生电路两部分组成。灯管电路与普通日光灯电路类似，用的是专用灭蚊灯管，它发射的光波容易吸引蚊虫。高压产生电路有倍压整流直流高压产生电路和振荡型交流高压产生电路两种。高压电路组成杀灭蚊虫的电网。

　　灭蚊灯有一定的危险性，设计应当确保人手指不能接触到高压电网。在使用时，不得将导电物体伸进高压网内，避免被电击。有儿童的家庭，灭蚊灯应放置在儿童接触不到的地方。为达到最佳杀蚊效果，灭蚊灯宜放置在1.5～2m的高度。

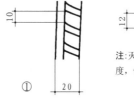

注：灭蚊灯的保护网的间距应小于人手指的宽度，保护网与电网之间应保持一定的空间。

④ 灭蚊灯的人机关系

其他日常用品 [12] 灭蚊器

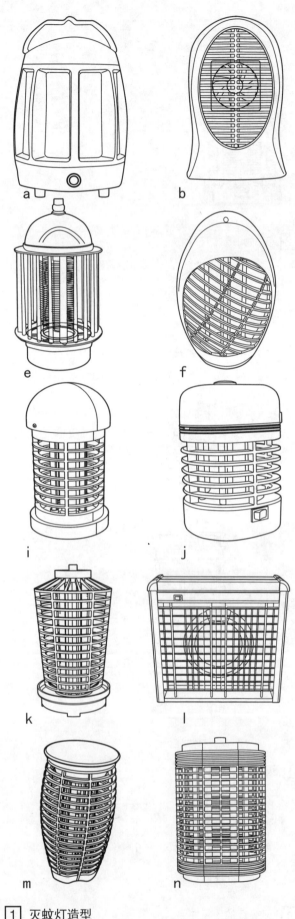

[1] 灭蚊灯造型

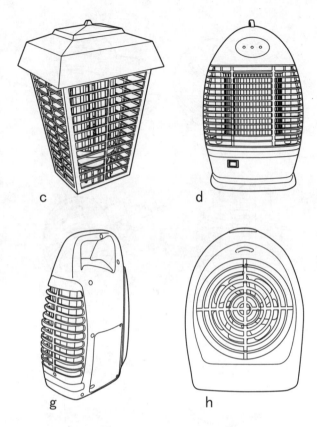

三、电蚊拍

电蚊拍是一种新型的灭蚊小家电，该类产品有使用干电池作电源的，也有使用蓄电池作电源的。

电蚊拍克服了传统灭蚊产品对人体健康的不利影响，环保无污染，灭蚊效果不错，安全也有保障。但电蚊拍在使用时需要不停地拍击蚊子，不如电热蚊香等其他灭蚊器方便。

电蚊拍是经由电路将低压电源转换为高频电压加在三层互不接触的金属栅网上（中间一层为正极，两侧为负极）。

电蚊拍可以用电将蚊虫在空中直接击死，它靠电流吸附蚊虫，但不带光源。由于使用低压电源，在通电时，人体触摸或轻贴在网面上也不会受电击。

在使用时，绝不可捏压网面，不可在充斥可燃性油或气体的场所内使用，不可用水洗，不可用金属插入。

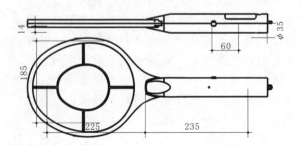

[2] 电蚊拍基本尺寸

灭蚊器 [12] 其他日常用品

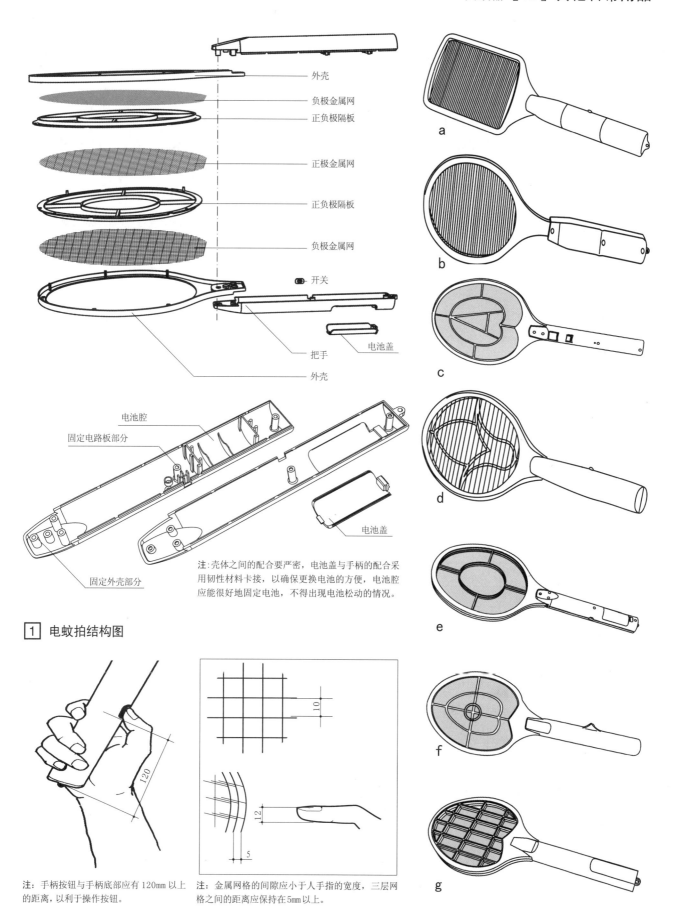

1 电蚊拍结构图

注：壳体之间的配合要严密，电池盖与手柄的配合采用韧性材料卡接，以确保更换电池的方便，电池腔应能很好地固定电池，不得出现电池松动的情况。

2 电蚊拍的人机关系

注：手柄按钮与手柄底部应有120mm以上的距离，以利于操作按钮。

注：金属网格的间隙应小于人手指的宽度，三层网格之间的距离应保持在5mm以上。

3 电蚊拍造型

275

其他日常用品 [12] 室内清扫机

室内清扫机

室内清扫机是新一代的地面清洁设备。它广泛适用于地板砖、大理石、木地板、地毯等各种地面，可用于家庭、办公室、学校、写字楼、宾馆、酒店等场所的地面清洁。它将卷动式扫把设于机身的底部，其快速运转能把周围的尘埃和杂物卷入到集尘盒中。在集尘盒垃圾容量快满时，只需打开集尘盒盖倾倒即可。

室内清扫机可分为电动清扫机和不用电的自动清扫机，按使用方式可分为手持式清扫机和手推式清扫机。

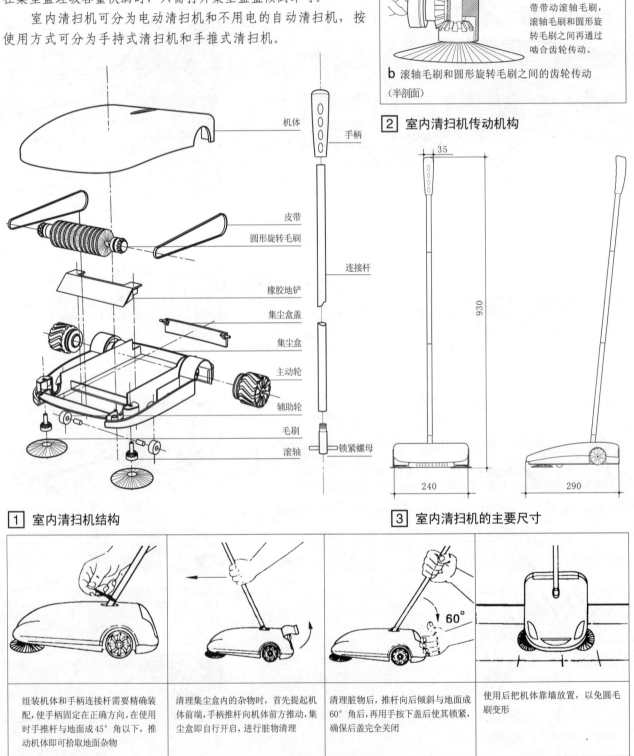

a 主动轮与滚轴毛刷之间的皮带传动
注：轮子的转动通过皮带带动滚轴毛刷的转动。

b 滚轴毛刷和圆形旋转毛刷之间的齿轮传动（半剖面）
注：主动轮通过皮带带动滚轴毛刷，滚轴毛刷和圆形旋转毛刷之间再通过啮合齿轮传动。

2 室内清扫机传动机构

1 室内清扫机结构

3 室内清扫机的主要尺寸

组装机体和手柄连接杆需要精确装配，使手柄固定在正确方向。在使用时手推杆与地面成45°角以下，推动机体即可拾取地面杂物

清理集尘盒内的杂物时，首先提起机体前端，手柄推杆向机体前方推动，集尘盒即自行开启，进行脏物清理

清理脏物后，推杆向后倾斜与地面成60°角后，再用手按下盖后使其锁紧，确保后盖完全关闭

使用后把机体靠墙放置，以免圆毛刷变形

4 室内清扫机使用说明

室内清扫机 [12] 其他日常用品

1 手持式清扫机使用状态

2 手持式清扫机造型

注：手持式清扫机一般在家庭等较小场所使用。设计时手柄连杆需要有长度调节装置，机体造型要避免尖锐的方角出现。转角处最好有防碰撞的橡胶材料，手柄要符合人的手型尺寸。

3 手推式清扫机造型

注：手推式清扫机一般应用于宾馆、学校、写字楼、工厂等大型场所。全部采用电机驱动，一般功率较大，适用面积也较大，使用时采用手推式方式。

其他日常用品 [12] 电筒

电筒

电筒，一种通常用电池供电的小型便携式电灯。
一、按光源性质可分为：LED（Light-Emitting Diode，即发光二级管），灯泡，HID（High Intensity Discharge，即高强度气体放电灯），其他。
二、按用途可分为：生活，探险，军事。
三、按体积可分为：微型，小型，中型，大型。
四、按电源可分为：民用干电池（AA，AAA，C，D），一次性锂电池，可充锂电池（包括单电和电池模块）。

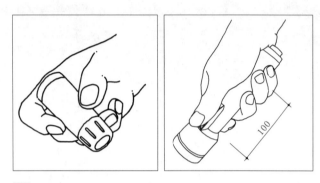

1 电筒装置的使用状态和人机关系

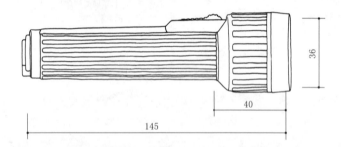

2 普通电筒的基本尺寸

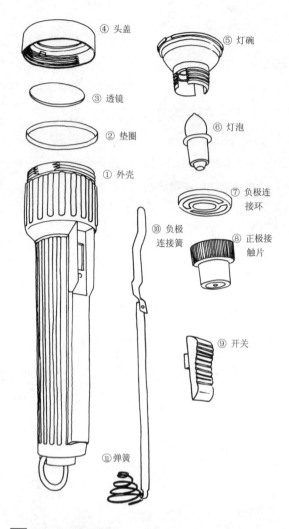

3 普通电筒零件图

电筒的光照原理：

光线的会聚和灯泡的一些特性直接影响着电筒的使用。发光体大小与发射角度有着很重要的关系：

如果发光体是一个点，无论多大的反光碗，都可以聚焦成完美的平行光束，几乎不发散。撇开光的衍射效应不谈，在理想情况下，发散角度（弧度）= 发光体线度 / 聚光体线度。

设：反光碗的直径是发光体直径的 10 倍，那么在 10m 的距离上就可以得到光斑直径为 1m。

设计制造一只理想的电筒需要丰富的电子、材料、机械、光学知识。

壳体、灯泡、透镜、灯碗、电池、开关是电筒的重要组成部件。电筒使用的灯泡通常为 LED、白炽灯泡、HID。

早在 1907 年，人类就发现了半导体材料通电发光现象，真正商用 LED 产生于 1960 年。Light Emitting Diode，即发光二极管，是一种半导体固体发光器件。利用固体半导体芯片作为发光材料，当两端加上正向电压，半导体中的载流子发生复合引起光子发射而产生光。

LED 的基本结构是一块电致发光的半导体材料，置于一个有引线的架子上，然后四周用环氧树脂密封，起到保护内部芯线的作用，所以 LED 的抗震性能好。

作为光源，LED 优势体现在三个方面：节能、环保和长寿命。LED 不依靠灯丝发热来发光，能量转化效率非常高。灯头在较低功率下也可提供有效的照明，因此同样的电池使用在LED上可以提供比白炽灯更长的照明时间。每个单元LED小片是3～5mm的正方形，所以可制成各种形状的器件。

传统的电灯泡，也就是白炽灯泡。发光体是用金属钨拉制的灯丝。炽热的灯丝产生了光辐射，使电灯发出了明亮的光芒。高温下，一些钨原子会蒸发成气体，并在灯泡的玻璃表面上沉积。由于灯丝在不断地被气化，所以会逐渐变细，直至最后断开。

HID，高压气体放电灯，也称为重金属灯或氙气灯。HID灯泡被广泛应用于聚光照明、泛光照明、工作灯、搜索灯等，被誉为绿色照明产品。

HID的发光原理是用高压正负电极击穿氙气（XENON）与镁、钠等多种稀有金属媒介产生电弧发光。由于采用电离直接激发弧光，没有钨丝内阻发热，光电转换效率特别高，并产生高色温与超强光。

氙灯没有灯丝，这是氙灯与传统灯具最重要的区别。氙灯是利用两电极之间放电器产生的电弧来发光的，如同电焊中产生的电弧的亮光。

灯碗是光源的反射体，它的直径决定了理论射程，决定了照明质量。效果好的灯碗是桔皮状皱纹的，而不是光亮的。透镜可保护灯头和对光线起汇聚作用，一般材质为玻璃或树脂。凸透镜形状的透镜，可以有效控制光线的汇聚。电筒外壳使用的材料一般为金属（铝合金、钛合金等）和工程塑料（聚碳酸酯、ABS、聚酯、聚碳酸脂玻璃纤维、聚酰亚胺等）。表面处理有拉丝、电镀、氧化、压花、镶嵌、贴片等。

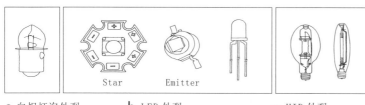

注：Emitter就是最原始的发射体，而Star又加了个承载片（散热和装配用）而已，其电气性能完全一样。

a 白炽灯泡外观　　**b** LED外观　　**c** HID外观

1 几种灯头外观

2 普通型电筒造型

其他日常用品 [12] 电筒

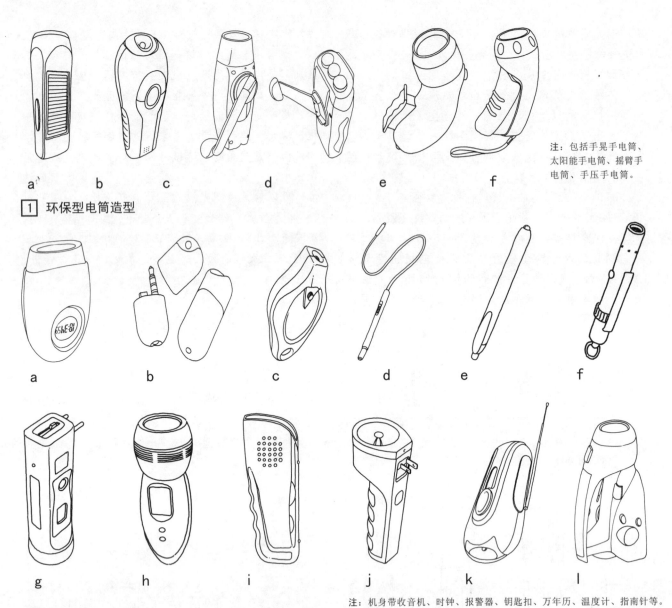

注：包括手晃手电筒、太阳能手电筒、摇臂手电筒、手压手电筒。

[1] 环保型电筒造型

[2] 多功能型电筒造型

注：机身带收音机、时钟、报警器、钥匙扣、万年历、温度计、指南针等。

军用战术手电是军事、消防、救灾、紧急求救、户外运动和执法行动的装备。主要采用航空航天级铝合金等合成材料，使用数控加工中心精密加工而成，以第三级超硬阳极氧化电镀处理表面，防腐耐磨。带防滑栅格的表面设计，在潮湿雨雪天气和穿厚手套情况下使用不会滑落。

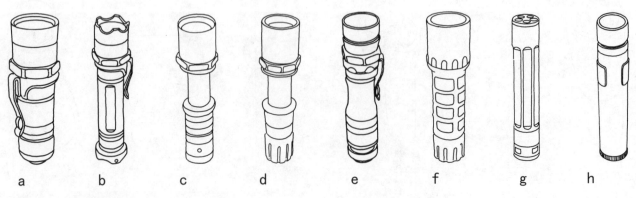

[3] 军事用电筒造型

头灯的好处是使用它可以腾出双手，走到哪里亮到哪里。少数头灯还具防水性甚至抗水性。

头灯的结构决定了它的用途和使用是否方便。常见的结构由以下几部分组成：

1. 电池盒

整体式：一般把头灯的电池盒和灯碗放在一起，佩戴时位于额头前部，这种头灯容易移动，佩戴时必须收紧头带。

分体式：分体式头灯的电池盒和灯碗不在一起，它们之间有导线连接。分体式头灯有两种，一种电池盒在脑后；另一种电池盒放在腰部。分体式头灯稳定性好，佩戴较舒适。

头灯电池盒要求不借助任何工具就能方便地换电池。同时还要考虑在戴手套时也能方便地操作它。

开关应设计成较大的有防滑纹的旋钮开关。位置应在灯碗附近，以便在黑暗的环境中很快找到并打开它。较大的旋钮开关也方便戴手套操作。

2. 照射：头灯使用者一般有四种亮度需要：搜索、夜行、小范围活动、帐篷内或器械操作。因此，就有了焦距可调式头灯。例如在帐篷内处理事务，可用漫散光，扩大光线照射的范围；如果是行进时，可调为单束直射光，让光线照得更远。

用发光二极管作为光源的头灯，它的焦距一般不可调。但是不同的场合活动需要不同的照射角度。这时，灯碗的角度需要设计为可调的。

3. 双光源：用发光二极管作为光源的头灯，照射距离一般都很近，且聚光效果不是很好。需要远距离照明时最好能切换成普通灯泡光源。发光二极管的寿命很长，一般情况下不会坏。但是普通灯泡的寿命就远不及发光二极管长。所以双光源头灯需带有一个备用灯泡。

4. 头带：头带的尺寸应可调节，便于适应不同的头型。分体式头灯和较重的头灯，它们的头带一般有两条：一条绕头一周另一条从头顶穿过，这样才有足够的稳定性。防止进行剧烈活动时头灯移位。

[1] 旅游-头灯造型

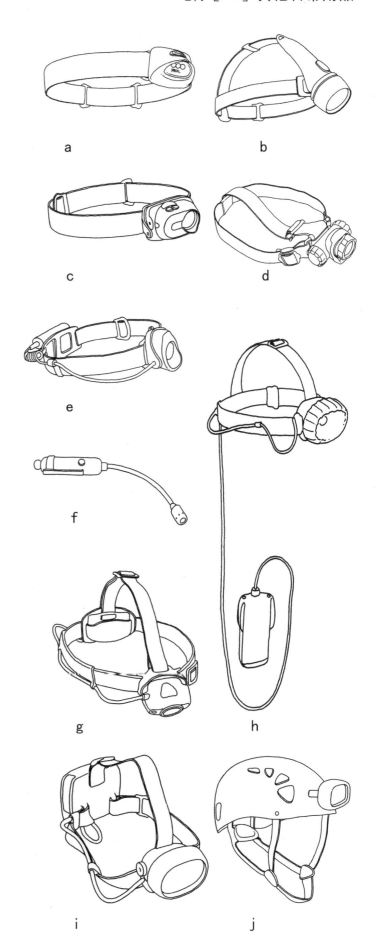

其他日常用品 [12] 喷壶

喷壶

喷壶，又名喷雾器，是使液体呈薄雾状喷洒的器具。喷壶通常分为扳手式喷雾器和压缩式喷雾器两种，旧式家庭中还有洒水壶，以及结合洒水和喷雾的两用喷壶。主要用于浇灌花草植物，地面洒水，喷洒农药于农田果树，清洗家具和玻璃，以及各种公共场所的消毒等。

扳手式喷雾器

扳手式喷雾器多用于小量喷水，如浇洒盆景，理发时润发等，其容量在100ml到650ml不等。壶口造型便于单手紧握，三指或两指扳扣，使水通过活塞挤压，经过喷嘴呈雾状喷洒射出。

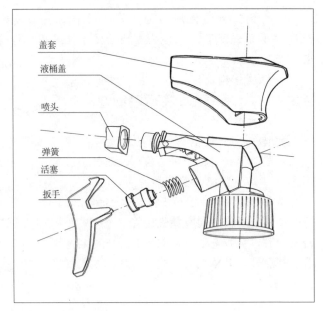

[1] 喷头的连接方式

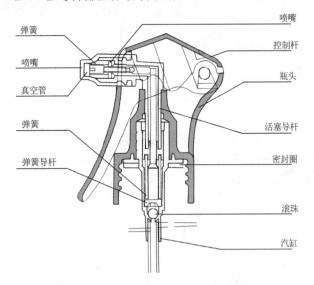

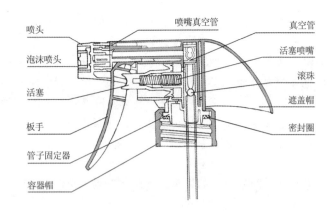

[2] 喷头的内部构造

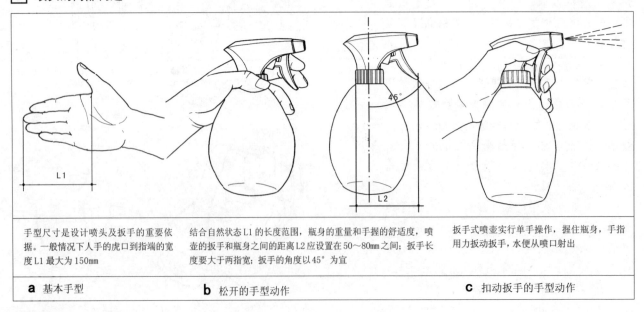

a 基本手型	b 松开的手型动作	c 扣动扳手的手型动作
手型尺寸是设计喷头及扳手的重要依据。一般情况下人手的虎口到指端的宽度L1最大为150mm	结合自然状态L1的长度范围，瓶身的重量和手握的舒适度，喷壶的扳手和瓶身之间的距离L2应设置在50~80mm之间；扳手长度要大于两指宽；扳手的角度以45°为宜	扳手式喷壶实行单手操作，握住瓶身，手指用力扳动扳手，水便从喷口射出

[3] 操作方式和人机关系

喷壶 [12] 其他日常用品

注：扳手式喷壶在考虑人机关系外，在瓶体造型上有很大的发挥余地；造型整体和谐，风格统一。

注：t 双瓶体喷壶，即喷洒混合物，可省略调配过程，有的还能调节配比浓度；u 使用连杆机构的喷壶

注：长嘴喷头多用于喷洒位置准确度要求高的地方。

1 扳手式喷壶造型

其他日常用品［12］喷壶

充气式喷雾器

充气式喷雾器多用于大量喷水，较扳手式喷壶复杂，喷嘴能够改变雾状，使用范围从家庭扩展到农田、果树园等：适用于卫生防疫、宾馆、温室、仓库、禽舍、蜂业的消毒；花卉、盆景、苗圃、食用菌的喷水和病虫害防治，小块农田蔬菜、果树的病虫害防治；居室和公共场所各种香水、清洗剂、清洁剂、洗涤剂的喷射，还可用于清洗家具和玻璃。除水外还可用于喷洒化学制剂。

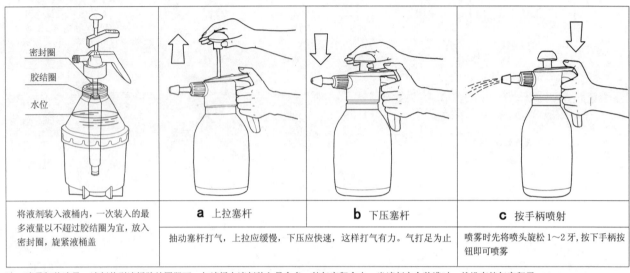

注：喷雾气装液量，液剂装到液桶胶结圈即可。如液桶内液剂装入量愈多，储气容积愈少，当液剂完全装满时，就没有储气容积了。

① 使用方式

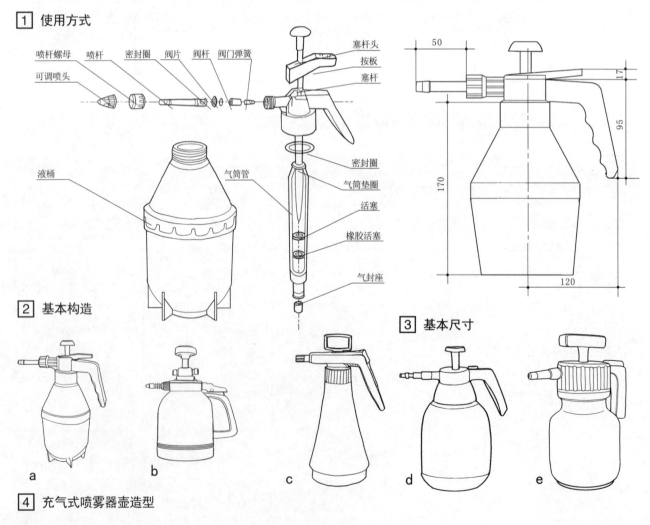

② 基本构造

③ 基本尺寸

④ 充气式喷雾器壶造型

洒水壶

洒水壶普遍用于浇灌花草植物，地面洒水。结构简单，造型丰富。一般在出水口带有花洒。

从壶身顶端开口处灌入清水。使用时倾斜壶体，水从壶嘴自然洒出

1 使用方式

注：洒水壶的基本要求为 H1 > H2，保证壶口高于水面。

2 洒水壶造型

其他日常用品［12］喷壶

挤压式喷壶

挤压式喷壶，多用于盛装厨卫清洁剂，如洗手液、沐浴露等。喷头较小，适用于单指按压。其容量在250～800ml不等。

使用时按下喷头即可

① 使用方式

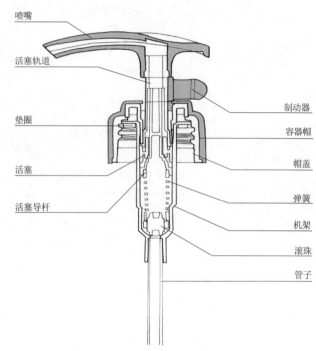

喷嘴　活塞轨道　垫圈　活塞　活塞导杆　制动器　容器帽　帽盖　弹簧　机架　滚珠　管子

② 工作原理

a　φ80　175

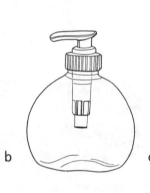
b

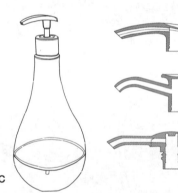
c

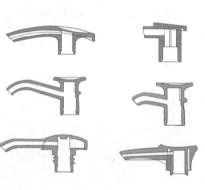

③ 挤压式喷壶造型　　　　　　　　　　④ 喷头实例

喷洒两用壶

喷洒两用壶结合了扳手式喷壶和洒水壶，既可以小范围喷水又可大范围洒水，使用广泛。

150　φ95　φ35　110　230

a

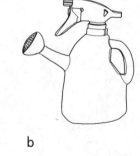
b

c

⑤ 基本尺寸　　　　⑥ 喷洒两用壶造型

洗车喷枪

喷枪，这里特指洗车喷枪。洗车喷枪往往通过枪身尾部的水管连接自来水龙头，利用自来水本身的水压达到冲洗车身的目的。在日常生活中，洗车喷枪是使用频率相当高的汽车养护工具。在功能上，洗车喷枪的用途并没有绝对的限定，现实生活中，也常用于浇灌园林，冲洗浴室，甚至用于冲刷墙面等；在形式上，有手柄前置和后置两种，也有少量没有手柄的；在材料上，主要使用锌铜合金和塑料，有些特殊部件使用橡胶等密封材料。

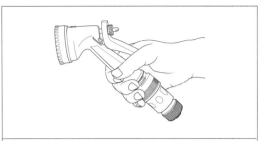

扣动手柄，开启出水口，便可清洗。为防止手疲劳，可扳转弹簧夹顶住手柄，锁定喷嘴开口，保持水流自动流出

a 扣动手柄的使用状态

在弹簧夹未顶住手柄的情况下，松开手柄，由于弹簧的作用，拉杆被顶回出水口处，关闭水流，停止清洗

b 松开手柄的状态

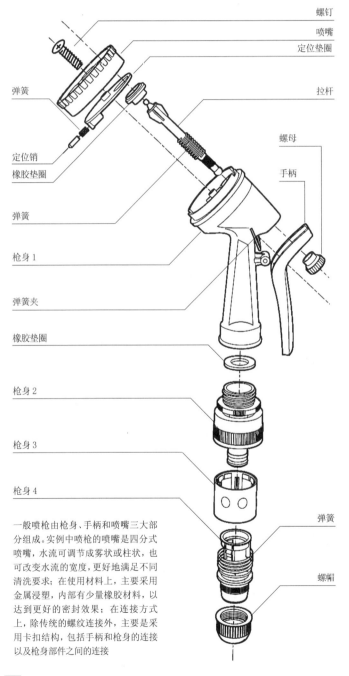

螺钉 喷嘴 定位垫圈 弹簧 拉杆 定位销 橡胶垫圈 螺母 弹簧 手柄 枪身1 弹簧夹 橡胶垫圈 枪身2 枪身3 枪身4 弹簧 螺帽

一般喷枪由枪身、手柄和喷嘴三大部分组成。实例中喷枪的喷嘴是四分式喷嘴，水流可调节成雾状或柱状，也可改变水流的宽度，更好地满足不同清洗要求；在使用材料上，主要采用金属浸塑，内部有少量橡胶材料，以达到更好的密封效果；在连接方式上，除传统的螺纹连接外，主要是采用卡扣结构，包括手柄和枪身的连接以及枪身部件之间的连接

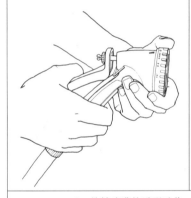

喷枪使用中，可旋转喷嘴来调节出水口，以此改变水流的形状与大小。内部有定位销，当喷嘴出水口准确定位时，有咔嚓声，方便使用者识别

c 旋转喷嘴的手形动作

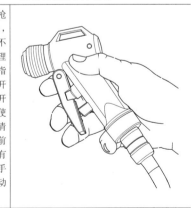

手柄前置式喷枪与后置式相比，使用方式稍有不同，但工作原理基本相似，手指扣动手柄时顶开内部活塞，打开出水口，便可使用水流进行清洗。部分手柄前置式喷枪也配有弹簧夹，可固定手柄保持水流自动流出

d 扣动手柄的手形动作（手柄前置式）

1 喷枪的构造

2 操作方式和人机关系

其他日常用品 [12] 洗车喷枪

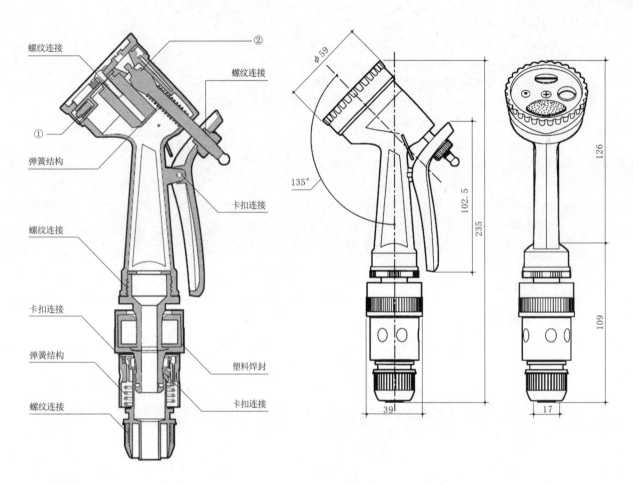

螺纹连接
螺纹连接
弹簧结构
卡扣连接
螺纹连接
卡扣连接
弹簧结构
塑料焊封
卡扣连接
螺纹连接

1 喷枪内部构造

2 喷枪的主要尺寸

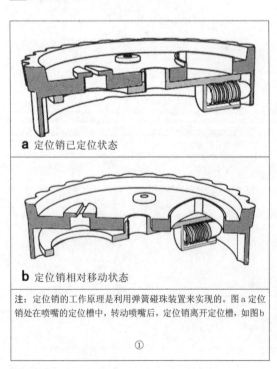

a 定位销已定位状态

b 定位销相对移动状态

注：定位销的工作原理是利用弹簧碰珠装置来实现的。图 a 定位销处在喷嘴的定位槽中，转动喷嘴后，定位销离开定位槽，如图 b

①

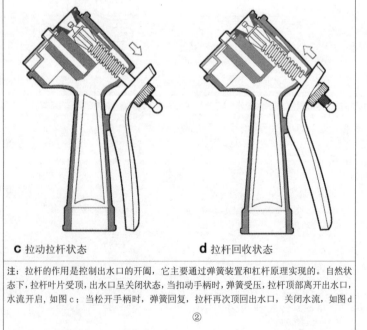

c 拉动拉杆状态

d 拉杆回收状态

注：拉杆的作用是控制出水口的开阖，它主要通过弹簧装置和杠杆原理实现的。自然状态下，拉杆叶片受顶，出水口呈关闭状态，当扣动手柄时，弹簧受压，拉杆顶部离开出水口，水流开启，如图 c；当松开手柄时，弹簧回复，拉杆再次顶回出水口，关闭水流，如图 d

②

3 喷枪工作原理图

洗车喷枪的设计要求

一、喷枪的材料大多使用合金、塑料等，与人手相接触的地方可采用组合塑料、塑胶、合金等多种触感较舒适的材料或增加纹理造型，增大摩擦系数，防止打滑。

二、喷枪手柄大小以及手柄与枪身的间距必须适合人的手形尺寸。

三、喷嘴的设计应符合国际标准，便于维修及零部件更换。

四、枪体内部水流通道必须进行密封设计。

五、喷枪使用的金属件必须是不锈钢材料，以防生锈而造成使用寿命衰减。

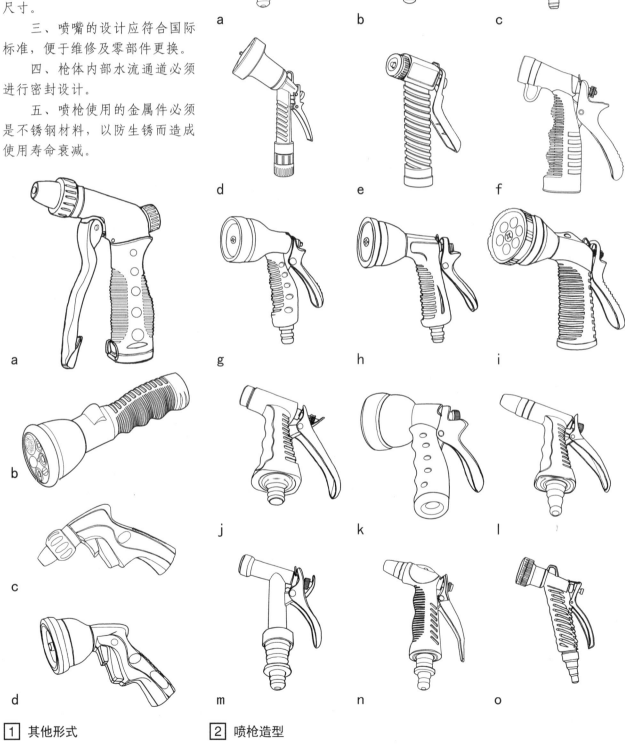

1 其他形式　　2 喷枪造型

其他日常用品［12］打气筒

打气筒

打气筒是一种常用的充气工具。按使用方式可分为手持式、脚踏式两种，手持式还可分为普通型与省力型；按用途可分为球类打气筒和轮胎打气筒。

打气筒一般由圆筒、手柄（拉杆）、活塞（皮碗）、活塞盖、充气皮管、气阀等部件组成。较为专业的打气设备则配有气压表。

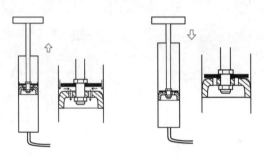

注：气阀是使气体只能向外单向流动的装置。充气时，先向圆筒外拉活塞，活塞前端空间增大，压强减小，圆筒外面的空气把充气皮管前端的气阀压紧关闭，此时，活塞盖与活塞脱离，空气通过活塞上的小孔吸进气筒内。当向内推活塞时，活塞前端空间减小，筒里的空气被压缩，压强增大，把活塞盖与活塞（皮碗）压紧，关闭其上小孔，充气皮管前端气阀被推开，完成充气。

[1] 打气筒原理图

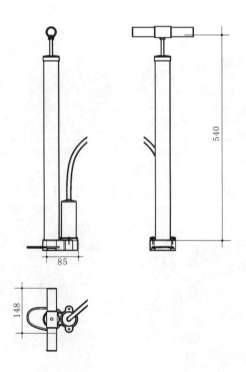

[2] 打气筒基本尺寸

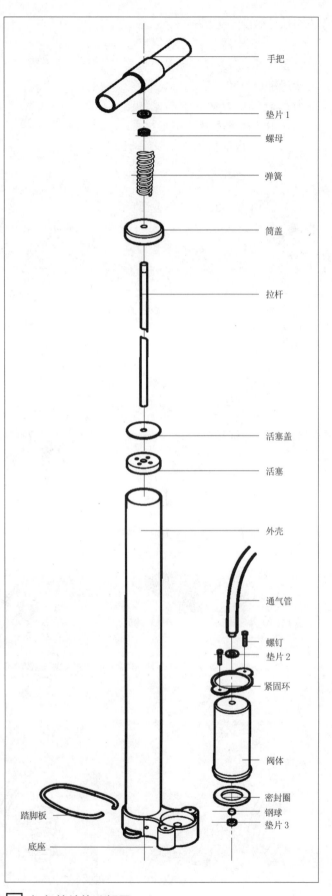

[3] 打气筒结构分解图

打气筒 [12] 其他日常用品

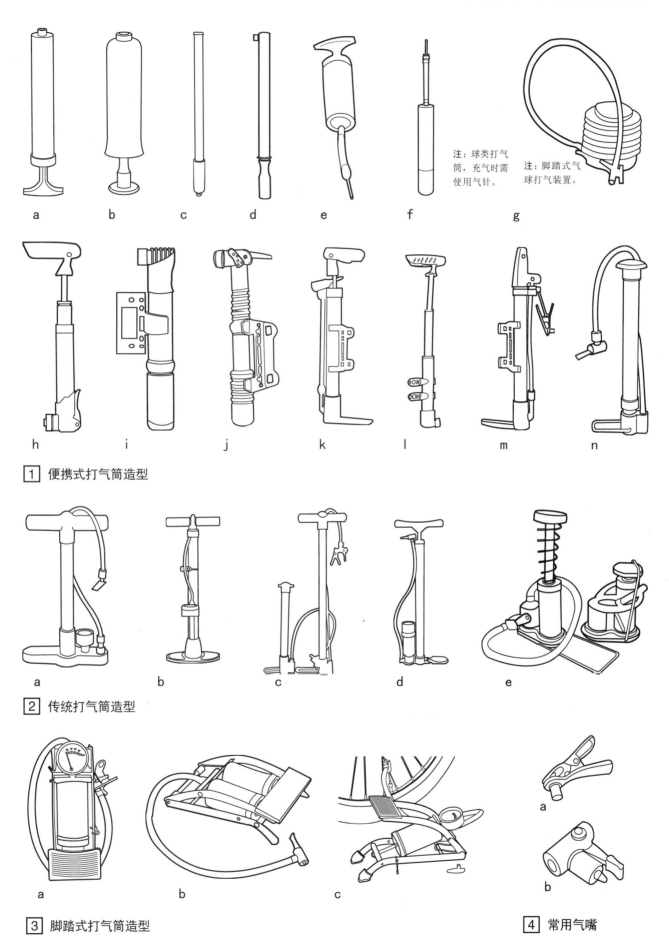

注：球类打气筒，充气时需使用气针。

注：脚踏式气球打气装置。

1 便携式打气筒造型

2 传统打气筒造型

3 脚踏式打气筒造型

4 常用气嘴

其他日常用品 [12] 车用气压表

车用气压表

车用气压表是用来测量轮胎气压的工具，也叫胎压表。主要分为指针式和数字式两种。由于车辆胎压过高或过低均可能引发严重的交通事故，所以建议每一个月至少用车用气压表检查胎压一次（包括备用胎）。

车用气压表的正确使用方法：

1. 在轮胎资料或用户手册中查找出正确的轮胎压力值。

2. 用车用气压表记录下所有轮胎的压力。

3. 如果其中有的轮胎压力太高，用车用气压表轻按轮胎阀以缓缓释放空气，直到达到你所要的正确压力。

4. 如果轮胎压力太低，记下所测得的胎压与正确的胎压的差异，差值即是你所要增加的压力。

5. 在服务站，给每个压力不足的轮胎增加其所相差的压力。

6. 检查所有轮胎以确保胎压一致（前后轮胎本应设定为不同的压力情况除外）。

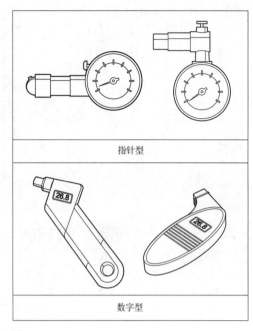

1 车用气压表的类型

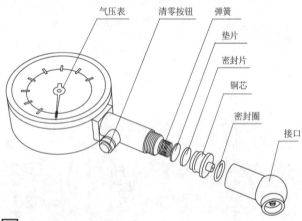

2 车用气压表的结构图

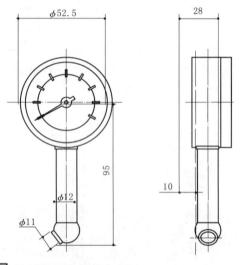

3 车用气压表的基本尺寸

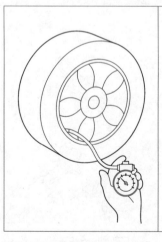

指针型

指针式车用气压表应符合以下几点要求：
1. 刻度盘基本符合手握的大小尺寸。
2. 刻度盘清晰易读。
3. 气压测量的方式简单方便。
4. 指针式车用气压表必须坚固、防水，所以主要采用金属材料。
5. 兼顾操作的舒适性，可以在刻度盘周围附着软性材料，如橡胶环、塑料环等。

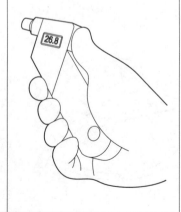

数字型

数字式车用气压表应符合以下几点要求：
1. 造型基本符合手握的大小尺寸。
2. 造型符合手的生理结构和施力习惯。
3. 数字屏显示清晰。
4. 数字式车用气压表必须坚固、防水，所以主要采用塑料和金属等材料。
5. 兼顾操作的舒适性，手握区应采用软性材料，如橡胶、塑料等。

4 车用气压表的设计要求

车用气压表 [12] 其他日常用品

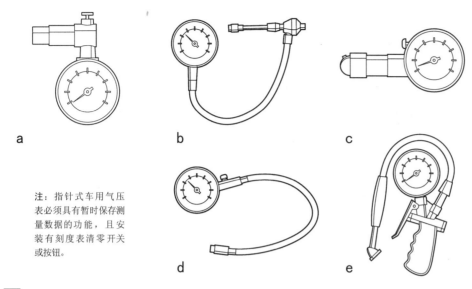

注：指针式车用气压表必须具有暂时保存测量数据的功能，且安装有刻度表清零开关或按钮。

注：指针式车用气压表需符合刻度盘显示器的一般要求：
1. 刻度的划分应按实际需要选择分度精度，度盘提供的读数要直观。
2. 指针的宽度不大于中刻度线的宽度，指针的长度应设计成指针能指示到（但不要遮住）最短刻度线。指针的安装应尽可能接近度盘表面，以减小视差。
3. 字母与背景的对比度、字母的高度与笔划粗细之比应符合标准。
4. 刻度盘表面、符号以及指针之间至少应有50%的照明对比度。
5. 度盘上标数的位置应符合人的习惯。
6. 度盘与指针应有合理的运动方向。
7. 刻度盘为了获得清晰的显示效果，可以利用色觉原理进行配色，底色黑色，被衬色黄色是最为清晰的配色方案。

1 指针式车用气压表造型

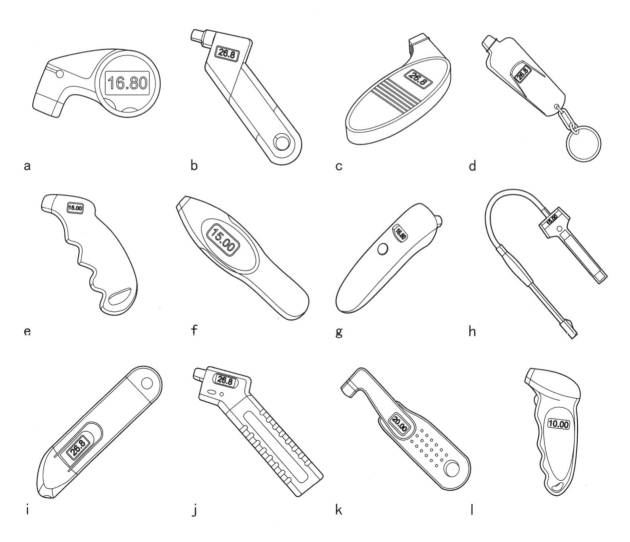

注：数字式车用气压表具有读数准确简便的优点。数字屏显示字体大小应符合规范。数字屏位置应处于非手握区，以便数据即时读取。

2 数字式车用气压表造型

后　记

　　此书的编写历时三年，终于在一种期待、兴奋、疲惫和不安的心情中脱稿了。在编写过程中我们也常常以读者的身份来审视，总觉得它与工业设计所强调的创造性有距离，但以"资料集"而非"设计集"的眼光来看待它，心情就释然了，它的巨大价值也就凸显了。凡是翻阅过它的人都迫切希望其早日面世，这令人感到十分振奋。而本书的一些不足之处也常使我们感到不安。

　　本书凝聚了浙江大学、中国计量学院、杭州电子工业大学、浙江工业大学、浙江科技学院、温州大学等六所院校师生们的心血，是大家来之不易的共同成果。大家踏实认真、刻苦敬业、不计得失的精神令人感动。三年来大家牺牲了多个假期，跑遍了书店、图书馆、各种信息咨询机构及相关企业，在网上查阅了大量的产品信息，解剖了无数的实物产品，并将它们归纳整理描绘成图，付出了辛勤的劳动。在此表示由衷的敬意和谢意！

　　六所高校的编写是分工进行的，其间进行了多次的反复与整合，特别是厨房用品中的许多内容有重叠部分，在最后整合时删除了部分重复内容，尤为可惜！而保留的这部分内容最终也由多个院校共同完成了。

　　此书的编写受得了中国建筑工业出版社领导的高度重视与关心，特别是李东禧老师一直在关注和鼓励，这才使编写顺利地如期完成，在此我们深表感谢！

彭韧

2006年8月

于浙江大学求是园

图书在版编目（CIP）数据

工业设计资料集 3 厨房用品·日常用品/彭韧分册主编. —北京：中国建筑工业出版社，2006
ISBN 978-7-112-08657-3

Ⅰ．工… Ⅱ．彭… Ⅲ．①工业设计-资料-汇编-世界②厨房-设备-设计-资料-汇编-世界③日用品-设计-资料-汇编-世界　Ⅳ．TB47

中国版本图书馆CIP数据核字（2006）第111903号

责任编辑：唐　旭　李东禧
责任设计：孙　梅　崔兰萍
责任校对：张景秋　关　健

工业设计资料集 3

厨房用品·日常用品
分册主编　彭　韧
总 主 编　刘观庆

*

中国建筑工业出版社出版、发行（北京西郊百万庄）
各地新华书店、建筑书店经销
北京嘉泰利德公司制版
北京盛通印刷股份有限公司印刷

*

开本：880×1230毫米　1/16　印张：19　字数：600千字
2007年9月第一版　2007年9月第一次印刷
印数：1—3000册　　定价：78.00元
ISBN 978-7-112-08657-3
　　　（15321）

版权所有　翻印必究
如有印装质量问题，可寄本社退换
（邮政编码100037）